上海环境科学集

（第31辑）

上海环境科学编辑部　编

上海科学技术出版社

图书在版编目（CIP）数据

上海环境科学集. 第31辑 / 上海环境科学编辑部编. 上海 : 上海科学技术出版社, 2025. 3. -- ISBN 978-7-5478-7067-9

Ⅰ. X-125.1

中国国家版本馆CIP数据核字第2025M8450Y号

上海环境科学集（第31辑）

上海环境科学编辑部　编

上海世纪出版（集团）有限公司
上 海 科 学 技 术 出 版 社　出版、发行

（上海市闵行区号景路159弄A座9F-10F）

邮政编码 201101　www. sstp. cn

字数 250 千字

2025 年 3 月第 1 版　2025 年 3 月第 1 次印刷

ISBN 978-7-5478-7067-9/X·73

定价：60.00 元

编委会

目　次

利用农业养殖废水培养微藻开发高蛋白产品的资源化应用研究

An Applied Research on the Resource Utilisation of Agricultural Rearing Wastewater to Cultivate Microalgae and Develop High Protein Products

刘　辉（上海市环境科学研究院，上海 200233）

Liu Hui　(Shanghai Academy of Environmental Sciences, Shanghai 200233)

摘要　以江苏启东某养猪场作为中试基地，开展了利用代表性养殖废水经微藻开发高蛋白饲料的高值化利用技术研究。结果表明：（1）通过构建厌氧产酸和微藻培养联合处理工艺，养猪废水中 SCOD、TP、TN、NH_4^+-N 均能有效去除，并且小球藻生物质中蛋白质组分达 52.4%。（2）微藻复合饲料的生物安全性指标分析及饲喂试验表明，将微藻以 20% 的比例替代原饲料中的大豆开发的微藻复合饲料，符合 GB13078-2017 的各项饲料指标要求。与饲喂常规饲料的空白组相比，微藻复合饲料饲喂的猪仔生长良好，无病理现象，且肉质与空白组差异不大。研究结果为农业养殖废水的资源化利用提供了技术支撑。

关键词：农业养殖废水　微藻　高蛋白饲料产品　资源化利用

Abstract　A high-value utilisation technology of cultivating microalgae by representative rearing wastewater to develop high-protein feed was studied in a pig farm in Qidong, Jiangsu Province. It has indicated that (1) SCOD, total phosphorus, total nitrogen and ammonium-nitrogen in wastewater could be effectively removed through constructing a combined process of anaerobic digestion and microalgae cultivation, and the protein constituents in microalgae biomass (chlorella) could reach 52.4%; (2) the biosafety index analysis and feeding trials showed that the compound feed of adding 20% microalgae to the soybean developed original feed could meet the requirements specified in the related standard (GB 13078-2017). Compared with the blank group fed with conventional feed, the pigs fed with microalgae compound one grew well without catching any disease, whilst there was no significant difference in their meat quality between each other. Thus, the research results could provide technical support for the resource utilisation of wastewater generated from agricultural rearing activities.

Key words: Agricultural rearing wastewater　Microalgae　High protein feed products　Resource utilisation

随着人民生活水平的不断提高和对肉质需求的增长，我国种植业可提供的饲料蛋白质资源量缺口较大（预测＞50%），突出了替代性蛋白质原料来源的重要性。有学者提议可以将废弃物资源化，对开发资源回收和再利用生产提出了新的要求。在可持续的食品和饲料生产中，废物和废水中损失的养分的回收和再循环尤为重要，长远来看，营养物质的回收和再循环不可避免地成为确保食品和饲料生产的策略[1-2]。

微藻作为单细胞初级生产者，能在高浓度营养物质条件下生长良好。微藻研究始于 20 世纪 50 年代，释放了其在工业和商业应用中的潜在价值，包括在废水处理中的应用。在美国明尼苏达，已有成功利用微藻净化养猪场发酵液和市政污泥离心液等高氮高磷废

作者刘辉，女，1990 年生，2018 年毕业于同济大学环境科学与工程学院，博士，高级工程师。

水的现场中试示范，废水净化效果较好，但研究目的是将废水培养的微藻用于生物柴油原料，而这种情况下培养的微藻含油量不高（< 20%），该技术路线未能取得理想效果 [3]。废水培养的微藻中粗蛋白含量一般较高，所以应以营养物质的回收利用为导向。

针对农业养殖废水资源化利用率低和高蛋白饲料产品缺乏的问题，通过构建厌氧发酵和微藻培养联合工艺，优化关键运行参数，实现废水中复杂有机物向小分子有机酸的转化、发酵液中的营养物质向微藻生物质的高效转化。再以收获的微藻作为原料，以不同比例替代原有猪饲料中的大豆制备微藻复合饲料，考察猪仔饲喂效果，提高饲料蛋白来源、降低饲用蛋白成本。

1 研究方法

1.1 实验装置及选址

1.1.1 藻种、菌种及试验选址

新鲜养猪废水取自江苏启东某养猪场，污水处理厂的剩余污泥作为菌种来源。新鲜养猪废水和接种污泥密封后于（4±1）℃低温保存，接种物厌氧脱气下保存。所用藻种为普通小球藻（*Chlorella Vulgaris*）[4]，由中科院淡水藻种库保藏。反应器运行和微藻复合饲料的饲喂试验均于江苏启东市该养猪场内开展。

1.1.2 厌氧发酵装置和微藻培养装置

厌氧发酵装置由不锈钢制成，包括保温套、搅拌器、电机以及中控箱等。反应器高 40 cm，直径 30 cm，底部圆锥高 10 cm，有效体积 25 L，反应器内设置搅拌器，同时上部设有排气口用以收集气体。微藻培养装置由有机玻璃制成，包括搅拌器、LED 灯管、微孔曝气装置、电机以及中控箱。反应器高 105 cm，内径 10 cm，有效工作容积 25 L。反应器设置内部灯管用于提供光照，设置了刮板搅拌器，保证搅拌的同时可以刮除壁上黏附的物质，维持反应器的透光性（见图 1）。

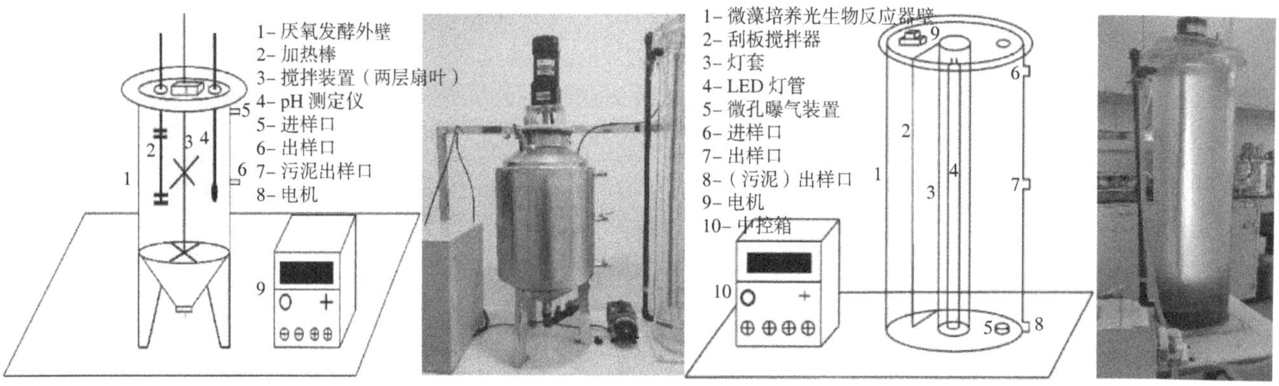

图 1　厌氧发酵装置和微藻培养装置的设计方案及实物

1.2 反应装置运行设计

厌氧发酵反应器进水为农场养猪废水原液，反应温度为 55℃，初始 pH 为 9，水力停留时间 6 d。按照半连续流模式运行，每次进水后仍进行氮吹构建厌氧环境。对每天的出水采样分析 VFAs、蛋白质、多糖等指标，反应器运行天数为 48 d，分为 8 个阶段，并将末尾的样品分别命名为Ⅰ、Ⅱ、Ⅲ、Ⅳ、Ⅴ、Ⅵ、Ⅶ、Ⅷ。

微藻培养反应器进水为厌氧发酵过后的养猪废水，考虑到微藻对于生长环境的 NH_4^+-N 有一定要求，将养猪废水发酵液进行稀释，保持 NH_4^+-N 浓度 < 250 mg/L。反应器内接种藻种和活性污泥，设置藻菌比为 1 : 0.2，初始微藻接种浓度为 200 mg/L，光照强度为 8 000 lux，光照时间为 12 h 光照 +12 h 黑暗。按照半连续流模式运行，定期取样分析微藻生物质组分及水质指标，并对收集的微藻的安全性指标进行分析。

1.3 微藻复合饲料开发及饲喂试验设计

根据猪仔生长期的不同，常规饲料的配方有所变化。试验用猪采用的是保育房日龄为 63 d 的猪仔。根据生长期饲料种类的区别，共合成两类微藻复合饲料，0 号料供 64 ~ 91 日龄，1 号料供 92 ~ 138 日龄。考虑到实验室反应器的处理能力以及收集储存的微藻生物质存量，0 号料的微藻来源为实验室培养收集，1 号料的藻粉为市场中购买的可食用性小球藻藻粉。每个类型下均设置 3 个替代比例，即利用采收干燥的微藻生物质 / 藻粉作为大豆的替代原料，替代比例分别为 20%、40% 和 50%，并委托中试农场合作的饲料

工厂，按照常规饲料的制备方法，加工成微藻复合饲料（见表1）。

实验组投喂方案共设置1个空白组和3个试验组，每组设置2个平行，喂养周期为75 d（见表2）。

表1　饲料配方

	饲料名	藻	大豆	鱼粉	玉米	饼粕	糟渣	糠麸	其他
第1阶段 64～91日龄	常规	0	20	5	6	10	5	20	34
	0–A	4	16	5	6	10	5	20	34
	0–B	8	12	5	6	10	5	20	34
	0–C	10	10	5	6	10	5	20	34
第2、3阶段 92～138日龄	常规	0	20	3	15	10	5	20	27
	1–A	4	16	3	15	10	5	20	27
	1–B	8	12	3	15	10	5	20	27
	1–C	10	10	3	15	10	5	20	27

注：其他配料主要包括其他粮食类和添加微量元素等。

表2　饲喂试验方案

日龄	投喂量 /kg	实验组	饲料类型
64～91	3.5	空白对照	0号常规料
		试验Ⅰ组	0–A号料
		试验Ⅱ组	0–B号料
		试验Ⅲ组	0–C号料
92～115	6	空白对照	1号常规料
		试验Ⅰ组	1–A号料
		试验Ⅱ组	1–B号料
		试验Ⅲ组	1–C号料
116～138	9	空白对照	1号常规料
		试验Ⅰ组	1–A号料
		试验Ⅱ组	1–B号料
		试验Ⅲ组	1–C号料

1.4　分析方法

水质分析常规指标包括SCOD、NH_4^+-N、TP、TN、TS、VS采用标准方法测定[5]，微藻组分测定方法见表3（指标的测定均需将冷冻干燥后的藻粉溶解在超纯水或者相关试剂中）。

表3　微藻蛋白质、脂质及多糖检测方法

检测项目	检测方法标准
C	LY/T 1237—1999 森林土壤有机质的测定
N	NY/T 525—2021 有机肥料
P	NY/T 525—2021 有机肥料
蛋白质	BCA蛋白法试剂盒
脂质	重量法（氯仿 – 甲醇 – 超纯水）
多糖	苯酚 – 硫酸比色法

2　结果及分析

2.1　养猪废水厌氧发酵及微藻培养工艺运行效果

VFAs是厌氧发酵过程中的重要指标，厌氧发酵的产酸启动较快，VFAs整体维持在2 600 mgCOD/L上下。乙酸是其主要组分，占VFAs累积量的46%～75%。高温及初始条件为碱性的发酵条件有利于养猪废水厌氧发酵产酸的进行，同时有利于产乙酸菌的生长代谢。以上述发酵液作为微藻培养的底物，微藻反应器运行第8 d开始，其浓度逐渐上升，微藻生物质开始累积，最高浓度达887.6 mg/L，相较于初始浓度提高了4.4倍。最终微藻每天的增长浓度为63.7 mg/（L · d），并保持相对稳定。龙朋成[6]通过未过膜的养猪废水厌氧发酵液培养微藻时，最终得到每天浓度约为40 mg/（L · d）的微藻生长量。研究结果体现了发酵液培养微藻的优势，反应器中藻与菌形成了良好的共生关系（见图2）。

反应器稳定运行后，废水中COD、TP、TN和NH_4^+-N的去除率分别为81.9%、91.2%、81.9%和82.2%，组合工艺对TP的去除效果明显，高于文献研究的相应去除率[7]。当微藻维持相对稳定的增长浓度时，TP浓度也趋于平稳。TN和NH_4^+-N整体上的浓度变化趋势相似。藻菌共生体系半连续流运行可以有效去除养猪废水发酵液中的营养物质（见图3）。

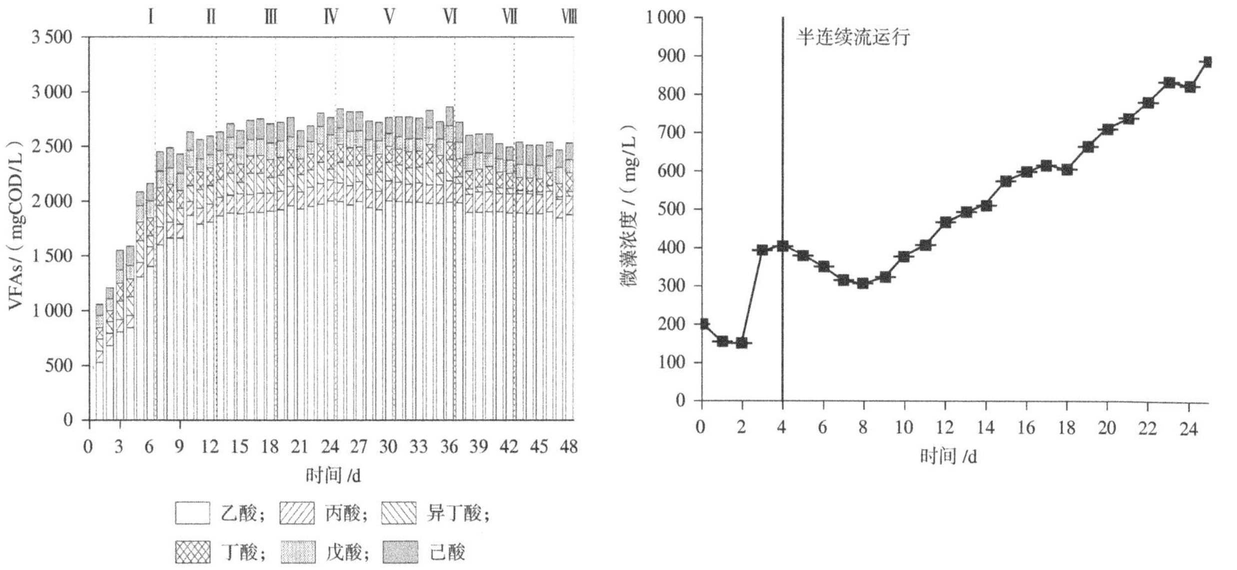

图 2　养猪废水厌氧发酵反应器及微藻培养反应器运行效果

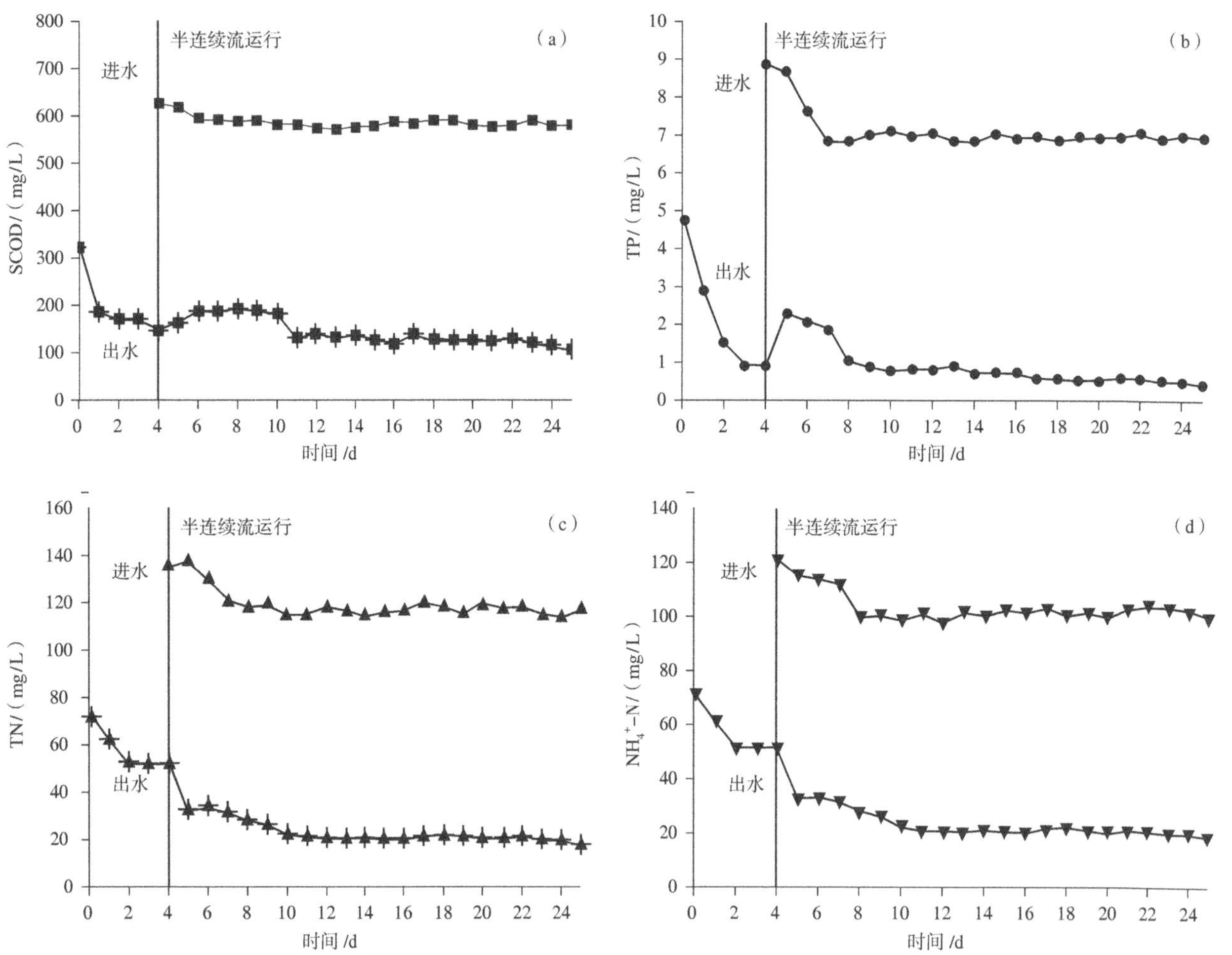

图 3　藻培养半连续流运行各营养物质浓度变化

2.2　微藻生物质组分分析

微藻的组分决定了其后期资源化利用途径，因此对反应体系所收集的微藻生物质进行了营养组分和安全性指标分析。反应器稳定运行后微藻生物质的蛋白质、多糖、脂质分别为 52.4%、24.4% 和 4.1%。在此过程中，N 所占比例远高于 P，说明相关物质的合成与减少主要受到 N 的控制。相关研究表明，在 N 吸收受到限制时会导致多糖的累积[8]。发酵液中相对较多的 N 元素，培养出的微藻生物质蛋白及多糖含量均高于脂质含量，和 Zhang 等[9]研究结果一致，说明反应器在该运行模式下有利于培养高蛋白的微藻生物质（见表 4）。

表 4　微藻培养处理养猪废水发酵液半连续流运行样品组分（质量分数，%）

样品	微藻
蛋白质	52.42
脂质	4.12
多糖	24.39
C	47.13
N	21.43
P	0.41

2.3　微藻生物质原料及复合饲料的安全性指标分析

2.3.1　微藻生物质原料

本研究中微藻蛋白质含量相对较高（52.4%），大豆作为饲料中粗蛋白的主要成分，其子叶中富含蛋白质和脂肪（蛋白质约含 43%，脂肪约含 23%），因此，微藻在营养组分上可以代替部分大豆作为饲料中的原料和添加剂。同时，微藻需满足国家饲料卫生标准（GB 13078—2017）对原料的指标要求，因此需要对其重金属、毒素、细菌和病原体等指标进行检测，并进行实际投喂来评估微藻的安全性。微藻生物质中的重金属汞、铅、铬、镉以及黄曲霉素 B1、T-2 毒素、伏马毒素（B1+B2）均未检出。细菌总数为 6.7×10^7 CFU/g，小于方法检出限（见表 5）。微藻的相关指标均符合饲料卫生标准，可以作为复合饲料的原料使用。

表 5　作为原料的微藻安全性指标分析

名称	单位	结果	技术要求	判定
黄曲霉素 B_1	μg/kg	未检出	≤ 30	符合
亚硝酸盐（以 $NaNO_2$ 计）	mg/kg	3.0	≤ 15	符合
氟	mg/kg	8	≤ 150	符合
氰化物（以 HCN 计）	mg/kg	0.298	≤ 50	符合
铅	mg/kg	未检出	≤ 10	符合
总砷	mg/kg	0.03	≤ 40	符合
汞	mg/kg	未检出	≤ 0.5	符合
镉	mg/kg	未检出	≤ 2	符合
铬	mg/kg	未检出	≤ 5	符合
α－六六六	mg/kg	未检出	≤ 0.2	符合
β－六六六	mg/kg	未检出		
γ－六六六	mg/kg	未检出		
δ－六六六	mg/kg	未检出		
o,p'－滴滴涕	mg/kg	未检出	≤ 0.05	符合
p,p'－滴滴伊	mg/kg	未检出		
p,p'－滴滴涕	mg/kg	未检出		
p,p'－滴滴滴	mg/kg	未检出		
霉菌	CFU/g	4.3×10^3	/	/
沙门氏菌	/25g	未检出	不得检出	符合
细菌总数	CFU/g	6.9×10^7	/	/
T-2 毒素	mg/kg	未检出	≤ 0.5	符合
伏马毒素（B_1+B_2）	mg/kg	未检出	/	/
丁烯基异硫氰酸酯	mg/kg	＜ 5	/	/
戊烯基异硫氰酸酯	mg/kg	＜ 5	/	/
丙烯基异硫氰酸酯	mg/kg	＜ 5	/	/
异硫氰酸酯（以丙烯基异硫氰酸酯计）	mg/kg	＜ 5	≤ 100	符合
游离棉酚	mg/kg	未检出	≤ 20	符合

2.3.2　微藻复合饲料

对含有微藻的复合饲料产品进行检测，汞、镉等重金属未检出，其他重金属元素符合相关技术要求；细菌总数、伏马毒素（B1+B2）、T-2 毒素等单项判定符合要求。六氯苯、玉米赤酶烯酮、呕吐毒素、赭曲霉毒素 A 和多氯联苯（总）指标也均符合卫生标准，说明其可用于实际投喂实验。

2.4　不同微藻复合饲料的饲喂试验效果

以养猪场常规饲料喂养的猪崽作为空白组（图 4），通过考察饲喂不同配比微藻复合饲料的各组猪崽的生长情况（体重、肉料比、病死率等）和肉质组分

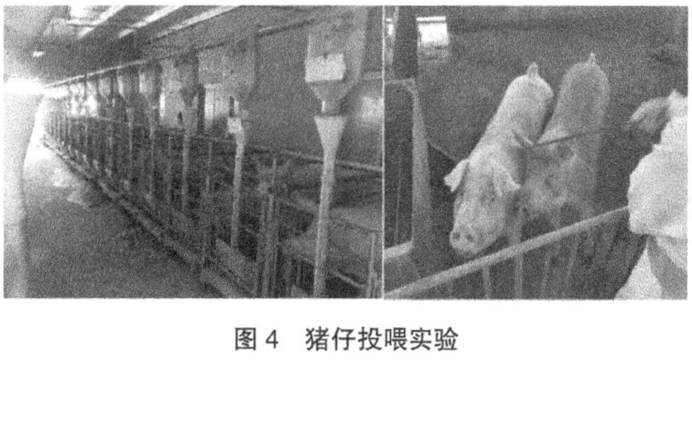

图 4　猪仔投喂实验

分析，考察研发产品的效果和产出效率。各组均生长良好，且未出现病理现象。饲喂微藻复合饲料的试验组与饲喂常规饲料的空白对照组在体重方面区别不大（见表6）。

表6 猪仔体重/kg

试验天数/d	空白组	试验Ⅰ组	试验Ⅱ组	试验Ⅲ组
初始	30.5	31.7	31.7	30.7
15	38.4	39.4	39.0	38.8
30	47.9	48.1	47.6	47.4
50	75.5	76.1	75.0	74.6
65	90.8	91.1	90.5	89.8
75	100.2	101.4	100.9	100.5

选择猪的背最长肌（从倒数第三胸椎前端向后延伸）检测猪肉的品质，与空白组的相比，试验组在肉质中蛋白质和还原糖的含量上区别不大，甚至前者中还原糖和蛋白质含量稍高。试验组脂肪、胆固醇含量略高于空白组，可能会影响后续肉食用时的嫩度和多汁性。在微量元素上，空白组的肉质铁和硒含量略高于试验组，说明微藻替代大豆原料后，猪肉肉质中微量元素积累稍显不足（见表7）。因此，在开发微藻复合饲料时可额外添加铁、硒等微量元素，进一步提高猪肉的品质。

表7 肉质检测结果

项目	单位	组别			
		空白组	试验Ⅰ组	试验Ⅱ组	试验Ⅲ组
还原糖	g/100g	0.76	0.8	0.88	0.25
蛋白质	g/100g	22.4	22.7	22.5	22.4
粗脂肪	g/100g	2.2	5.1	3.9	3.9
胆固醇	mg/100g	39.7	44.4	46	41.5
维生素 B_1	mg/100g	0.369	0.684	0.532	0.699
钙	mg/100g	6.06	4.72	4.68	5.52
铁	mg/100g	1.07	0.79	0.665	0.741
锌	mg/100g	1.92	1.46	1.52	1.51
硒	μg/100g	8.67	6.33	7.13	8.18

3 结语

对厌氧发酵和微藻培养组合工艺处理养猪废水的运行效果进行了深入研究，探究了反应器收获的微藻生物质作为大豆原料的替代，开发高蛋白饲料产品的可行性。组合工艺运行效果稳定，能够在有效去除废水中SCOD、N、P等营养物质的同时，收获高蛋白含量（52.4%）的微藻生物质。微藻及其复合饲料产品的各项指标符合国家饲料卫生标准的技术要求，且饲喂试验证实了微藻复合饲料产品的安全性。研究结果在农业废水的污染控制、资源化利用和能源转化等方面具有一定应用潜力。

4 参考文献

[1] ZACHAROF M P, LOVITT R. Adding value to wastewater by resource recovery and reformulation as growth media: current prospects and potential[J]. Journal of Water Reuse and Desalination, 2015（5）: 473-479.

[2] SCHOUMANS O F, BOURAOUI F. Phosphorus management in Europe in a changing world[J]. Ambio, 2015，44：180–192.

[3] ZHOU W, LI Y. Local bioprospecting for high-lipid producing microalgal strains to be grown on concentrated municipal wastewater for biofuel production[J]. Bioresource Technology, 2011，102（13）: 6909–6919.

[4] WANG L, LIU J, ZHAO Q, et al. Comparative study of wastewater treatment and nutrient recycle via activated sludge, microalgae and combination systems[J]. Bioresour Technol, 2016，211：1–5.

[5] 齐文启，连军.《地表水和污水监测技术规范》（HJ/T91—2002）的相关技术说明 [J]．中国环境监测，2006，22（1）: 54–57.

[6] 龙朋成．连续流小球藻生物阴极型 MFC 系统处理源分离养猪废水研究 [D]．西安：长安大学，2019.

[7] 杨翔梅．细菌强化微藻生物系统对养猪废水厌氧消化液的处理研究 [D]．杭州：浙江大学，2018.

[8] PROCHAZKOVA G, BRANYIKOVA I. Effect of nutrient supply status on biomass composition of eukaryotic green microalgae[J]. Journal of Applied Phycology, 2013，26（3）: 1359–1377.

[9] ZHANG Y L, SU H Y. The effect of bacterial contamination on the heterotrophic cultivation of Chlorella pyrenoidosa in wastewater from the production of soybean products[J]. Water Research, 2012，46（17）: 5509–5516.

责任编辑　于佳雪（收到修改稿日期：2023-06-19）

黄浦江上游地表水总磷污染指数和环保投入的相关性分析

An Analysis on the Correlationship between Total Phosphorus Pollution Index of Surface Water and Environmental Inputs in the Upper Reaches of the Huangpu River

孙华林* （上海市金山区环境监测站，上海市 200540）

Sun Hualin* (Shanghai Jinshan District Environmental Monitoring Station, Shanghai 200540)

摘要 “十三五期间”（2016—2020 年），金山区水体污防投入和污染减排投入分别为 81 850、58 793 万元，但地表水总磷浓度总体呈波动改善，2020 年全区 17 个市考断面中仅 13 个达Ⅲ类水标准。分别对 17 个市考断面的总磷污染指数与水体污防投入、污染减排投入分别进行相关性发现，水体污防投入对总磷浓度削减作用不显著，污染减排投入对总磷浓度削减有一定作用，东海港－漕泾和黄姑塘－卫八路桥断面削减作用显著。建议成立专业水质研究小组，每年对水体污防、污染减排投入对水体总磷浓度影响开展科学评估，探索其规律，为今后精准投入提供依据。

关键词：地表水　总磷　污染指数　环保投入　金山区

Abstract During the “Thirteenth Five-Year Plan” period (2016—2020), the inputs for water pollution prevention and cut-down of pollutant loadings in Jinshan District amounted to 818.50 and 587.93 million yuans RMB, respectively, however, the total phosphorus contents in surface water showed a fluctuational alleviation and the water quality at only 13 out of 17 municipal-level inspected segments of the reaches complied with Category III of the standard in 2020. An analysis on the correlationship between total phosphorus indices at those 17 segments and the investments respectively for water pollution prevention and reduction in pollutant loadings has found that the former action was not so effective at the declination of total phosphorus concentration in water body whilst the latter one gave rise to some-what effects, especially evident at the segments of Donghai Gang to Cao Jing and Huanggu Tang to Weiba Road Bridge. It is suggested to establish a special water quality research group to conduct scientific assessment for the effects of the inputs for those two actions on the total phosphorus contents in water body so as to explore their patterns and provide a basis for later targeted investments.

Key words: Surface water　Total phosphorus　Pollution index　Environmental input　Jinshan District

水是维持区域社会经济可持续发展的重要资源，也是区域自然生态系统良性循环的控制性要素[1]。随着人口增长与经济发展，水资源短缺、水环境恶化的问题愈发突出[2-3]，生态环境与经济增长协调发展成为国家关注的焦点，生态环境保护方面的投入持续加大。本文研究了上海市金山区地表水环境质量指标中的总磷浓度与环境治理投入之间的关系，分析了金山区水体污防和污染减排支出对总磷污染控制的效果，提出了相关建议。

1　研究方法

1.1　研究区域

上海市金山区地处东经 121° ~ 121° 25′，北纬

作者孙华林，男，1965 年生，1987 年毕业于南京大学生物学系，高级工程师。

* 通信联系人，hbj838096@163.com。

30° 40′ ~ 30° 58′，位于长江三角洲南翼，上海市西南部，东邻奉贤区，西与浙江省平湖交界，南濒杭州湾，北与松江、青浦区接壤。金山区河流属黄浦江水系，源出浙江天目山区，经嘉善、平湖入境，汇入黄浦江出海。金山区地表水环境质量监测网络已覆盖了区域内市、区、镇级主要河道、饮用水源地（应急取水口）、省界断面等水体。截至2020年，区内共有各类监测断面64个，地表水自动监测站12个。

1.2　区域经济发展概况

“十三五”末金山区生产总值（GDP）约1 100亿元，人均GDP首次突破2万美元。区级地方财政收入完成126.3亿元，年均增长14.1%，增速位居全市前列，其中农业生产总值22亿元，属地规模以上工业产值1 362亿元。全社会固定资产投资累计完成1 233.5亿元，较“十二五”增加349.8亿元，金山在上海经济版图中的地位明显提升。

1.3　区域水环境质量

“十三五”期间（2016—2020年），金山区废水排放总量为342 467 506.4 t，与“十二五”时期（641 869 048.3 t）相比下降46.6%，废水排放量呈逐年下降趋势（见表1）。

表1　“十三五”期间金山区工业废水排放量/t

年份	排放量
2016	73 498 089.0
2017	71 933 677.5
2018	68 090 315.8
2019	67 480 728.7
2020	61 464 695.4
“十三五”	342 467 506.4

图1　“十三五”期间金山区市考断面点位示意

“十三五”期间，金山区地表水环境质量市考核点位共17个（见图1）。总磷是金山区地表水环境主要污染指标之一，与2016年相比，2020年总磷浓度轻微改善，下降了17.1%（见图2）。

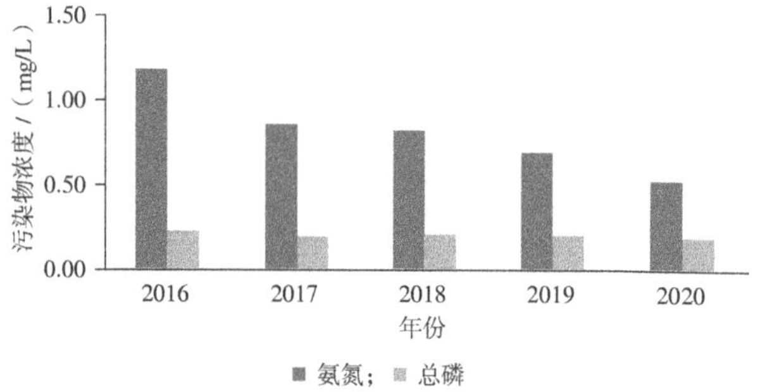

图2　“十三五”期间金山区地表水主要污染指标年度变化趋势

1.4　金山区环保支出

“十三五”期间，金山区总体环保投入较大，其中水体污防投入不稳定，2017年仅为2 555万元，2018年达到峰值，投入近2.7亿元；污染减排投入相对稳定，2017年达到峰值1.44亿元（见图3）。

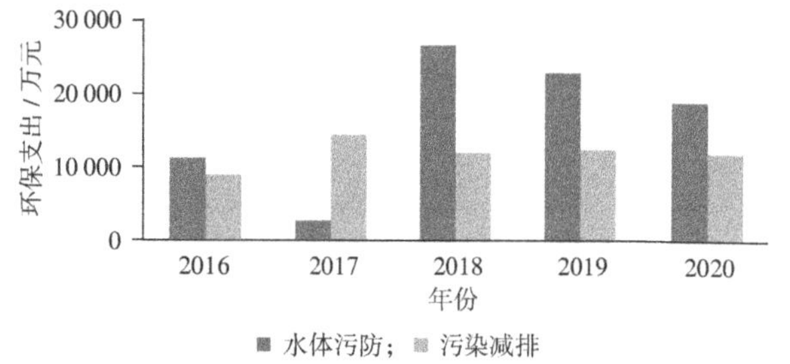

图3　“十三五”期间金山区环保支出

1.5　数据处理与分析

采用钼锑抗分光光度法进行总磷浓度分析，根据GB 3838—2002《地表水环境质量标准》对总磷水质类别进行评价。水质评价通常采用单因子指数法，首先确定该水体的评价标准，将各参数浓度与评价标准相比，根据比值与1的大小评价该水体是否达标，并判断评价指标的水质类别，以最差的水质类别作为水质综合评价的结果[4]。单因子指数法能客观反映评价水体的质量状况，清晰判断主要污染因子、主要污染区域和主要污染时段[5]。本研究按照Ⅲ类功能区水质标准计算水质污染指数，监测数据的选择应能较好地表征环境要素质量或条件，如监测点、采样时间、周期、频率等方面要具有时空的一致性[6]。最后，分别将“十三五”期间金山区地表水环境质量17个市考核点位的总磷污染指数与水体污防投入、污染减排投入进行相关性分析。

2 研究结果

2.1 金山西部地区总磷浓度变化

“十三五”期间，金山西部地区3个市考断面水体总磷浓度不稳定，总体呈现波形改善，2017年和2020年3个市考断面水体总磷浓度相对较低，总磷污染指数＜1，达到Ⅲ类水标准（见表2、图4）。

表2 “十三五”期间金山区西部市考断面总磷污染指数

年份	断面		
	掘石港－金山大桥	秀州塘－万安街	面丈港－兴塔
2016	1.06	1.08	1.08
2017	0.95	0.84	0.8
2018	1.25	1.3	1.3
2019	1.15	1.16	1.12
2020	0.95	0.95	0.95

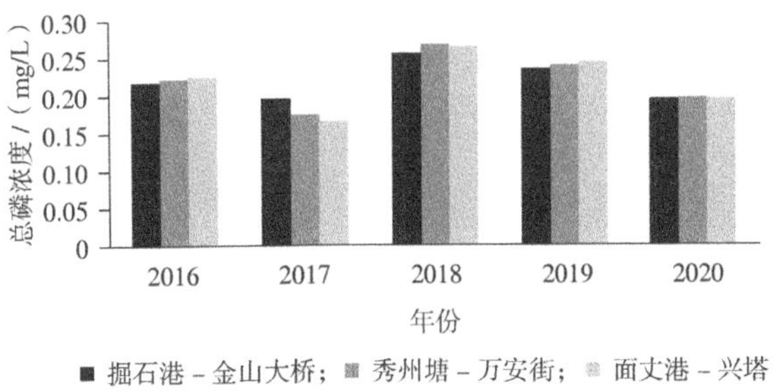

图4 “十三五”期间金山区西部市考断面总磷浓度变化

表3 环保投入和金山区西部市考断面总磷污染指数的相关系数

断面	水体污防投入	污染减排投入
掘石港－金山大桥	0.757 0	−0.246 3
秀州塘－万安街	0.840 9	−0.424 2
面丈港－兴塔	−0.026 5	−0.322 3

金山西部地区环保投入和水体总磷污染指数相关性见表3，“十三五”期间，仅面丈港－兴塔断面的水体污防投入和地表水总磷污染指数呈负相关，即水体污防投入大时，总磷浓度低；其余断面都呈正相关，表明水体污防投入数值与总磷浓度改善没有直接关系。3个断面污染减排资金投入和地表水总磷污染指数呈负相关，秀洲塘－万安街断面的相关系数绝对值最大，其余2个断面相关系数绝对值较小。总体来看，污染减排资金投入改善水质效果比水体污防投入好。

2.2 金山东部地区总磷浓度变化

“十三五”期间，金山东部地区5个市考断面总磷浓度总体呈波动下降趋势，2020年达到最低值，除红旗港－松卫南路桥断面未达标外，其余断面总磷污染指数≤1，均达到Ⅲ类水标准（见表4、图5）。

表4 “十三五”期间金山区东部市考断面总磷污染指数

年份	断面				
	南泖泾－亭枫公路桥	东海港－漕泾	龙泉港－山阳镇	运石河－古岗路桥	红旗港－松卫南路桥
2016	1.32	1.07	1.21	1.08	1.15
2017	1	0.75	1.05	1.05	1.1
2018	1.1	0.85	1.05	1.1	1.25
2019	1.17	0.86	0.98	0.91	1.23
2020	1	0.8	0.8	0.8	1.05

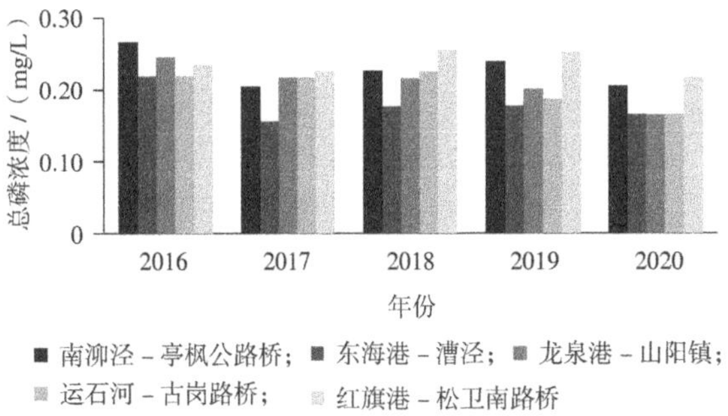

图5 “十三五”期间金山区东部市考断面总磷浓度变化

表5 环保投入和金山区东部市考断面总磷污染指数相关系数

断面	水体污防投入	污染减排投入
南泖泾－亭枫公路桥	0.085 7	−0.844 1
东海港－漕泾	0.023 4	−0.948 1*
龙泉港－山阳镇	−0.335 6	−0.447 5
运石河－古岗路桥	−0.232 0	−0.159 3
红旗港－松卫南路桥	0.615 1	−0.145 6

* 显著相关（$P < 0.05$）

金山东部地区环保投入和水体总磷污染指数相关性见表5，仅龙泉港－山阳镇和运石河－古岗路桥断面的水体污防资金投入和水体总磷污染指数呈负相关，其余3个断面相关系数都为正，红旗港－松卫南路桥断面最大。污染减排资金投入和水体总磷污染指数呈负相关，东海港－漕泾断面相关系数绝对值最大，达显著性相关水平，红旗港－松卫南路桥断面的相关系数绝对值最小。总体来看，污染减排投入改善水质效果比水体污防资金投入好。

2.3　中部地区总磷浓度变化

“十三五”期间，金山中部地区3个市考断面总磷浓度持续波动，仅2017年浓度较低，总磷污染指数＜1，达到Ⅲ类水标准；2018—2020年总磷浓度反弹，2020年仅六里塘－吕青公路桥断面达到Ⅲ类水标准（见表6、图6）。

表6　“十三五”期间金山区中部市考断面总磷污染指数

年份	断面		
	新张泾－钱圩	惠高泾－吕巷	六里塘－吕青公路桥
2016	1.12	1.22	1.14
2017	0.83	0.86	0.85
2018	1.05	1.4	1.5
2019	1.08	1.16	1.14
2020	1.15	1.1	1

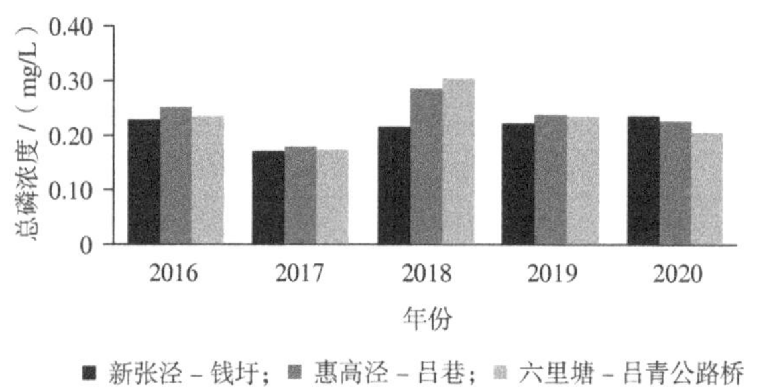

图6　“十三五”期间金山区中部市考断面总磷浓度变化

表7　环保投入和金山区中部市考断面总磷污染指数相关系数

断面	水体污防投入	污染减排投入
新张泾－钱圩	0.648 9	−0.731 7
惠高泾－吕巷	0.801 3	−0.634 6
六里塘－吕青公路桥	0.789 7	−0.408 1

金山中部地区环保投入和水体总磷污染指数相关性见表7，3个断面总磷污染指数与水体污防资金投入均呈正相关，与污染减排资金投入均呈负相关，新张泾－钱圩断面的相关系数绝对值最大。“十三五”期间，中部地区3个断面的总磷污染指数不稳定，污染减排资金投入改善水质效果比水体污防投入好。

2.4　水源保护区总磷浓度变化

“十三五”期间，原张泾河－紫石泾水源保护区内取水口周边3个市考断面总磷浓度波动下降，2017年、2020年3个市考断面总磷污染指数≤1，达到Ⅲ类水标准（见表8、图7）。

表8　“十三五”期间金山区水源保护区水质总磷污染指数

年份	断面		
	张泾河－吕朱公路桥	张泾河－金张公路桥	紫石泾－中运河交汇口
2016	1.08	1.12	1.04
2017	0.94	0.84	0.98
2018	1.25	1.2	1.2
2019	1.16	1.04	0.95
2020	0.95	1	0.9

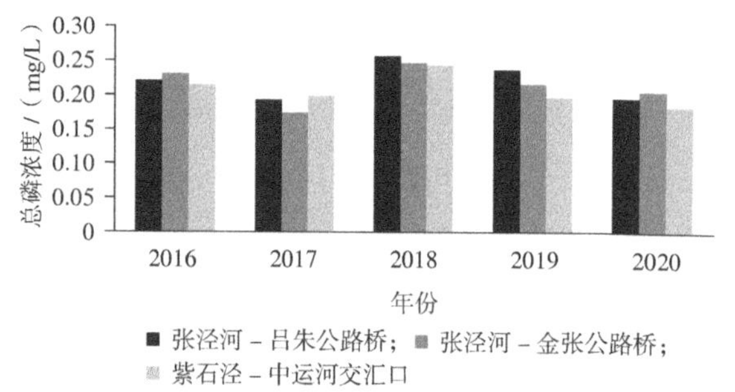

图7　“十三五”期间金山区水源保护区水质总磷浓度变化

表9　环保投入和金山区水源保护区水质总磷污染指数相关系数

断面	水体污防投入	污染减排投入
张泾河－吕朱公路桥	0.749 4	−0.330 4
张泾河－金张公路桥	0.733 3	−0.250 2
紫石泾－中运河交汇口	0.337 6	−0.250 2

金山水源保护区环保投入和水体总磷污染指数相关性见表9，3个市考断面总磷污染指数与水体污防资金投入均呈正相关，与污染减排资金投入均呈负相关，表明污染减排资金投入改善水质效果比水体污防投入好。

2.5　南部地区总磷浓度变化

“十三五”期间，金山南部地区3个市考断面总磷浓度波动下降，但仅在2020年，老龙泉港－卫零路桥断面总磷污染指数＜1，达到Ⅲ类水标准（见表10、图8）。

金山南部地区环保投入和水体总磷污染指数相关性见表11，3个市考断面总磷污染指数与水体污防投入和均呈正相关，与污染减排投入均呈负相关，其中黄姑塘－卫八路桥断面效果达到显著性水平，污染减排资金投入改善水质效果比水体污防投入好。

表 10 “十三五”期间金山区南部市考断面总磷污染指数

年份	断面		
	卫城河－西静路	黄姑塘－卫八路桥	老龙泉港－卫零路桥
2016	1.3	1.74	1.32
2017	0.95	1.1	1
2018	1.25	1.35	1.45
2019	1.19	1.27	1.1
2020	1.05	1.1	0.95

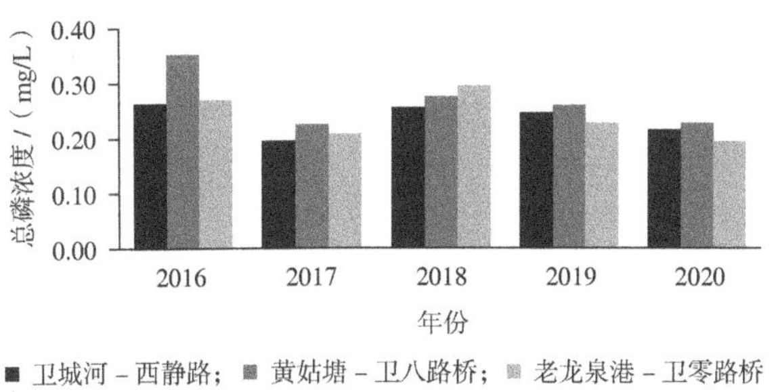

图 8 “十三五”期间金山区南部市考断面总磷浓度变化

表 11 环保投入和南部市考断面总磷污染指数相关系数

断面	水体污防投入	污染减排投入
卫城河－西静路	0.535 2	−0.837 3
黄姑塘－卫八路桥	0.022 4	−0.896 6*
老龙泉港－卫零路桥	0.413 6	−0.563 1

* 显著相关（$P < 0.05$）

3 结论与建议

将金山区市考断面总磷污染指数和环保投入相关性变化进行汇总，得出水体污防投入和污染减排投入对水体总磷浓度的影响（见图 9）。

3.1 水体污防投入对水体总磷浓度的影响

“十三五”期间，金山区水体污防投入共 81 850 万元，但仅有面丈港－兴塔、运石河－古岗路桥和龙泉港－山阳镇 3 个断面的水体污防投入和总磷污染指数呈负相关，且根据线性回归方程检验[7]，$\gamma_{0.05,5}=0.878$，3 个市考断面的相关系数γ绝对值都小于临界值，说明水体污防投入和地表水总磷污染指数下降效果不显著。

3.2 污染减排投入对水体总磷浓度的影响

“十三五”期间，金山区污染减排投入共 58 793 万元，污染减排投入与 17 个断面地表水总磷污染指数均呈负相关，说明污染减排投入对金山区地表水质量的改善产生了效果，根据线性回归方程检验[7]，$\gamma_{0.05,5}=0.878$，东海港－漕泾和黄姑塘－卫八路桥 2 个市考断面的相关系数γ绝对值大于临界值，说明污染减排投入对削减总磷浓度作用明显，达到显著性相关水平。

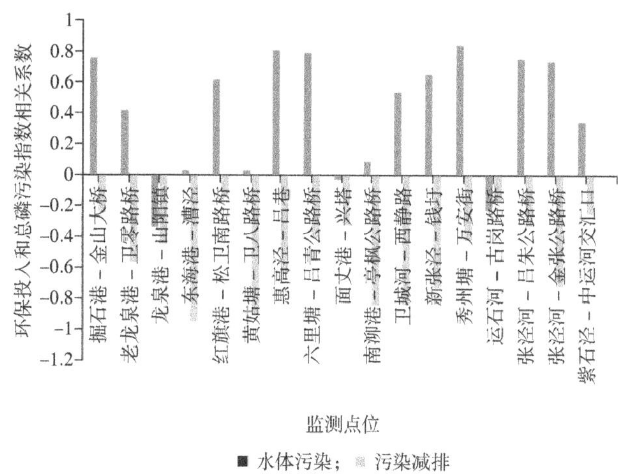

图 9 金山区市考断面总磷污染指数和环保投入相关性变化

“十三五”期间，金山区投入大量资金以改善区域环境质量，根据相关性分析结果，水体污防投入对总磷浓度削减作用不显著，污染减排投入对总磷浓度削减有一定作用，东海港－漕泾和黄姑塘－卫八路桥断面削减作用显著。建议成立专业水质研究小组，每年对水体污防、污染减排投入对水体总磷浓度影响开展科学评估，探索其规律，为今后精准投入提供依据。

4 参考文献

[1] 刘寒青，刘静，赵建世，等. 基于水资源系统可持续性的南水北调进京规模分析 [J]. 水资源保护，2020，36（6）：99–105.

[2] 唱彤，郦建强，金菊良，等. 面向水流系统功能的多维度水资源承载力评价指标体系 [J]. 水资源保护，2020，36（1）：44–51.

[3] YANG Z, SONG J, CHENG D, et al. Comprehensive evaluation and scenario simulation for the water resources carrying capacity in Xi’an City, China [J]. Journal of Environmental Management, 2019，230：221–233.

[4] 张小君，徐中民，宋晓谕，等. 几种水环境质量评价方法在青海湖入湖河流中的应用 [J]. 环境工程，2013，31（1）：117–121.

[5] 林杰. 地表水水环境质量评价及其应用 [J]. 资源节约与环保，2016（3）：111.

[6] 何跃君，韩秀，凌盼. 环境监测数据综合分析与评价技术研究 [J]. 青海环境，2016，26（1）：16–20.

[7] 蒋子刚，顾雪梅. 分析检验的质量保证和计量认证 [M]. 上海：华东理工大学出版社，1998：193–197.

责任编辑　黄潇月（收到修改稿日期：2023-12-10）

城市高架声屏障结构预警技术探讨

A Discussion on Pre-Warning Technique for the Structural Safety of Elevated Road Sound Barrier

戴　鹰[1]　张玮晨[2*]　刘长卿[2]（1. 上海环境节能工程股份有限公司，上海 200135；2. 上海市环境科学研究院，上海 200233）

Dai Ying[1]　Zhang Weichen[2*]　Liu Changqing[2]　(1. Shanghai Environmental Energy Conservation Engineering Co., Ltd., Shanghai 200135; 2. Shanghai Academy of Environmental Sciences, Shanghai 200233)

摘要　城市高架道路声屏障结构安全保障是有效防止因屏体结构松动引起跌落导致重大风险事故的重要环节。为提升现有人工巡检的效率，对城市高架声屏障屏体安全建立 24 h 全天候监控，对标国家相关技术规范，基于有限元方法对屏体遇到强台风正面袭击时结构松动的各类场景进行了模型计算，提出采用倾角及红外传感器的联动模式。该技术可对直线式高架声屏障结构安全提供自动预警，以增强屏体巡检的效率，确保屏体结构稳定。

关键词：声屏障　结构安全　自动监控预警　城市高架道路

Abstract　In order to improve the efficiency of the existing manual routine inspection and establish 24-hour monitoring of the safety of urban elevated sound barrier, various scenarios of its structural loosening were calculated when the screen encountered a strong typhoon frontal attack based on the finite element method whilst benchmarking the relevant national technical specifications. A mode has been proposed by adopting the linkage of inclination angle and infrared sensor. This technique could provide automatic pre-warning for the safety of linear elevated sound barrier structure, so as to enhance the efficiency of screen routine inspection and ensure the stability of screen structure.

Key words: Sound barrier　Structural safety　Automatic monitoring and pre-warning　Urban elevated roads

城市高架声屏障作为道路辅助结构为改善沿线声环境起到了一定作用，但声屏障的安全养护目前缺乏成熟技术，仍需人工巡检。养护工人通过逐一敲击屏体立柱、螺栓等方式，判断结构是否存在松动、摇晃隐患，既费工费时，又无法对声屏障结构安全隐患实现全时段排查，如遇台风等极端天气，螺栓松动引起屏体跌落将造成重大事故。

针对上述问题，北京铁路局采用了将振动加速度检波单元、数据采集传输单元安装在声障屏外侧以获取列车经过声障屏时产生的脉动载荷对声障屏立柱顶端产生的振动加速度信号，进而进行声屏障结构故障诊断的方法，但此方法适用于列车经过的脉冲负荷振动检测，结构复杂，振动单元灵敏度及户外耐受性能较弱[1]；合肥工业大学提出设计一种监测单元，通过对声屏障角度和高度变化进行预警[2]；南京大学采用对高铁声屏障 H 钢内设置光纤监控卡槽松动[3]，但这两项发明专利均仅适用于高铁屏障承受列车高速经过

上海市交通委 2022 年度科研计划项目“基于声屏障智能化管控系统设计研发”（编号：JT2022-KY-014）资助。

第一作者戴鹰，女，1976 年生，2008 年毕业于苏州科技学院工程系，工程师。

* 通信联系人，zhangwc@saes.sh.cn。

的脉冲负荷，且仅能监测单块屏体的安全性，实际使用中须对每块屏体加装检测装置，安装点多且复杂，不适用于城市道路声屏障的结构安全监控。

面对城市高架道路的声屏障使用年限增加、总里程持续增长的现状，高架声屏障结构松动跌落的风险不容忽视。本文依据《道路声屏障结构技术规范》的相关设计要求，基于有限元方法确定屏体在结构松动的场景条件下，遇到0.55 kN/m^{2}的基本风压（相当于10级风力等级）正面袭击时H形钢立柱顶部水平晃动的幅值变化，采用倾角传感器与红外线触发相结合的模式，设计了一套适用于城市高架道路直线段声屏障屏体安全监控的预警系统，提供24 h全天候自动监控保障体系，以提升高架道路安全巡检效率，有效降低事故隐患。

1 声屏障结构安全防护思路

高速铁路声屏障结构安全多采用振动加速传感应变片、感应位移设备以及倾角传感技术，通过对屏障受力的H形钢结构的振动、位移及角度的微调实现预警功能。区别于铁路班次频繁高速引起的湍流压差的屏体扰动，城市高架道路声屏障的跌落多源自屏体与道路防撞墙螺丝松动导致，人工巡检通常采用敲击和螺丝拧紧等测试进行判断维护，因此螺栓松动的位置可作为场景设计的主要因素。

高架屏体受力来自城市道路高度的风荷载影响，依据《道路声屏障结构技术规范》（下称“规范”），以上海市基本风压0.55 kN/m^{2}作为风荷载的标准条件，对高架声屏障屏体立柱的顶点位移值进行模拟预测，当屏体螺栓松动的某个模拟场景所得位移值L_i超出规范对立柱顶点水平位移极值L_0的要求，即$L_0 >$ H/100（H为立柱高度）时，可视为屏体顶端晃动超过规范限值要求，即屏体受风荷载影响存在结构安全隐患的临界预警值。

2 有限元模型

2.1 原理

有限元法是结合了李兹法和有限差分法的特点发展起来的一种数值算法，基本思路是离散和分片插值，主要包括结构离散、建立单元刚度方程、集成总刚度方程、根据边界条件及外载荷求解总体位移矩阵等步骤[4]。采用有限元法对声屏障结构在风载荷作用下的屏体位移进行计算，首先将连续体结构离散为有限个更细小的单元，以离散化后的各个节点位移作为基本未知量，按位移求解。为了分析单元的位移、应力和应变，必须建立坐标系，形成单元刚度矩阵，建立单元特性方程。假设一个单元的4个节点分别为i、j、m、p，每个节点有3个位移分量，单个节点的位移分量见式（1）。

$$\{\delta_i\}=\{u_i\ v_i\ w_i\}^T \tag{1}$$

每个单元4个结点，共有12个结点位移分量，单元结点位移分量见式（2）。

$$\{\delta\}^e=\left[\{\delta_i\}^T\ \{\delta_j\}^T\ \{\delta_m\}^T\ \{\delta_p\}^T\right]^T \tag{2}$$

传统的有限元法通过分片插值，假设一种函数来表示单元位移分布。单元的位移函数可表示为单元坐标的函数与结点位移列阵的乘积，单元位移用结点位移向量见式（3）。

$$\{u\}=\{u\ v\ w\}^T=[N]\{\delta\}^e=\left[IN_i\ IN_j\ IN_m\ IN_p\right]\{\delta\}^e \tag{3}$$

式中，I——三阶的单位阵；

N——形函数。

在空间应力问题中，每点具有6个应变分量，应变向量见式（4）。

$$\{\varepsilon\}=[B]\{\delta\}^e=\left[B_i-B_j\,B_m-B_p\right]\{\delta\}^e \tag{4}$$

式中，$[B]$——几何矩阵。

单元应力可以用结点位移表示，见式（5）。

$$\{\sigma\}=[D][B]\{\delta\}^e=[D]\left[B_i-B_j\,B_m-B_p\right]\{\delta\}^e \tag{5}$$

式中，$[D]$——弹性矩阵。

利用单元分析结果，结合弹性力学本构方程和空间问题的虚功方程，可直接生成单元刚度矩阵见式（6）。

$$[K]^e=\iiint[B]^T[D][B]\mathrm{d}x\mathrm{d}y\mathrm{d}z \tag{6}$$

生成单元刚度矩阵后可以直接获得单元的有限元方程，但仍不能通过该方程求解单元节点的位移，因为单元刚度矩阵中包含有相邻单元作用在本单元边界上的内力。因此必须通过单元有限元方程相加约去内力的影响，从而生成总刚度矩阵，即矩阵扩阶、叠加求和，得到总刚度矩阵见式（7）。

$$[K]=\sum_{i=i}^{n}\sum_{e}\sum_{s=i,j,m}[K_{is}] \tag{7}$$

通常为了保证刚体位移，总刚度矩阵是不可逆的，因此必须施加位移约束来消除总刚度矩阵的奇异性，位移约束必须施加在结点上。且有限元模型中的力只能通过结点来传递，因此任何施加在结构上的外力必须通过移置转化成等效的结点载荷。

总刚度矩阵、边界条件及载荷确定后，有限元方程见式（8）。

$$[k]\cdot\{x\}=\{p\} \quad (8)$$

式中，$[k]$——离散单元刚度矩阵；

$\{x\}$——单元位移向量；

$\{p\}$——单元受到的外力向量。

求解式（3~8）即可求得静力学条件下的结构结点位移，然后利用插值函数即可获得求解域内的位移分布。

2.2 模型构建及计算工况

常见的Y形声屏障的主要固定支撑材料为H形钢立柱（见图1）。根据该声屏障结构设计图，构建有限元模型（见图2），立柱底端与防撞墩接触位置设置为固定约束，以十级风产生的压力（0.55 kN/m²）垂直均匀地施加在声屏障H形钢及屏体板表面上，计算屏体的位移。计算工况如下：

（1）屏体底部约束正常；

（2）连续屏体的中间位置底部1组螺栓松脱；

（3）连续屏体的中间位置底部2组螺栓松脱；

（4）连续屏体端头位置底部1组螺栓松脱。

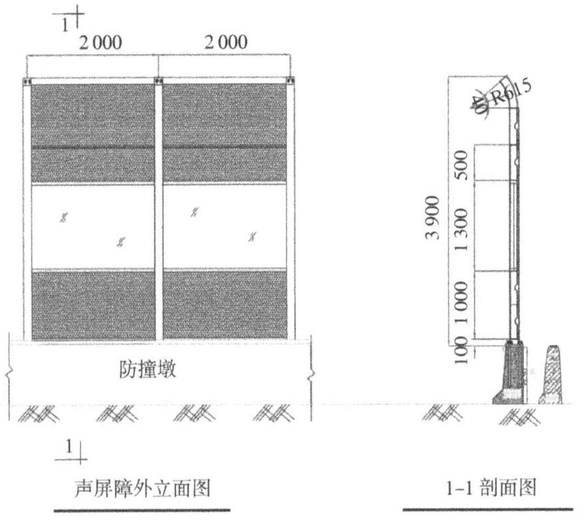

图1 声屏障 Y形构件示意

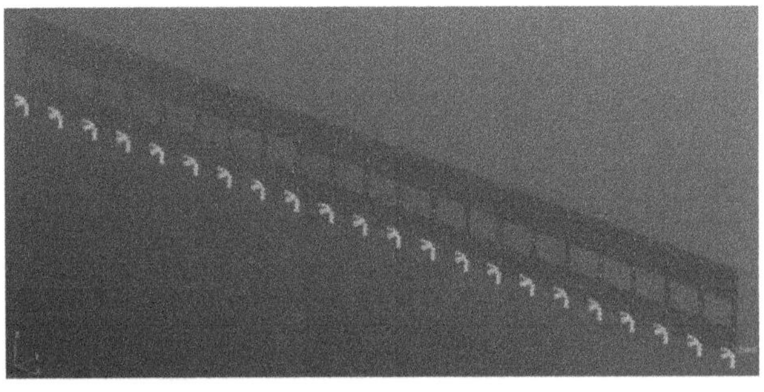

图2 声屏障有限元模型

3 屏体立柱顶点水平位移模拟结果

根据有限元模型对基本风压条件下高架声屏障屏体螺栓松动发生在不同位置的模拟，对声屏障屏体顶点的位移进行计算。正常情况下，4 m高H形立柱声屏障结构基本风压侧向风时，屏体顶点的水平位移L_1约为3.02 cm（见图3），满足H/100的标准限值要求；当位于屏体中段的螺栓出现松动时，1组出现问题时引起的顶部晃动幅度L_{2-1}约为3.95 cm，接近L_0 4 cm的标准临界值，已开始出现安全隐患；当发生2组螺栓松动时，顶部晃动幅值L_{2-2}将增加到5.82 cm，随时将发生屏体跌落的事故（见图4）；当螺栓松动出现在连续声屏障的两端立柱时（见图5），仅1组螺栓松动，就导致屏体顶部晃动幅值L_3达到5.44 cm。

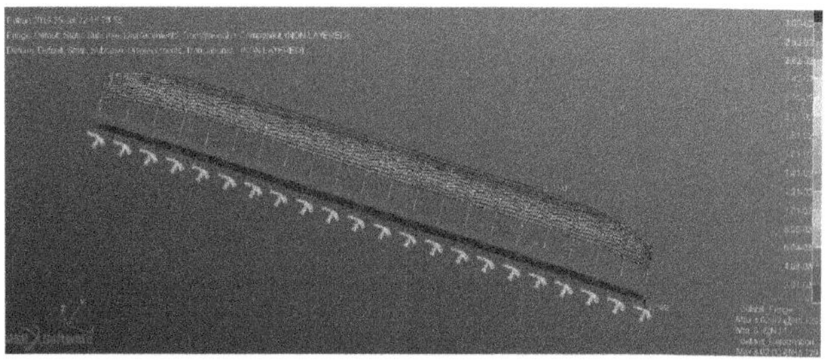

图3 屏体正常，0.55 kN/m² 基本风压条件下，屏体顶点水平位移分布

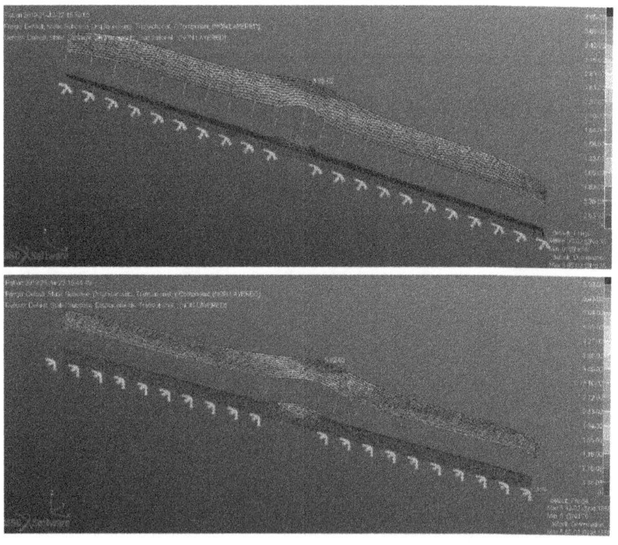

图4 屏体中央分别脱落1组、2组螺栓时，0.55 kN/m² 基本风压条件下，屏体顶点水平位移分布

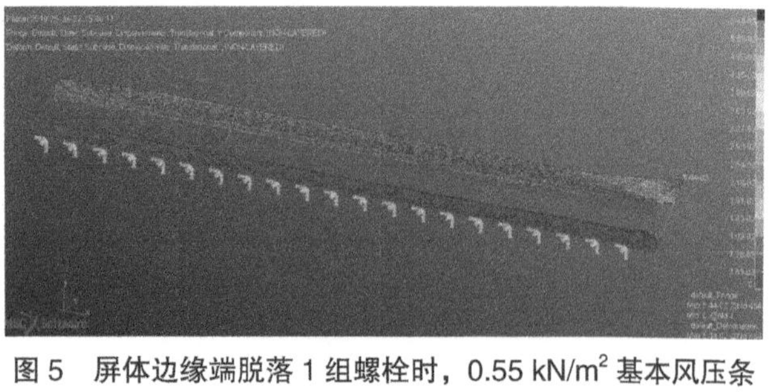

图5 屏体边缘端脱落1组螺栓时，0.55 kN/m² 基本风压条件下，屏体顶点水平位移分布

基于上述模拟结果可见，正常风速条件下，高架道路声屏障顶端的晃动幅度可控制在 H/100 的标准范围内；但当屏体螺栓出现松动时，基本风压条件下，位于声屏障两端的螺栓松动引起的顶部晃动幅度相较于中段螺栓松动的场景更大，说明屏体两端螺栓的结构受力对结构安全的影响较大；同时，当屏体中部的螺栓出现松动现象时，顶端位移的晃动位移将超过屏体立柱高度 H/100 的规范限值，有重大安全隐患。

4　安全预警设计建议

根据对各类螺栓松动的场景模拟结论可见，高架道路直线段声屏障的两端 H 形钢立柱的螺栓松动是同等风速条件下屏体顶点晃动幅度较大的场景，因此对两端立柱顶端设置倾角传感器可实时感知其晃动幅值变化趋势，当幅度大于屏体立柱高度 H/100（即晃动角度＞0.6° 时），可设为预警立柱晃动幅度过大的阈值限。

同时，对于屏体中段出现螺栓松动的场景，结合其顶端晃动幅度大于 H/100 的规范要求可通过设置红外线对射装置来作为预警系统，以 4 m 高立柱为例，当屏障屏体顶端位移值超出 4 cm 时，屏体将切断红外射线，进而触发红外装置报警，发送预警警报信号至高架道路市政养护终端，提醒采取及时有效的防护措施。

5　结论

城市道路高架声屏障（直线段）的屏体安全结构主要由螺栓松动引起。加强对直线段高架声屏障两端 H 形钢立柱顶端的倾角监控，并在两端立柱顶部增设红外对射装置，可全天候监控高架道路声屏障受风压引起的顶部位移变化。当位移超出声屏障结构设计规范相关要求时，触发红外报警，可有效提高对高架声屏障的安全监控效率，降低结构安全隐患导致屏体跌落的事故风险。

6　参考文献

[1] 北京铁路局保定工务段．一种声屏障监测系统和方法：201710885103.4[P]．2018-01-09.

[2] 合肥工业大学．一种声屏障的监测系统及监测方法：2020.0427[P]．2020-08-07.

[3] 南京大学．一种监测高铁声屏障中 H 钢卡槽松动的方法：201410476769.0[P]．2014-12-17.

[4] 刘怀恒．结构及弹性力学有限元法 [M]．西安：西北工业大学出版社，2010.

责任编辑　于佳雪（收到修改稿日期：2024-02-02）

碳达峰碳中和背景下上海地区的蓝碳交易路径探索

An Approach to Blue Carbon Trading in Shanghai Region under the Background of Carbon Peaking and Carbon Neutrality

许睿旸[1]　陆诗玮[2]　聂森艳[2]（1. 上海申汲环境科技有限公司，上海 200082；2. 上海市海洋管理事务中心，上海 200050）

Xu Ruiyang[1]　Lu Shiwei[2]　Nie Senyan[2]　(1.Shanghai Shenji Environmental Technology Co., Ltd., Shanghai 200082；2.Shanghai Center of Oceanic Management Affairs，Shanghai 200050)

摘要　梳理了国内蓝色碳汇交易现状，分析了目前蓝色碳汇交易存在的问题，探讨了碳汇交易视角下上海蓝色碳汇价值实现机制及路径，发现（1）目前国内蓝碳交易尚在起步阶段，现有的蓝碳交易中存在着项目的生态系统影响评估相对有限、认证体系不统一、市场机制尚未完善等问题。（2）上海在蓝碳交易方面具备巨大的潜力，可采用将蓝碳交易纳入 CCER 体系、采用拍卖形式、将蓝碳交易纳入碳普惠体系。（3）在可能的 3 种蓝碳交易路径中，将蓝碳交易纳入上海碳普惠体系为可行性最高的路径，因碳普惠体系拥有相对成熟的法律法规和管理制度、参与主体广泛、有着完备的监管机制。

关键词：蓝碳交易　碳汇价值　碳普惠

Abstract　The current status of domestic blue carbon sink trading was reviewed, existent issues in the recent dealing were analysed, and the mechanism and road to realise the value of blue carbon sink in Shanghai was discussed from the perspective of its trading. It has been found that: (1) as the domestic blue carbon trading is still in its infancy now, there are several issues in the present trading such as relatively limited ecosystem impact assessment of projects, no unified certification system available, not yet completed market mechanism, and etc.; (2) as there are huge potentials in the blue carbon trading in Shanghai, it could be brought into the Chinese Certified Emission Reduction (CCER) system, adopting a type of auction, and incorporated into a carbon inclusive system; (3) among those three possible blue carbon trading paths, incorporating the trading into the Shanghai Carbon Inclusive System could be the most feasible way owing to the availabilities of relatively mature laws, regulations and management system for the carbon inclusive system, a wide range of participating entities, and a complete regulatory mechanism.

Key words：Blue carbon trading　Carbon sink value　Carbon inclusiveness

碳达峰是指某个地区或行业年度二氧化碳排放量达到历史最高值，然后经历平台期进入持续下降的过程，是二氧化碳排放量由增转降的历史拐点，标志着碳排放与经济发展实现脱钩；碳中和是指国家、企业、产品、活动或个人在一定时间内直接或间接产生的二氧化碳或温室气体排放总量，通过植树造林、节能减排等形式，抵消自身产生的二氧化碳或温室气体排放量，实现正负抵消，达到相对“零排放”。碳达峰与碳中和是全球气候治理和绿色发展转型背景下的一种发展理念更新、一种发展路径变革与一种发展模式重塑，已经成为全球协同治理和绿色转型的共识和

第一作者许睿旸，男，1997 年生，2022 年毕业于筑波大学生命环境科学系，硕士。

构建人类命运共同体的重要纽带之一。2020 年 9 月，我国承诺 CO_2 排放量力争在 2030 年前达到峰值，争取在 2060 年前实现碳中和，明确了我国实现碳达峰和碳中和的时间表[1]，展现了中国作为一个负责任大国的作为和担当，增强了中国在全球气候治理中的主动权和影响力。

在碳达峰与碳中和的实践中，目前仍以物理减碳的方式为主，即以通过提高能源使用效率或转换能源使用方式的办法来降低碳排放量。但事实上，通过海洋、森林、湿地等生态系统方式固碳降低 CO_2 存量是一种更加高效的减碳方式。全球碳项目（Global Carbon Project）发布的《2020 年全球碳预算》提出，海洋是地球上最大的活跃碳库，海洋碳库的碳储量是陆地碳库的 20 倍、大气碳库的 50 倍[2]。蓝碳通常被认为由海岸带植物和树木构成（如红树林、盐沼和海草），也包括被藻床覆盖的广阔的海岸带区域，但大部分大型藻床由于生长在岩石基层而无法埋藏碳。在新的科学认识下，蓝碳不仅包括海岸带红树林、盐沼和海草床等生态系统的固碳，还包括之前没有得到足够重视的占海洋生物量 90% 以上的微型生物固碳储碳。

基于海洋具有的巨大生态潜力与固碳优势，在碳达峰、碳中和目标实现的众多路径中，蓝碳议题得到了国家的重视。2015 年，中共中央、国务院出台《关于加快生态文明建设的意见》中强调，“要加大力度修复和保护海洋生态系统，增强海洋碳汇在应对气候变化中的作用”。2016 年，国务院在《控制温室气体排放的方案》中再次提出：“加快发展海洋生态系统固碳技术，推进海洋固碳试点区域建设。”2019 年 5 月，中共中央办公厅、国务院办公厅印发的《国家生态文明试验区（海南）实施方案》中明确提出“开展海洋生态系统碳汇试点”“开展蓝碳标准体系及交易机制研究，探索设立蓝碳交易平台”。2021 年 3 月，中央财经委员会第九次会议明确提出：“十四五”期间是开展碳达峰的关键时期，要加大国土空间规划及管控利用，充分发挥海洋、湿地、草原、冻土等生态系统的固碳能力，提升生态系统的碳汇总量。可见，蓝碳开发与利用已成为碳达峰与碳中和的重点之一，在政策层面、实践层面得到了有效响应。

碳汇交易是蓝色碳汇价值实现的市场化机制，但是目前国内相关研究相对较少，虽然在通过碳汇交易实现蓝色碳汇价值的必要性和可行性[3-4]的基础上探讨了蓝色碳汇发展模式[5]、交易机制[6]、交易市场[7]、发展对策[8]等问题，但缺乏对碳汇交易视角下蓝色碳汇价值实现机制和路径的剖析。本文提出了碳汇交易视角下上海地区蓝色碳汇价值实现机制框架，分析了国内外滨海湿地蓝色碳汇交易现状，提出了碳汇交易视角下上海蓝色碳汇价值实现机制及路径，旨在为上海蓝色碳汇价值实现机制建设提供决策参考。

1 国内蓝色碳汇交易现状及问题

1.1 国内蓝碳交易相关政策

近年来，中国高度重视蓝色碳汇的重要作用，不断推动蓝色碳汇交易发展，目前已颁布了一系列蓝色碳汇相关政策（表 1）。中国正逐步探索建立蓝色碳汇交易机制。

1.2 蓝碳交易市场发展现状

蓝色碳汇交易市场的发展与政策密切相关，受到全球气候变化关注的推动。随着国际社会对蓝色碳汇作为碳减排和生态保护关键角色的认知增强，越来越多的国际政策和协定涉及蓝色碳汇的管理和交易，推动了蓝色碳交易市场的发展，主要分为配额市场和自

表 1　国内蓝碳相关政策

年份	政策文件	部门	关键内容
2020	《全国重要生态系统保护和修复重大工程总体规划（2021—2035 年）》	国家发展改革委、自然资源部	以红树林、珊瑚礁、海草床等典型生态系统为重点，加强综合整治和重要生境修复，强化自然岸线、滨海湿地保护和恢复
2021	《中共中央 国务院关于完整准确全面贯彻新发展理念做好碳达峰碳中和工作的意见》	中共中央、国务院	建立生态系统碳汇监测核算体系，开展森林、草原、湿地、海洋、土壤、冻土、岩溶等碳汇本底调查和碳储量评估，实施生态保护修复碳汇成效监测评估
2021	《2030 年前碳达峰行动方案》	中共中央、国务院	加强河湖、湿地保护修复。整体推进海洋生态系统保护和修复，提升红树林、海草床、盐沼等固碳能力

（续表）

年份	政策文件	部门	关键内容
2021	《上海市海洋“十四五”规划》	上海市水务局	以“双重”规划为引领，严格保护自然岸线，逐步修复受损退化的生态系统，着力提升海岸带生态服务功能、滨海湿地生态品质和碳汇能力，构建陆海一体、生态减灾协同的海岸空间，提升海域海岛生态功能
2022	《上海市碳达峰实施方案》	上海市人民政府	增强海洋系统固碳能力。全面落实海洋生态红线保护管控措施，严格保护自然岸线。探索开展海洋生态系统碳汇试点。增强湿地系统固碳能力。研究推进崇明北沿、九段沙、南汇东滩等重大湿地生态修复。完善湿地分级管理体系，健全湿地监测评价体系
2022	《中共上海市委 上海市人民政府关于完整准确全面贯彻新发展理念做好碳达峰碳中和工作的实施意见》	上海市发展和改革委员会	开展森林、海洋、湿地等碳汇本底调查和源汇动态评估，实施生态保护修复碳汇成效监测评估
2022	《上海市科技支撑碳达峰碳中和实施方案》	上海市发展和改革委员会、上海市经济和信息化委员会、上海市生态环境局等	针对我市生态碳汇领域增汇、评估等需求，开展生态碳汇资源量评估、监测和测算，推进人工增汇关键技术研发和示范，充分挖掘我市生态碳汇潜力，推动绿色发展，促进人与自然和谐共生

愿市场两大类。配额市场服务于需要强制性履约的企业，而自愿市场主要服务于承诺碳减排或碳中和的企业、个人和组织。

碳汇交易项目起源于《京都议定书》的清洁发展机制（CDM），其中CDM和联合履行机制（JI）为基于项目的减排机制，为强制性碳市场提供了框架。相较于强制性市场，自愿碳市场通过自愿交易碳抵消额度或信用额度来实现减排效果，成为减缓气候变化行动的重要组成部分。目前，强制和自愿市场中已开发了适用于蓝色碳汇项目的方法学，但这些方法学受限于特定区域和条件。在项目类型上，当前蓝色碳汇项目主要集中在森林领域，通过减少毁林、森林退化减排以及森林保护、可持续管理、增加森林碳库等方式进行开发。与此同时，自愿市场则成为蓝色碳汇项目主要资金来源，其认证标准易于实施、灵活性较强，适用成本相对较低。国际上不同的研究机构和组织已提出了多种蓝色碳汇核算标准和碳交易方法学，为项目的开发提供技术支持。

我国目前还未有专门针对蓝碳交易的政策法规，但已有一些相关的政策文件和指导意见，如《碳排放权交易管理办法（试行）》《关于开展海洋生态补偿试点工作的指导意见》等，为蓝碳交易提供了一定的政策支持和引导。此外，我国还在部分地区开展了蓝碳试点项目，如宁波西沪港、崇明东滩等，探索了蓝碳交易的模式和机制。2020年，深圳大鹏新区完成中国首个《蓝色碳汇核算指南》，该指南成为中国构建蓝色碳汇核算体系的首次尝试[9]。

1.3 国内蓝碳交易案例概况

整体而言，国内蓝碳交易尚在起步阶段。我国开发的第一个蓝碳碳汇项目为湛江红树林造林项目。该项目将广东湛江红树林国家级自然保护区范围内2015—2020年间陆续种植的308.4 hm^2 红树林按照VCS（碳核证标准）和CCB（气候、社区和生物多样性）标准进行开发，成为全球首个VCS和CCB双重标准认证的红树林碳汇项目[10]。2022年1月1日，连江县完成15 000 t海水养殖渔业海洋碳汇交易项目，是全国首宗海洋渔业碳汇交易。2022年2月，宁波象山西沪港2 340.1 t/a碳汇量以106元/t的价格成交，这是我国首次以拍卖形式进行的蓝碳交易。

现有的蓝碳交易案例仍然存在一些不足之处，如项目的生态系统影响评估相对有限，虽然提到了生态环境质量的提高和居民收入的增加，但缺乏对具体生态系统服务价值的深入研究。为更全面地理解蓝碳项目的影响，未来的项目可以加强生态系统服务的定量评估，确保项目对生态系统的积极影响得以量化和证明。目前蓝碳交易市场尚未形成统一的标准和规范，各项目使用的认证标准和方法学存在差异，可能导致交易不透明，跨项目比较难以进行。部分项目在方法学选择上存在一定局限性，在未来的项目中，需要更加灵活地选择适应特定生态系统的方法学，提高测量和核算的准确性，也需要建立更为统一和标准化的蓝碳认证体系，促进市场的健康发展。现有的蓝碳交易市场机制尚未完善，仍处于初级阶段，缺乏足够的多样性和灵活性。现有的交易项目多由政府主导，由各方达成协议，无主流碳资产管理公司参与，不同地区间的相互参考意义较小，交易中社会参与度有待提升；虽然存在企业参与蓝碳交易，但社会公众的参与度相对较低。在未来的发展中，需要通过更有效的宣传和教育，提高公众对蓝碳交易的认知度，鼓励更多的个人和社会团体参与到碳减排和蓝碳交易中。

2 上海蓝碳本底概况及交易潜力

上海地处长江三角洲东缘、长江入海口和东海交汇处，北接江苏、南临浙江。全市管辖海域面积10 642 km^2，是陆域面积的1.7倍。拥有大陆和有居民岛岸线572 km。共有大小海岛26个，包括崇明岛、长兴岛、横沙岛3个有居民海岛，大金山岛、佘山岛、九段沙等23个无居民海岛，岛域总面积约1 546 km^2。同时，上海也是海洋经济大省，根据自然资源部反馈的上海市海洋生产总值初步核算数据，2022年上海市实现海洋生产总值9 792.4亿元，占全市生产总值的21.9%，占当年全国海洋生产总值的10.3%[11]。良好的区位优势、经济基础以及自然资源禀赋为发展海洋碳汇奠定了基础。

上海近海海域分布范围最广的是藻类，盐沼湿地主要分布在杭州湾北岸、长江入海口和崇明岛沿岸，牡蛎礁主要分布在金山沿岸、奉贤沿岸和长江口深水航道。2022年的统计数据显示，上海近岸海域牡蛎礁碳储量总量估算为2.04×10^5 t，其中金山地区总碳储量为达881 t，奉贤地区总碳储量为544 t。长江口深水航道属于人工牡蛎礁，总碳储量可达2.03×10^5 t。牡蛎的分布与附着基的规模息息相关，杭州湾北岸自然附着基以沿线保滩坝为主；而深水航道人工牡蛎礁基规模较大，因此牡蛎礁碳汇呈现明显的分布不均匀现象。盐沼湿地总碳储量达到约1.77×10^6 t，其中崇明西沙碳储量约1.40×10^5 t，崇明西北滩碳储量约2.36×10^5 t，崇明北沿碳储量约2.30×10^5 t，崇明东滩碳储量约2.20×10^5 t，九段沙碳储量约9.27×10^5 t，杭州湾北岸碳储量约1.68×10^5 t。藻类分布广泛，藻类的光合作用不仅能够促进生态系统的恢复，还有助于吸附大量二氧化碳，高盐水藻类的总碳储量可观，也为蓝碳交易提供了丰富的碳汇潜力。藻类、牡蛎礁和盐沼湿地为上海开展蓝碳交易奠定了坚实基础，提供了重要的碳汇资源。

上海各个区域的碳储量分布不均，为碳交易市场提供了多样性和灵活性。通过科学规划、合理管理和有效监测，上海可将蓝碳交易引入生态修复项目，推动碳汇资源的合理利用和可持续发展，不仅有助于改善当地生态环境，还能为企业和投资者提供参与蓝碳交易的新机遇。

3 上海蓝碳交易路径构建及具体化流程

蓝碳市场的兴起不仅有助于生态环境的保护，还为企业和地方政府提供了碳减排和生态经济发展的新机遇。为了推动上海蓝碳交易的发展，需要明确的路径和具体化流程，以引导项目的开展。

结合目前蓝碳市场发展的现状，经研究，上海蓝碳市场交易路径选择如下：

（1）将蓝碳交易纳入CCER体系。2023年10月19号，生态环境部印发《温室气体自愿减排交易管理办法（试行）》（部令第31号），拉开CCER重启的序幕。2023年10月24日，生态环境部印发《温室气体自愿减排项目方法学 造林碳汇（CCER-14-001-V01）》等4项方法学的通知（环办气候函〔2023〕343号）。首批方法学开放4类项目，包括造林碳汇（含竹林）、红树林修复、并网海上风电、并网光热发电。上海蓝碳市场交易可以临港/奉贤生态修复项目为主体，进行CCER项目的开发。其步骤包括编制项目设计文件、项目审定、项目备案、项目实施与监测、减排量核证、减排量备案签发。目前难点在于蓝碳相关的方法学开发较为困难，需进一步研判是否可采用由自然资源部海洋预警监测司提出的《滨海盐沼生态系统碳储量调查与评估技术规程》作为上海滨海湿地项目修复前后碳汇变化的依据。上海应积极推动有关蓝碳方法学的开发，以确保蓝碳交易的可行性和准确性。首要之务是建立并支持专门的研究机构，专注于蓝碳领域的方法学研发。这些机构可以与国内外相关领域的专家和机构进行合作，分享研究成果，推动蓝碳方法学的不断创新。此外，也可鼓励高校、科研机构和企业参与蓝碳方法学的开发工作。通过提供资金支持和研究项目合作机会，深入研究蓝碳领域的方法学，不断改进测量和核算的准确性。在方法学开发方面，应制定明确的标准和指南，以确保蓝碳项目的一致性和可比性。这包括统一的数据采集和报告标准，以及审查和核证程序的规范，提高蓝碳交易市场的透明度和可信度。

（2）采用拍卖的形式。上海市政府可以在蓝碳交易市场建设前，设立专门的蓝碳交易部门或机构，由政府制定和完善滨海湿地蓝色碳汇交易的顶层设计，着重开发和推广蓝碳方法学，以确保碳汇量的准确核算。可以与国内外的专业研究机构合作，制定适用于当地生态系统的方法学。同时制定滨海湿地蓝色碳汇交易的法律制度和相关规则，对滨海湿地的保护、开发和利用进行原则性规定，以确保市场的健康发展。在此阶段，可以进行蓝碳项目的识别和招募，吸引潜在的碳汇项目参与者，例如湿地恢复、红树林种植、海洋保护等。在拍卖过程中，上海可以设立专门的蓝碳拍卖平台，允许潜在的投资者参与拍卖，购买蓝碳定额。这可以采用现场竞价和在线竞价相结合的方式，以吸引更多的投资者。交易过程中由政府主导、宣贯，撮合买卖双方。可设立一个综合性的蓝碳交易市场，允许碳证书的灵活转让，包括直接销售给碳排放行业、公共团体、环保组织，或与其他蓝碳项目进行交换。此外，也可推出激励政策，鼓励企业参与蓝碳交易，如税收优惠政策和碳市场激励计划。

（3）将蓝碳交易纳入上海碳普惠体系。碳普惠是指针对机关、企事业单位、社会团体、其他社会组织或个人在绿色出行、能源节约、资源循环利用、可再生能源利用等领域的减碳行为，是强制配额交易体系的重要补充。若要将蓝碳交易纳入上海碳普惠体系，首先确定蓝碳项目的方法学，包括在上海滨海湿地生态修复项目中的具体减排措施和量化方法。可以自然资源部海洋预警监测司提出的《滨海盐沼生态系统碳储量调查与评估技术规程》为基础，参照《上海市碳普惠方法学开发与申报指南》要求进行方法学的编写，此方法学应符合碳普惠体系的科学性、可靠性、普惠性原则，并经过市减污降碳中心专家组的审核。其次，减排场景申请主体依据已公布的减排场景方法学开发并运行减排场景。产生减排量后由减排场景申请主体向市减污降碳中心递交材料。市减污降碳中心与上海环境能源交易所根据申请材料组织专家对蓝碳项目进行技术论证和审核，确保其符合碳普惠的相关标准，包括形式审查、技术审核与论证、文本完善、公示等。经过审核通过的减排场景会向社会公开发布。减排场景申请主体依据已公布的方法学开展减排场景的运营、维护、监测、报告等工作。市减污降碳中心依据本市已公布的减排场景方法学通过碳普惠管理运营平台定期签发场景减排量，该减排量将在碳普惠体系中被认可和使用。签发的减排量可作为企事业单位、社会团体、其他社会组织等碳普惠参与主体的资产，用于交易和兑换碳积分。

在上述三种可能的交易路径中，将蓝碳交易纳入上海碳普惠体系是当前上海蓝碳市场交易路径中可行性最高的选择，原因在于：

（1）碳普惠体系是对各个领域减碳行为的强制性配额交易的有力补充。作为对各领域减碳行为的强制性配额交易机制，碳普惠体系在形成全面碳市场机制方面发挥着关键作用。将蓝碳交易纳入碳普惠体系，不仅有助于拓展碳交易的广度和深度，更通过其内在的激励机制，有效引导机关、企事业单位、社会团体等多元主体积极参与蓝碳项目。通过强制性减排配额的设立，为蓝碳项目的推动提供了更为坚实的法律依据。蓝碳交易作为碳普惠体系的重要组成部分，将受到碳普惠法规的规范和约束，从而确保了交易的合法性和合规性，有助于构建一个透明、有序的市场环境。同时通过设定减排配额和碳积分体系，碳普惠为参与者提供了直接的经济激励，鼓励他们采取更多的减排措施和支持蓝碳项目的实施。这样的市场机制设计有望吸引更多的企业、机构和个人参与到蓝碳交易中，形成一个更加活跃和多元化的碳市场生态。

（2）碳普惠体系拥有相对成熟的法律法规和管理制度。法规和规章涵盖了减排场景的认定、减排量的核算、交易的流程等多个方面，形成了相对完备的法律框架。将蓝碳项目整合进碳普惠，可以在这一成熟的框架下，更为迅速、高效地进行蓝碳交易规则的制定和实施。在管理制度层面，碳普惠体系已建立起一套相对成熟的管理制度，包括市减污降碳中心的设立和运行机制、专家组的审核和监管程序等。这为蓝碳项目提供了可借鉴的组织结构和管理经验。借助碳普惠体系中已有的机制，可减少重复搭建新的管理体系的工作，降低了运营和监管的复杂性，同时也减少了相关的成本和时间投入。

（3）碳普惠体系的参与主体广泛，包括机关、企事业单位、社会团体等，形成了多元化的市场格局。将蓝碳项目纳入碳普惠体系，可以迅速扩大市场规模，吸引更多参与者，促进蓝碳市场的繁荣发展。在这一整合中，碳普惠体系不仅能够迅速扩大市场规模，更能够在碳交易中形成更为丰富的碳减排场景。蓝碳项目与碳普惠体系已有的各领域碳减排场景和减排方式相互融合，形成了更为复杂、全面的碳减排格局。这不仅使碳资源更加灵活地流动，提高了碳市场的活跃度，也为市场参与者提供了更多选择和机会，推动整个蓝碳交易市场的健康有序发展。碳普惠体系的多元化市场格局也将有助于改善碳交易的社会效益。蓝碳项目的整合进碳普惠体系，意味着碳减排将涵盖更多社会领域，进一步推动了生态修复和碳汇项目的发展。这样的多元参与和社会效益的提升可为蓝碳交易市场的可持续发展奠定坚实的基础。

（4）碳普惠体系有助于建立完备的监管机制，保障蓝碳交易的公平和透明。碳普惠体系的另一显著优势在于其完备的监管机制，这一点对于蓝碳交易市场的建设至关重要。通过借鉴碳普惠的监管经验，上海可以建立起相对完善的蓝碳市场监管制度，包括数据采集和报告标准、审查和核证程序规范等方面。蓝碳市场监管制度将通过制定明确的数据采集和报告标准，确保蓝碳项目的信息透明度和真实性。这有助于提高市场的公平性，减少信息不对称，使市场参与者更能够充分了解市场状况，从而更加自信地参与蓝碳交易。同时，标准化的数据采集和报告也有助于监管机构更为便捷地进行市场监测和风险评估。监管机构可以通过制定明确的规范，对蓝碳项目的减排效果进行科学客观的评估，确保项目的合规性和可信度。这一过程既可以降低蓝碳交易的不确定性，也能够增加市场参与者对于蓝碳项目真实性的信任感，促进更多的投资者积极参与市场。

4 结语

上海蓝碳市场交易路径的选择涵盖了蓝碳项目认证机制的构建以及基于多元化渠道的交易机制。这一路径的建议结合了国内外经验和现行制度，旨在确保蓝碳交易的可行性、准确性，促进碳减排和碳汇增量，同时推动科学提升海洋碳汇项目的市场价值，为上海在环保和碳市场领域树立榜样，为全社会投入减排增汇行动提供有益的经验和启示。

上海在蓝碳市场的发展道路上，可以继续积极引领创新，促进可持续发展，为构建更为环保、低碳的未来贡献力量。这一发展路径不仅有助于应对气候变化挑战，还有望在国际碳市场竞争中取得领先地位。

5 参考文献

[1] 张永生，巢清尘，陈迎，等. 中国碳中和：引领全球气候治理和绿色转型［J］. 国际经济评论，2021，153（3）：9–26.

[2] FRIEDLINGSTEIN P，O' SULLIVAN M，JONES M，et al. Global carbon budget 2020［J］. Earth System Science Data，2020，12（4）：3269–3340.

[3] 赵鹏，汤玉婧，宋文婷，等。我国蓝碳标准体系的需求和设计［J］. 中国标准化，2021, 17: 68–73,78.

[4] 范振林. 开发蓝色碳汇助力实现碳中和 [J]. 中国国土资源经济，2021，34（4）：12–18.

[5] 白洋，胡锋. 我国海洋蓝碳交易机制及其制度创新研究［J］. 科技管理研究，2021，41（3）：187–193.

[6] 李海棠. 海岸带蓝色碳汇权利客体及其法律属性探析［J］. 中国地质大学学报：社会科学版，2020，20（1）：25–38.

[7] 赵鹏，胡学东. 国际蓝碳合作发展与中国的选择 [J]. 海洋通报，2019，38（6）：613–619.

[8] 邢庆会，于彩芬，廖国祥，等. 浅析我国海岸带蓝碳应对气候变化的发展研究［J］. 海洋环境科学，2022，41（1）：1–7.

[9] 李淑娟，丁佳琦，隋玉正. 碳汇交易视角下中国滨海湿地蓝色碳汇价值实现机制及路径研究［J］. 海洋环境科学，2023，42（1）：55–63.

[10] 吴逸然. 基于碳中和背景下蓝碳经济发展研究——以湛江红树林造林项目为例［J］. 科技与金融，2022（3）：57–62.

[11] 上海市海洋局. 2022 年上海市海洋经济统计公报［EB/OL］.（2023–06）［2024–1–11］. https://hyj.sh.gov.cn/cmsres/75/751c422c58fe4a95aa7055c7796718cd/d2ab65e01782417bddda5a99b446acd7.pdf.

责任编辑 张 弛（收到修改稿日期：2024–01–16）

DE-MCMC 算法对水污染溯源的效果分析

An Analysis of the Effect of DE-MCMC Algorithm on Water Pollution Source Tracing

徐自江 （贵州省遵义市播州区生态环境监测站，遵义 563100）

Xu Zijiang (Bozhou District Ecological Environment Monitoring Station, Zunyi, 563100)

摘要 采用网络机器人从水质监测大数据平台及相关网站获取实时监测数据，与《地表水环境质量标准》（GB 3838—2022）进行比较，锁定污染超标水域，分析该水域的分布特征。利用二维水质模型，建立流经水域中超标指标的动态变化函数，运用 DE-MCMC 溯源反演算法，模拟污染强度、距污染源位置及污染发生时间，实现污染溯源分析。溯源仿真结果与实际数值相近，最大误差为 4.9%，最小误差为 2.7%，平均误差为 4.4%，表明 DE-MCMC 算法溯源结果真实可靠。

关键词：水质监测数据　水质污染　DE-MCMC 算法

Abstract The real-time water quality monitoring data acquired by web robot from big data platform and related websites were compared with the《Environmental quality standard for surface water》(GB 3838-2022) to identify the water quality incompliant areas whilst analysing their distribution characteristics. By using a two-dimensional water quality model, functions of dynamic variation for standard limit exceeding variables in the flowing-through water areas were established, and a pollution source traceability analysis was then conducted by means of DE-MCMC inversion algorithm to simulate the pollution strength, distance to the location of pollution sources and the time of occurrence. It has been found that the traceability simulation results are quite similar to corresponding observed values with their maximum deviation of 4.9%, minimum deviation of 2.7%, and 4.4% on average in between. It indicates that the effect of using DE-MCMC algorithm to do traceability is authentic and reliable.

Key words: Water quality monitoring data　Water quality pollution　DE-MCMC algorithm

水污染事件严重威胁用水安全，使社会经济发展遭受损失，造成恶劣影响。我国对水污染事件的关注度极高，但水污染溯源研究起步较晚，将水污染溯源算法与实时监测数据结合分析计算的研究较少。河流出现污染，需要大量、详细的观测数据对污染区进行溯源，但突发水污染事件发生后，一般是由环境部门工作人员现场取样，获得数据后进行分析，结果滞后，效率较低。为了在发生污染的第一时间获取数据分析，获得精确的结果，开发了一些水资源监测系统。但在实际使用时发现普遍存在一些问题，如标准结构不完整，数据格式不统一等，需建设一个能从水质监测库中自动提取数据的集水质监测、预警、报警为一体的大数据平台，以便第一时间了解水质状况，对水质指标异常的数据进行溯源，为环境部门做出决策提供数据支撑。为提升水污染研究的精准度，可以设置多个监测断面，扩大观测范围及监测点数量，以获得更多数据 [1]。近年来，运用大数据、云计算、人工智能等新兴技术，能够进行水质污染智能化监测，构建水质监测大数据平台，自动筛选水质污染数据与确定所在区域，有效进行水质污染的溯源。采用网络机器人从水质监测大数据平台及相关网站获取实时

作者徐自江，男，1979 年生，2005 年毕业于遵义师范学院物理系，中级生态环保监测员。

监测数据，与《地表水环境质量标准》（GB 3838—2022）进行比较，即可锁定污染超标水域，并分析该水域的分布特征。利用二维水质模型，建立流经水域中超标指标的动态变化函数，运用 DE-MCMC 溯源反演算法，模拟污染强度、距污染源位置及污染发生时间，实现污染溯源分析。

1　数据集建立

对目标监测水域原有点位布设进行优化，放置更多监测传感器，收集大量监测数据后利用云端向水质监测平台传递，构建水质监测数据库，为水质污染分析提供数据支撑。分析时获取数据的主要步骤为：（1）通过网络机器人从中国环境监测总站的全国水质自动监测界面提取数据；（2）在 HTTP 库中对想要获取数据的网站发起请求，在服务器给出 Response 的回复后，即可获得请求的数据；（3）直接对机器人获取的内容格式为 Json 的数据进行分析，删除不需要的信息，由 numpy 库整合数据，并转换成 csv 格式进行储存，便于后期调用使用。通过此方法，获得了 2019—2021 年全国 1 606 个站点的水质监测数据，包括监测区域名称、所属流域、监测时间、水质类别等信息。

2　水质污染数据分析

将网络机器人获取的监测平台中水质数据，与 GB 3838—2022 进行比较，发现岳阳楼、东洞庭湖、鹿角与鹿角（老）4 个监测点中的水质数据异常，污染严重[2]。其中鹿角（老）、东洞庭湖、岳阳楼的水质级别分别为Ⅳ、Ⅳ、Ⅴ类，属严重超标，表明此区域受到污染；鹿角、城陵矶、六门闸、八仙桥、南渡的水质级别为Ⅲ类，属轻度超标，推断此水域可能受到轻度污染；荆江口和樟树港水质级别为Ⅱ类，水质良好（见表 1）。

表 1　各区域水质指标数据

断面	鹿角	鹿角（老）	东洞庭湖	岳阳楼	城陵矶	荆江口	六门闸	八仙楼	南渡	樟树港
水质级别	Ⅲ	Ⅳ	Ⅳ	Ⅴ	Ⅲ	Ⅱ	Ⅲ	Ⅲ	Ⅲ	Ⅱ
水温 /℃	13.19	13.32	10.98	11.75	13.13	12.88	14.05	13.08	14.62	15.75
pH	7.63	7.53	7.96	7.96	7.67	7.59	8.35	6.44	6.31	7.82
溶解氧 /（mg/L）	8.71	10.30	10.55	8.81	10.52	10.10	11.65	9.58	8.58	9.78
电导率 /（μS/cm）	284.2	297.5	272.3	272.3	278.2	323.4	359.7	128.3	127.0	293.0
浊度 /NTU	15.2	22.6	32.1	47.0	60.6	5.1	51.2	60.8	7.0	29.9

结合洞庭湖流域流域 8 个水质监测点的位置推断污染源。查阅此处的地势地形与水文资料可知，上游水经过六门闸—鹿角—鹿角（老）—八仙桥—东洞庭湖—岳阳楼流至下游城陵矶港口，结合表 1 分析发现，处于上游的樟树港和荆江口水质符合标准，但岳阳楼与鹿角（老）区域断面的水质级别为Ⅳ、Ⅴ类，污染源可能位于鹿角（老）监测断面附近[3]。假设下游的洞庭湖监测面最先发生污染，鹿角（老）为污染源位置，应将鹿角（老）到东洞庭湖部分河段作为重点监测区域（见图 1）。

图 1　监测河段监测断面空间分布示意

3　分析 DE-MCMC 算法算例

3.1　确定区域水文参数

首先设置监测点，将东洞庭湖设置为监测点 A，鹿角（老）为监测点 B，根据几何地图比例尺计算得 A 点到 B 点的长度为 12.7 km，河流的平均宽度为

480 m，查阅资料可知污染发生时水深为 10 m，平均水流速度为 0.5 m/s[4]。

结合埃尔德法经验公式，计算污染物在水体中的纵向扩散系数 D_x［见式（1）、（2）］。

$$D_x = 0.11\frac{u^2 b^2}{hu^*} \tag{1}$$

$$u^* = \sqrt{ghI} \tag{2}$$

式中，D_x——污染物在水体中的纵向扩散系数；

b——河流宽度，m；

u——河流流速，m/s；

u^*——河流摩阻系数；

h——河流水深，m；

g——重力加速度，m²/s；

I——水力梯度，查阅资料得此水域水力梯度约为 0.004。

由式（1）和式（2）可得，河流摩阻系 u^* 数约为 0.626，污染物纵向扩散系数 D_x 约为 1 617。

结合泰勒经验公式，计算 AB 的横向扩散系数 D_y［见式（3）］。

$$D_y = ahu^* \tag{3}$$

式中，D_y——污染物在水体中的横向扩散系数；

a——经验系数，取 0.5。

由式（3）可得，横向扩散系数 D_y 约为 3.13。

计算所得河段 AB 的部分水文水质参数见表 2（k 指污染物的降解系数，单位 g^{-1}），同时计算出待反演的污染参数项见表 3（其中 t_0/min 指距离污染发生的时间；x/m 指污染源距观测点的距离）。

表 2 河流 AB 段水文水质参数

参数	类型	数值
D_x	已知	1.616
D_y	已知	3.12
u_x	已知	0.5
u_y	已知	0.1
k	已知	0.11
h	已知	10

表 3 待反演的污水参数项

参数	类型	数值
m/g	待反演	1 500 000
t_0/min	待反演	200
x/m	待反演	12 700

3.2 抽样结果分析

AB 段水域的不确定因素较多，需监测河段的污染情况，进行污染模式分析，通过 DE-MCMC 算法，对水域污染进行溯源。根据水质监测数据平台与网络机器人中提供的预警数据提示，以 3 月 4 日 8:00 为监测起始时间，每 4 h 监测一次，到 3 月 5 日 16:00 止。由表 2、表 3 的各项参数可得，监测点 A 处的污染物浓度随着时间成正态分布，污染物浓度于 3 月 4 日 23:55 左右的达到最大（见图 2）。

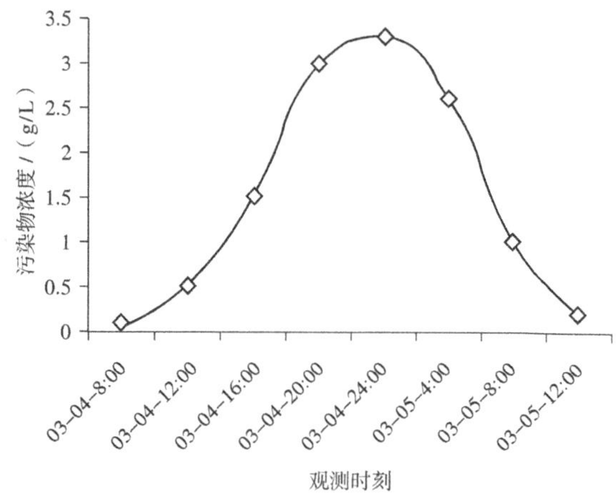

图 2 监测点 A 的污染物浓度变化

以监测点 B［坐标（x_0,0）］为中心，待求参数定义为 Z=（m，x_0，t_0），使用 DE-MCMC 模型，溯源参数项的后验概率密度参数 P_Z（m，x_0，t_0）表达式为：

$$P_Z(m, x_0, t_0) = \begin{cases} \dfrac{0.266\ 85\times 10^{-13}}{(2\pi\sigma^2)^{\frac{25}{2}}} exp\left\{\sum_{i=1}^{25}\left[-\dfrac{(Ci(m, x_0, t_0)-d_i)^2}{2\sigma^2}\right]\right\} \\ 0.5\times 10^6 < m < 2.5\times 10^6 \\ 6\ 000 < x_0 < 18\ 000 \\ 140 < t_0 < 240 \end{cases} \tag{4}$$

按照 DE-MCMC 模型，迭代 10 000 次，得到污染源概率分布结果，即污染物质量、距污染源位置、泄露时间的后验概率密度分布成正态分布 [5]。首次污染事件发生于监测开始后 t_0=（185 min，190 min），污染源距监测点 A 的位置 x=（11.5 km，12 km），污染物质量约为 1.5×10^6 g。

4 DE-MCMC 算法溯源效果分析

再按照 DE-MCMC 算法对 m、x、t 3 个因素进行 10 000 次迭代可知，迭代开始时，结果有些许波动迭代 1 000 次后结果开始接近真值，2 000 次后结果趋于平滑稳定（见图 3 ~ 5）。

为验证溯源仿真结果与真值的符合程度，对几个抽样结果进行了统计，并与真值进行对比（见表 4）。

可知溯源仿真结果与国家环境监测平台与水质预警平台给出的实际数值相近，最大误差为 4.9%，最小误差为 2.7%，平均误差为 4.4%，表明 DE-MCMC 算法溯源效果真实可靠 [6]。

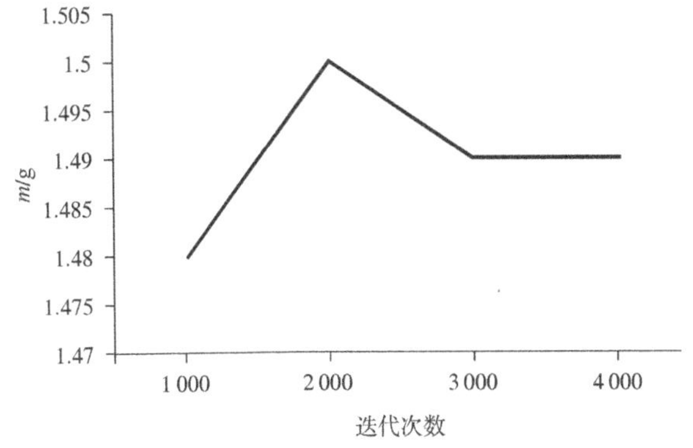

图 3　溯源项 m 的迭代曲线

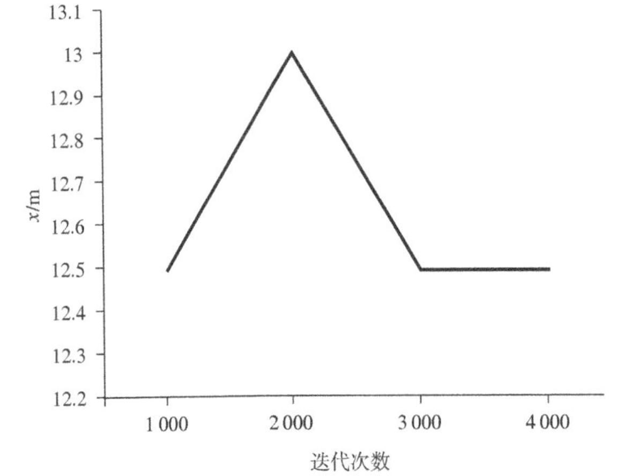

图 4　溯源项 x 的迭代曲线

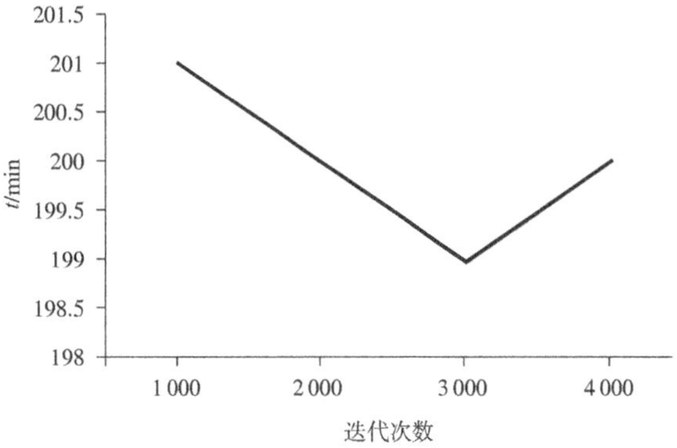

图 5　溯源项 t 的迭代曲线

表 4　溯源仿真结果与实际真值对比

参数	m/g	x/m	t/min
真值	1 500 000	12 700	200
溯源仿真结果	1 459 416.03	11 995.72	190.15
绝对误差	40 538.95	704.26	9.83
相对误差	2.7%	5.5%	4.9%

5 结语

水污染发生后，迅速锁定污染源，是污染防治的关键环节。溯源仿真结果与实际数值相近，最大误差为 4.9%，最小误差为 2.7%，平均误差为 4.4%，表明 DE-MCMC 算法溯源效果真实可靠。利用 DE-MCMC 算法对自动监测到水质超标区域进行污染溯源，可以在污染发生的第一时间锁定污染位置及污染强度等，有助于采取合理的防控措施，降低水污染危害，具有良好的应用前景。

6 参考文献

[1] 王红霞．环境水质监测质量控制方式分析与研究 [J]．皮革制作与环保科技，2022，3（5）：43–45.

[2] 夏燕．基于水质监测数据的水质污染分析研究 [D]．长沙：湖南师范大学，2021.

[3] 邱秋．长江流域省界断面水质监测制度的运行实效与立法建议——基于监测数据的实证分析 [J]．南京工业大学学报（社会科学版）：2019，18（5）：30–41,111.

[4] 张京．环境水质分析监测技术与监测数据的处理 [J]．资源节约与环保，2019（7）：36.

[5] 王燕．谈环境水质分析监测技术与监测数据的处理 [J]．城市建设理论研究（电子版），2018（31）：80.

[6] 梁有，朱勇．关于环境水质分析监测技术与监测数据的处理分析 [J]．资源节约与环保，2016（11）：93.

责任编辑　黄潇月（收到修改稿日期：2023-03-01）

上海市生态保护红线保护成效评估

An Evaluation on the Effectiveness of Ecological Conservation Redline in Shanghai

钱　新　阮俊杰　王　敏*（上海市环境科学研究院，上海 200233）
Qian Xin　Ruan Junjie　Wang Min*　(Shanghai Academy of Environmental Sciences, Shanghai 200233)

摘要　生态保护红线保护成效评估是生态保护红线监管的重要内容，但我国尚未全面开展定量化、精细化的生态保护红线成效评估。基于国家标准与 2021 年的对比分析，从生态保护红线面积、用地性质、生态功能、管理能力等方面构建了保护成效指数，评估了 2022 年上海市生态保护红线保护成效。结果表明，上海市在评估周期内生态保护红线保护效果显著。

关键词：生态保护红线　红线监管　保护成效指数　成效评估

Abstract　As evaluating the effectiveness of ecological conservation redline is an important part of its supervision, however, there is no quantitative evaluation that has yet been elaborately carried out in China so far. Based on the national standard, a set of indices for the conservation efficiency has been established from the aspects of enclosed areas by redline, land usage, ecological functions, management capability, and etc. to evaluate the conservation effectiveness in Shanghai in 2022 whilst comparatively analysing that in the previous year. It is indicated that the effects of the ecological conservation redline in Shanghai are remarkable within the evaluation cycle.

Key words: Ecological conservation redline　Redline supervision　Conservation efficiency index　Effectiveness evaluation

生态保护红线是指在生态空间范围内具有特殊重要生态功能、必须强制性严格保护的区域，是保障和维护国家生态安全的底线和生命线[1-2]。划定并严守生态保护红线，是贯彻落实主体功能区制度、实施生态空间用途管制的重要举措，是构建国家生态安全格局、遏制生态系统退化的有效手段，是健全生态文明制度体系、推动绿色发展的有力保障[3]。上海市生态保护红线总计 2 526.89 km^2，是本市最为重要的生态功能区，对城市生态安全具有重要意义，是建设人与自然和谐共生的现代化的重要保障。自 2018 年市政府划定生态保护红线以来，上海市始终将严守生态保护红线作为重要任务。随着生态保护红线划定的全面推进和生态保护红线制度的建立实施，如何科学地评估生态保护红线的保护效果，精细化地评估各行政区的保护成效和工作落实情况，是确保严守生态保护红线的关键，也是目前亟须解决的管理需求。

国外对与生态保护红线理念相近的自然保护地划定与监管已进行大量研究[4-6]，建立了区域尺度和国家尺度的生态环境监测网络。1998 年以来，联合国制定了新千年生态系统评估方案（Millennium Ecosystem Assessment, MA），对生态系统现状进行评估，预测了在人口增加、经济增长、技术进步以及气候变化等驱动力作用下的生态系统的未来变化情景，在一些重要地区（中国西部地区、挪威、印度等）启动若干个区域性生态系统评估计划[7]；世界自然保护地委员会、

第一作者钱新，女，1994 年生，2019 年毕业于南京大学地图学与地理信息系统专业，硕士研究生。
* 通信联系人，wangmin@saes.sh.cn。

世界自然基金会、欧盟等国际组织针对全球各类自然保护地构建了具体的评估方法和技术，重点评估自然保护地在维持生物多样性和保障生态系统服务功能等方面的综合成效[8-11]；美国、英国、日本等国逐步构建了生态系统管理评价技术框架、生物多样性评估指标体系，针对不同的生态系统与地区，对生物多样性进行长期、动态的跟踪评估和综合评价[12-14]。

为加强生态环境保护力度，我国先后开展了生态环境状况评价、国家重点生态功能区生态环境质量考核、全国生态环境十年变化（2000—2010 年）遥感调查评估、中国西部生态系统综合评估、中国生物多样性与生态系统服务价值评估、自然保护区保护成效评估等监管工作，探讨制订了生态系统综合评估等相关的指标体系、考核办法和技术规范[15-17]。相关研究和管理工作聚焦于地区生物多样性保护和自然保护地成效评估等方面，关于生态保护红线成效评估尚处于初步探索阶段。从总体上来看，我国过去开展的生态保护成效评估往往侧重于土地利用变化、环境污染等方面，多为全国性大区域的定性描述，或是针对自然保护区的保护成效评估开展管理评价[18-21]，但是对区域生态环境保护成效（包括资源、环境、社会经济等）实现多要素的综合分析与整体评价尚嫌不足，尤其是对整个区域进行定量分析研究不够，还没有形成统一的概念、原理和成熟的技术方法，尚未建立起统一的评估标准。

根据《关于划定并严守生态保护红线的若干意见》的要求，参照《生态保护红线监管技术规范 保护成效评估（试行）》文件，对上海市各行政区生态保护红线生态状况和保护成效评估开展定期评价。依据"面积不减少、性质不改变、功能不降低"和严格监督管理的要求，以 2021 年为基期年份，2022 年为评估年份，重点评估各区生态保护红线面积、用地性质、生态功能、管理能力等方面的变化情况，以推动上海市生态保护红线监管责任的落实。

1　研究区概况

上海北界长江，东濒东海，南临杭州湾，西接江苏和浙江两省，位于 120° 51'E ~ 122° 12'E，30° 40'N ~ 31° 53'N，东西长约 120 km，南北宽约 100 km，总面积 8 368 km^2，其中陆域面积 6 833 km^2，除了西部的一些丘陵之外，均位于非常平坦和低洼的土地上。在北面的长江入海处，有崇明、长兴、横沙、九段沙等岛屿沙洲，由长江挟带下来的泥沙冲积而成。上海分为 16 个市辖区，其中 7 个区（黄浦、徐汇、长宁、静安、普陀、虹口和杨浦）被称为城市中心（核心城区），而其他区（浦东、宝山、闵行、嘉定、金山、松江、青浦、奉贤和崇明）代表远离城市核心的城郊和农村地区（城市外围）。

上海市于 2018 年 6 月完成生态保护红线划定，涉及 9 个城市外围行政区，划定总面积为 2 527.30 km^2（扣除重叠），其中陆域面积 130.05 km^2，长江河口及海域面积 2 397.25 km^2。生态保护红线共 25 处，包括 16 处生物多样性维护红线、5 处水源涵养红线、1 处特别保护海岛红线、2 处重要滩涂及浅海水域红线、1 处重要渔业资源红线。本评估不包含自然保护地、纯海域、纯水域等生态保护红线，共计 13 处生态保护红线被纳入此次评估范围，涉及 8 个行政区（见表 1、图 1）。

表 1　上海市生态保护红线成效评估范围

序号	名称	行政区	备注
1	宝山陈行－宝钢水库生物多样性维护红线	宝山区	
2	陈行水源涵养红线	宝山区	
3	崇明北湖生物多样性维护红线	崇明区	
4	崇明东滩湿地公园生物多样性维护红线	崇明区	
5	青草沙水源涵养红线	崇明区	
6	东风西沙水源涵养红线	崇明区	
7	嘉定浏岛生物多样性维护红线	嘉定区	
8	南汇嘴湿地	浦东新区	
9	青浦大莲湖生物多样性维护红线	青浦区	
10	黄浦江上游金泽水源涵养红线	青浦区	
11	黄浦江上游松浦大桥水源涵养红线	闵行区 松江区	闵行区、松江区分别评估所属行政区范围内的红线
12	松江新浜生物多样性维护红线	松江区	
13	海湾生物多样性维护红线	奉贤区	评估海湾国家森林公园以外的部分

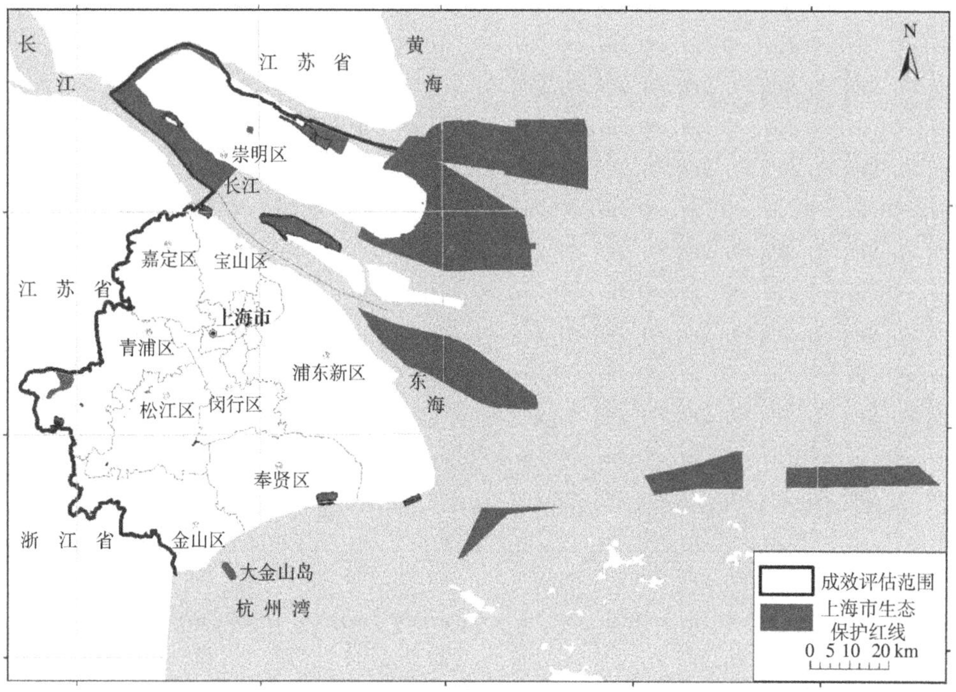

图 1 上海市生态保护红线成效评估范围及区域分布示意

2 研究方法

2.1 数据来源及处理

本研究中生态保护红线面积数据来源于《上海市生态保护红线》，成效评估所需生态保护红线面积比例、生态修复面积比例、海洋自然岸线保有率、水质指数等数据由上海市规划资源局、市绿化市容局、市水务局（市海洋局）、市生态环境局等部门提供。

评估基于2021年、2022年的高分辨率（1 m）遥感影像，结合地面核查获取人类活动影响面积、景观指数等数据；结合国土三调数据获取自然生态用地面积比例数据。基于植被生长特性，选取2021年和2022年植被生长期（6—9月）的遥感影像数据反演植被覆盖指标，但由于天气等各种因素影响，本研究中搜集了Landsat 8、Landsat 9、GF-1、GF-7、Sentinel-2、SV-1、ZY-1、ZY-2、ZY-3、TRIPLESAT等不同卫星的多光谱和高光谱遥感影像进行指标计算。

公众满意度指标是通过组织开展满意度问卷调查统计获得；生态保护红线制度与落实、信息公开指标是根据市区两级相关主管部门提供的生态保护红线相关台账资料统计获得；生态破坏与环境污染事件是通过国家突发环境事件、“绿盾”、生态环境保护日常监管、“12369”举报和舆情监控等渠道，统计生态破坏与环境污染事件信息获得。

2.2 评估指标体系

基于《生态保护红线监管技术规范 保护成效评估（试行）》国家标准，结合上海市陆域生态保护红线划定及监管情况，从面积不减少、性质不改变、功能不降低、严格监督管理、特色指标5个方面，研究构建上海市生态保护红线成效评估指标体系（见表2）。

2.3 成效评估方法

上海市生态保护红线成效评估为年度评估（2021—2022年），采取定性评估与定量评估相结合的方式进行。定性评估：对上海市生态保护红线制度与落实等指标开展定性评估并赋分。定量评估：对上海市生态保护红线面积比例、人类活动影响面积、生态修复面积比例、自然生态用地面积比例、海洋自然岸线保有率和植被覆盖指数等指标开展定量评估并赋分。

评估指标值为评估期数值与基期数值的比值，其中评估期数值为评估年份指标值（2022年），基期值为2021年的指标值，计算公式见式（1）。

$$评估指标值(X)=Y'/Y \quad (1)$$

式中，X——评估指标值；

Y'——评估期指标数值；

Y——基期指标数值。

表 2　上海市生态保护红线保护成效评估指标体系

监管要求	评估指标	指标权重	备注
面积不减少	生态保护红线面积比例 /%	1	可一票否决
性质不改变	人类活动影响面积 / km^2	1/3	
	生态修复面积比例 /%	2/5 或 1/3	沿海地区指标权重为 2/5，内陆地区指标权重为 1/3
	自然生态用地面积比例 /%	2/5 或 1/3	沿海地区指标权重为 2/5，内陆地区指标权重为 1/3
	海洋自然岸线保有率 /%	2/5 或 0	沿海地区指标权重为 2/5，内陆地区指标权重为 0
功能不降低	植被覆盖指数	1/2	
	水质指数	1/2	
严格监督管理	生态保护红线制度与落实	3/5	
	公众满意度 /%	2/5	
	生态破坏与环境污染事件	–	减分项，可一票否决
特色指标	信息公开	–	
	景观指数	–	

指数计算与分级：根据《生态保护红线监管技术规范 保护成效评估（试行）》（HJ 1143—2020）打分表，对各类评估指标进行权重赋值和指标赋分。

基于保护面积指数（EA）、用地性质指数（EL）、生态功能指数（EF）、管理能力指数（EM）、特色指标指数（EC），和生态破坏与环境污染事件扣减分值（SJ），计算生态保护红线保护成效指数（EPEI），见式（2）。EPEI 采取百分值，最高分为 100 分；若加上特色指标后，EPEI 超过 100 分，仍按 100 分计。

$$EPEI=EA+EL+EF+EM+EC-SJ \tag{2}$$

式中，EPEI——生态保护红线保护成效指数；

EA——保护面积指数；

EL——用地性质指数；

EF——生态功能指数；

EM——管理能力指数；

EC——特色指标指数；

SJ——生态破坏与环境污染事件扣减分值。

以 64 分上下浮动 4 分作为分界值，将 EPEI 分为下降、稳定和好转 3 个等级，反映生态保护红线保护成效情况（见表 3）。

表 3　生态保护红线保护成效分级

状态	分值范围		分级
下降	0 ≤ EPEI < 60	0 ≤ EPEI < 40	严重下降
		40 ≤ EPEI < 50	中度下降
		50 ≤ EPEI < 60	轻度下降
稳定	60 ≤ EPEI ≤ 68	60 ≤ EPEI ≤ 68	维持稳定
好转	68 < EPEI ≤ 100	68 < EPEI ≤ 80	轻度好转
		80 < EPEI ≤ 90	中度好转
		90 < EPEI ≤ 100	显著好转

3　结果与分析

3.1　评估指标计算结果

3.1.1　保护面积指数

根据上海市规划资源局提供的生态保护红线面积信息、经勘界定标后的生态保护红线边界矢量数据及相应的报批文件，2022 年上海市和各行政区生态保护红线面积未发生变化，评估指标值均为 1。对照打分表，2022 年上海市及各行政区生态保护红线面积比例指标得分均为 9 分，按照权重计算，保护面积指数（EA）均为 9 分（表 4）。

3.1.2　用地性质指数（表 5）

（1）人类活动影响面积

2021—2022 年，上海市人类活动影响面积从 37 752.84 km^2 减少到 32 525.45 km^2，评估指标值约为 0.86。其中宝山区、崇明区、嘉定区、浦东新区、闵行区、奉贤区内所涉 10 处红线区域内人类活动影响面积未发生变化，评估指标值均为 1；青浦区大莲湖生物多样性维护红线、黄浦江上游金泽水源涵养红线内人类活动影响面积从 13 131.09 km^2 减少到 9 597.53 km^2，评估指标值约为 0.73；松江区黄浦江上游松浦大桥水源涵养红线、松江新浜生物多样性维护红线内人类活动影响面积从 4 545.15 km^2 减少

表4　上海市及各区生态保护红线保护成效评估（保护面积指数）

类别		保护面积指数（0～15分）
上海	评估指标值	1
	指标分值	9
	分值小计	9
宝山	评估指标值	1
	指标分值	9
	分值小计	9
崇明	评估指标值	1
	指标分值	9
	分值小计	9
嘉定	评估指标值	1
	指标分值	9
	分值小计	9
浦东	评估指标值	1
	指标分值	9
	分值小计	9
青浦	评估指标值	1
	指标分值	9
	分值小计	9
闵行	评估指标值	1
	指标分值	9
	分值小计	9
松江	评估指标值	1
	指标分值	9
	分值小计	9
奉贤	评估指标值	1
	指标分值	9
	分值小计	9

到2 851.33 km^2，评估指标值约为0.63。对照打分表，2022年上海市、青浦区、松江区人类活动影响面积指标为45分，宝山区、崇明区、嘉定区、浦东新区、闵行区、奉贤区人类活动影响面积指标为27分。

（2）生态修复面积比例

2022年上海市和各行政区生态修复面积未发生变化，评估指标值均为1。对照打分表，2022年上海市及各行政区生态修复面积比例指标得分均为27分。

（3）自然生态用地面积比例

2021—2022年，上海市自然生态用地面积从121 878 767 km^2 增加到121 881 907 km^2，评估指标值约为1。上海市各行政区自然生态用地面积评估指标值均约为1。因此，对照打分表，2022年上海市及各行政区自然生态用地面积比例指标得分均为27分。

（4）海洋自然岸线保有率

2022年上海市、宝山区、崇明区、浦东新区、奉贤区海洋自然岸线保有率未发生变化，评估指标值均为1。对照打分表，2022年上海市、宝山区、崇明区、浦东新区、奉贤区海洋自然岸线保有率指标得分均为18分。嘉定区、青浦区、闵行区、松江区属于内陆地区，无海洋自然岸线保有率指标数据，该项权重为0，2022年嘉定区、青浦区、闵行区、松江区海洋自然岸线保有率指标得分均为0分。

将4项指标得分按照权重统计，2022年上海市用地性质指数（EL）为31分，宝山区、崇明区、嘉定区、浦东新区、青浦区、闵行区、松江区、奉贤区EL分别为25分、25分、30分、25分、33分、27分、33分、25分。

表5　上海市及各区生态保护红线保护成效评估（用地性质指数）

类别		用地性质指数（0～45分）			
	指标	人类活动影响面积 /km^2	生态修复面积比例	自然生态用地面积 /km^2	海洋自然岸线保有率
上海	基期指标数值	37 752.84		121 878 767	
	评估期指标数值	32 525.45		121 881 907	
	评估指标值	0.86	1	1	1
	指标分值	45	27	27	18
	分值小计	15	6	6	4

（续表）

类别		用地性质指数（0～45分）			
	指标	人类活动影响面积 /km^2	生态修复面积比例	自然生态用地面积 /km^2	海洋自然岸线保有率
宝山	基期指标数值	797.99		6 675 742.55	
	评估期指标数值	797.99		6 674 931.70	
	评估指标值	1	1	1	1
	指标分值	27	27	27	18
	分值小计	9	6	6	4
崇明	基期指标数值	19 278.60		103 228 183	
	评估期指标数值	19 278.60		103 231 051	
	评估指标值	1	1	1	1
	指标分值	27	27	27	18
	分值小计	9	6	6	4
嘉定	基期指标数值			42 145.27	
	评估期指标数值			42 513.68	
	评估指标值	1	1	1.01	
	指标分值	27	27	36	
	分值小计	9	9	12	0
浦东	基期指标数值			5 888 058.53	
	评估期指标数值			5 888 058.53	
	评估指标值	1	1	1	1
	指标分值	27	27	27	18
	分值小计	9	6	6	4
青浦	基期指标数值	13 131.09		3 756 274.17	
	评估期指标数值	9 597.53		3 756 108.30	
	评估指标值	0.73	1	1	
	指标分值	45	27	27	
	分值小计	15	9	9	0
闵行	基期指标数值			150 965.78	
	评估期指标数值			150 965.78	
	评估指标值	1	1	1	
	指标分值	27	27	27	
	分值小计	9	9	9	0
松江	基期指标数值	4 545.15		358 090.74	
	评估期指标数值	2 851.33		358 969.91	
	评估指标值	0.63	1	1	
	指标分值	45	27	27	
	分值小计	15	9	9	0
奉贤	基期指标数值			1 779 307.83	
	评估期指标数值			1 779 307.85	
	评估指标值	1	1	1	1
	指标分值	27	27	27	18
	分值小计	9	6	6	4

3.1.3 生态功能指数（表6）

（1）植被覆盖指数

2021—2022年，上海市植被覆盖稳定增加，呈现变绿趋势。上海市植被覆盖指数从0.46增加到0.52，评估指标值约为1.13；宝山区从0.22增加到0.31，评估指标值约为1.38；崇明区从0.48增加到0.53，评估指标值约为1.12；嘉定区从0.82增加到0.87，评估指标值约为1.06；浦东新区从0.34增加到0.45，评估指标值约为1.34；青浦区从0.44增加到0.46，评估指标值约为1.05；松江区从0.70增加到0.71，评估指标值约为1.02；奉贤区从0.37增加到0.41，评估指标值约为1.09。对照打分表，2022年上海市植被覆盖指数得分为15分，宝山区、崇明区、嘉定区、浦东新区、青浦区、闵行区、松江区、奉贤区植被覆盖指数得分均为15分。闵行区仅有一处黄浦江上游松浦大桥水源涵养红线，故不统计植被覆盖指标值。

（2）水质指数

2021—2022年，上海市水环境质量状况总体稳中趋好，上海市水质指数从0.48下降到0.45，评估指标值约为0.93。宝山区从0.51下降到0.44，评估指标值约为0.87；崇明区从0.43下降到0.37，评估指标值约为0.86。青浦区从0.60上升到0.61，评估指标值约为1.02；松江区从0.43上升到0.44，评估指标值约为1.01。对照打分表，2022年上海市水质指数得分为13分，宝山区、崇明区水质指数得分为15分，青浦区、闵行区、松江区水质指数得分为11分。嘉定区、浦东新区、奉贤区无水源涵养红线，故不存在水质指标值。

将2项指标得分按照权重统计，2022年上海市生态功能指数（EF）为14分，宝山区、崇明区、嘉定区、浦东新区、奉贤区EF为15分，青浦区、松江区EF为13分，闵行区EF为11分。

表6 上海市及各区生态保护红线保护成效评估（生态功能指数）

类别		生态功能指数（0～15分）	
	指标	植被覆盖指数	水质指数
上海	基期指标数值	0.46	0.48
	评估期指标数值	0.52	0.45
	评估指标值	1.13	0.93
	指标分值	15	13
	分值小计	7.5	6.5
宝山	基期指标数值	0.22	0.51
	评估期指标数值	0.31	0.44
	评估指标值	1.38	0.87
	指标分值	15	15
	分值小计	7.5	7.5
崇明	基期指标数值	0.48	0.43
	评估期指标数值	0.53	0.37
	评估指标值	1.12	0.86
	指标分值	15	15
	分值小计	7.5	7.5
嘉定	基期指标数值	0.82	
	评估期指标数值	0.87	
	评估指标值	1.06	
	指标分值	15	
	分值小计	15	0
浦东	基期指标数值	0.34	
	评估期指标数值	0.45	
	评估指标值	1.34	
	指标分值	15	
	分值小计	15	0
青浦	基期指标数值	0.44	0.60
	评估期指标数值	0.46	0.62
	评估指标值	1.05	1.02
	指标分值	15	11
	分值小计	7.5	5.5
闵行	基期指标数值		0.43
	评估期指标数值		0.44
	评估指标值		1.007 712 1
	指标分值		11
	分值小计		11
松江	基期指标数值	0.70	0.43
	评估期指标数值	0.71	0.44
	评估指标值	1.02	1.01
	指标分值	15	11
	分值小计	7.5	5.5
奉贤	基期指标数值	0.37	
	评估期指标数值	0.41	
	评估指标值	1.09	
	指标分值	15	
	分值小计	15	0

3.1.4　管理能力指数（表7）

（1）生态保护红线制度与落实

根据生态保护红线政策制定（1分/项）、执法检查（5分）、问题线索整改情况（10分）、监测评估（5分）、项目开展（1分/个）、宣传报道（1分）等情况，对上海市各行政区进行打分。宝山区生态保护红线制度与落实指标为25分，闵行区为23分，青浦区为22分，嘉定区、浦东新区、奉贤区为20分，崇明区、松江区为16分，上海市生态保护红线制度与落实指标综合得分为25分。

表7　上海市及各区生态保护红线保护成效评估（管理能力指数）

	指标	管理能力指数（0～25分）	公众满意度/%	生态破坏与环境污染事件
上海	评估指标值		89.69	无
	指标分值	25	20	
	分值小计	15	8	
宝山	评估指标值		96.05	无
	指标分值	25	25	
	分值小计	15	10	
崇明	评估指标值		86.84	无
	指标分值	16	20	
	分值小计	9.6	8	
嘉定	评估指标值		88.00	无
	指标分值	20	20	
	分值小计	12	8	
浦东	评估指标值		76.47	无
	指标分值	20	15	
	分值小计	12	6	
青浦	评估指标值		86.96	无
	指标分值	22	20	
	分值小计	13.2	8	
闵行	评估指标值		73.91	无
	指标分值	23	15	
	分值小计	13.8	6	
松江	评估指标值		89.62	无
	指标分值	16	20	
	分值小计	9.6	8	
奉贤	评估指标值		91.67	无
	指标分值	20	25	
	分值小计	12	10	

（2）公众满意度

由于缺少2021年公众满意度基期指标数值，所以根据问卷调查的2022年公众满意度进行打分，上海市、宝山区、崇明区、嘉定区、浦东新区、青浦区、闵行区、松江区、奉贤区公众满意度分别为89.69%、96.05%、86.84%、88%、76.47%、86.96%、73.91%、89.62%、91.67%，对应指标分值分别为20分、25分、20分、20分、15分、20分、15分、20分、25分。

将2项指标得分按照权重统计，2022年上海市管理能力指数（EM）为23分，宝山区、崇明区、嘉定区、浦东新区、青浦区、闵行区、松江区、奉贤区EM分别为25分、17.6分、20分、18分、21.2分、19.8分、17.6分、22分。

上海市及各行政区生态保护红线区域在评估周期内未发生突发环境事件和生态破坏事件，不存在减分情况，即生态破坏与环境污染事件扣减分值（SJ）为0。

3.1.5　特色指标指数（表8）

（1）信息公开程度

根据生态保护红线相关宣传报道和信息公开内容，对上海市各行政区进行评估分级（0～3分）。上海市、宝山区、崇明区、嘉定区、浦东新区、青浦区、闵行区、松江区、奉贤区信息公开程度指标分值为3分、2分、3分、3分、2分、2分、1分、3分、3分。

（2）景观指数

2021—2022年，上海市及各行政区景观指数下降或保持不变，说明本市景观被分割的破碎化程度降低，该项指标评估分级结果为：上海市2分、宝山区1分、崇明区1分、嘉定区1分、浦东新区1分、青浦区3分、闵行区1分、松江区1分、奉贤区1分。

将2项指标得分统计，2022年上海市特色指标指数（EC）为5分，宝山区、崇明区、嘉定区、浦东新区、青浦区、闵行区、松江区、奉贤区EC分别为3分、4分、4分、4分、5分、2分、4分、4分。

3.2　各区评估指标分析

用地性质方面，上海市生态保护红线内人类活动

表8　上海市及各区生态保护红线保护成效评估（特色指标）

	指标	信息公开程度（0～6分）	景观指数
上海	基期指标数值		0.164 097 5
	评估期指标数值		0.155 888 6
	评估指标值		0.949 975 5
	指标分值	3	2
	分值小计	3	2

（续表）

	指标	信息公开程度（0～6分）	景观指数
宝山	基期指标数值		0.149 796 1
	评估期指标数值		0.149 814 3
	评估指标值		1.000 121 5
	指标分值	2	1
	分值小计	2	1
崇明	基期指标数值		0.048 436 4
	评估期指标数值		0.048 435 0
	评估指标值		0.999 972 2
	指标分值	3	1
	分值小计	3	1
嘉定	基期指标数值		23.727 454
	评估期指标数值		23.521 839
	评估指标值		0.991 334 3
	指标分值	3	1
	分值小计	3	1
浦东	基期指标数值		0.169 835 3
	评估期指标数值		0.169 835 3
	评估指标值		1
	指标分值	2	1
	分值小计	2	1
青浦	基期指标数值		1.064 885
	评估期指标数值		0.798 699
	评估指标值		0.750 033 1
	指标分值	2	3
	分值小计	2	3
闵行	基期指标数值		5.679 081 4
	评估期指标数值		5.679 081 4
	评估指标值		1
	指标分值	1	1
	分值小计	1	1
松江	基期指标数值		18.019 549
	评估期指标数值		17.972 095
	评估指标值		0.997 366 6
	指标分值	3	1
	分值小计	3	1
奉贤	基期指标数值		0.562 016 3
	评估期指标数值		0.562 016 3
	评估指标值		1
	指标分值	3	1
	分值小计	3	1

影响面积主要包括耕地、住宅用地和建筑用地，自然生态用地主要包括乔木林（含苗圃）、河湖水面（含水库）、草地和滩涂。2022年青浦区、松江区人类活动影响面积显著减少，其他区域人类活动影响面积不变，自然生态用地总面积维持不变。青浦区黄浦江上游金泽水源涵养红线区域内有27%的人类活动用地（耕地）变更为自然生态用地（草地）（见图2）；松江区黄浦江上游松浦大桥水源涵养红线内人类活动影响面积不变，新浜生物多样性维护红线区域内53%的人类活动用地（建筑工地）变更为自然生态用地（乔木林）（见图3）。上海市评估范围内所有区域的自然生态用地面积基本保持不变，其中嘉定区增加0.87%，该项指标得分最高，增加用地为乔木林（含苗圃）（见图4）。

生态功能方面，所有区域的植被覆盖指数数据呈不同程度地提升，宝山区、浦东新区提升最多，主要原因是2022年7—9月浦东新区、宝山区植被生长区域更广、植被绿度更高。

但目前利用卫星遥感数据评价植被生态功能，多适用于较大空间尺度，区县级尺度存在数据缺失、数据源不统一等问题，所以后续成效评估等工作还需结合航空遥感数据、实地观测数据对该指标进行评价分析。所有区域的水质指数均远＜1，远低于Ⅱ类水标

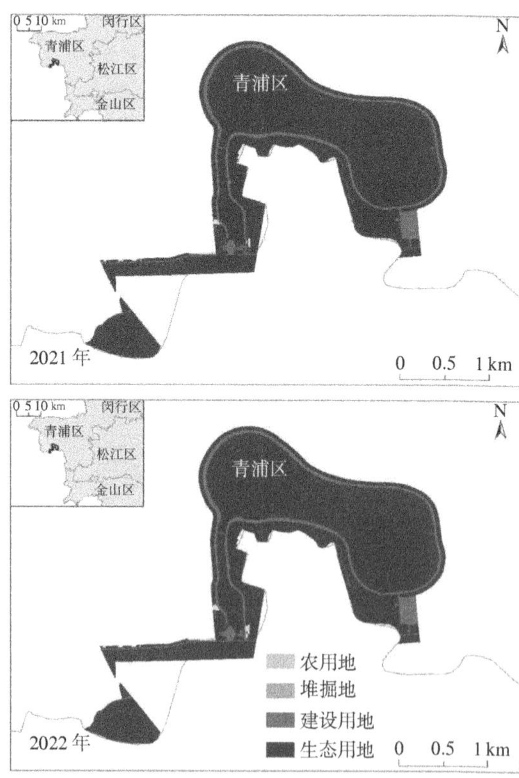

图2　青浦区黄浦江上游金泽水源涵养红线人类活动影响面积变化

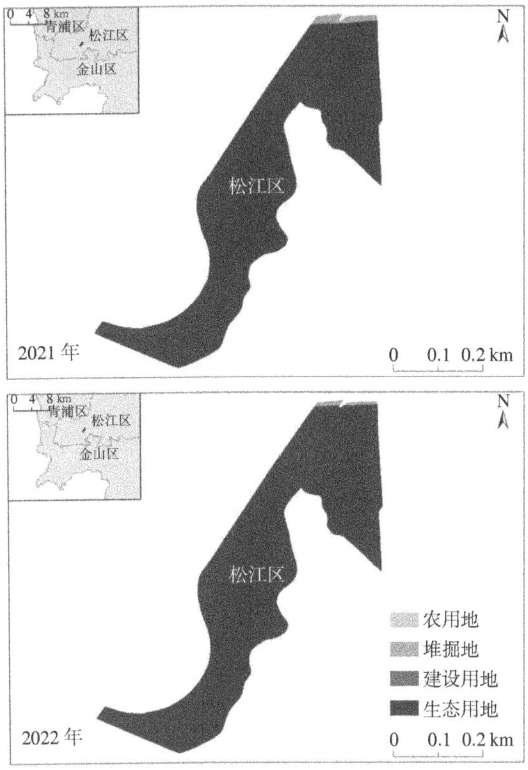

图 3　松江区新浜生物多样性维护红线人类活动影响面积变化

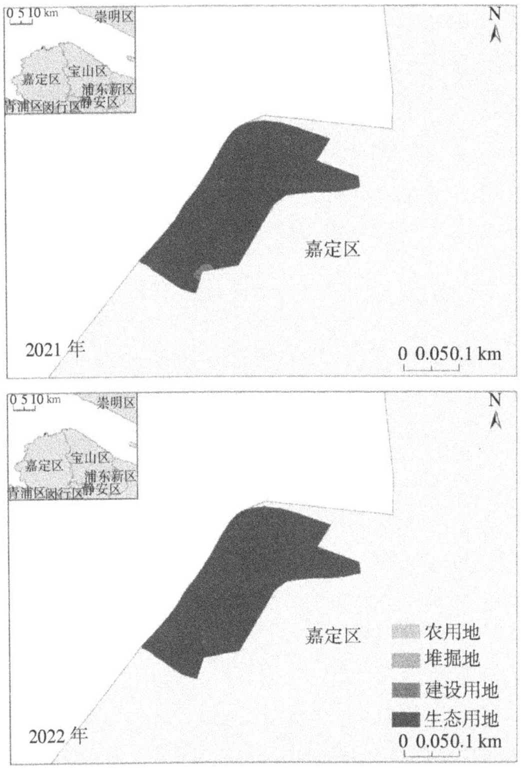

图 4　嘉定区浏岛生物多样性维护红线自然生态用地面积变化

准限值，达到一级水源保护地的标准，管理部门对红线内的水质保护工作做得较为到位，定期开展水质监测评价、生态环境保护和资源利用管理等工作，保障了水资源的可持续利用。

管理能力方面，生态保护红线划定后，上海市各行政区在制定政策、开展监测评估、开展生态保护工程等方面积极响应。宝山区政府高度重视，制定相关政策，出台相关规划，持续开展生态保护红线巡查和监测工作，开展了宝山陈行 – 宝钢水库周边小微湿地生态提升修复工程，生态保护红线的制度与落实收效甚佳；而其他各区生态保护红线的制度与落实情况尚可，暂未全面开展监测评估、保护工程等管理工作，尤其是拥有世界级生态岛的崇明区在评估周期内暂未开展监测评估和生态保护工程，制定《崇明区生态空间“十四五”规划》1 项，生态保护红线的制度与落实情况一般，需进一步加强属地化管理工作。从公众满意度来看，浦东新区、闵行区管理部门应更加重视生态保护红线监管工作、宣传教育工作，提升公众满意度与幸福感。

特色指标方面，上海市各区充分利用微信公众号等自媒体平台，积极做好相关信息公开工作，信息公开程度较高。其中闵行区信息化公开程度较低，与公众满意度调查反映出的结果一致，后续仍需加强管理过程中的科普宣传工作。所有区域的景观指数基本保持不变或下降，说明人类干扰程度降低，景观破碎化程度降低，保护效果良好；其中青浦大莲湖生物多样性维护红线南部区域坑塘转变为乔木林（含苗圃），尽管生态用地类型未变更，但青浦区景观破碎化改善显著。

3.3　综合成效指数结果与分析

根据式（2）计算可得，2022 年上海市生态保护红线保护成效指数（EPEI）为 82 分，按照评估等级划分，2022 年上海市生态保护红线保护成效处于中度好转状态，这是多方保护措施的综合体现。上海市严守生态保护红线，重视生态环境综合治理，开展了临港滨海海洋生态保护修复和宝山陈行 – 宝钢水库周边小微湿地生态提升修复，加强生态空间管控，红线内人类活动影响面积、水质污染指数和景观破碎度减小，自然生态用地面积和植被覆盖度增加。生态环境管理方面，严格落实红线政策、规划，持续开展监督检查，红线制度落实以及信息公开效果较好，公众满意度提升，本市在评估周期内生态保护红线保护效果显著。

8 个行政区的 EPEI 均 > 68 分，处于轻度好转、中度好转状态，青浦区因其用地性质指数（EL）、管理能力指数（EM）、特色指标指数（EC）得分较高，综合成效指数最高，得分为 81.2 分；而闵行区因其 EF、EC 得分最低，综合成效指数最低，得分为 68.8 分（见表 9）。

表9 上海市及各区生态保护红线保护成效评估等级

	生态保护红线保护成效指数	评估等级
上海	82	中度好转
宝山	77	轻度好转
崇明	70.6	轻度好转
嘉定	78	轻度好转
浦东	70	轻度好转
青浦	81.2	中度好转
闵行	68.8	轻度好转
松江	76.6	轻度好转
奉贤	75	轻度好转

4 结论

（1）通过与2021年基期年份指标对比分析，从生态保护红线面积、用地性质、生态功能、管理能力等方面评估了2022年上海市生态保护红线保护成效。从生态保护红线保护成效综合指数来看，上海市生态保护红线处于中度好转状态，本次评估范围涉及的8个行政区也均处于轻度、中度好转状态，评估结果表明能够实现“面积不减少、性质不改变、功能不降低”和严格监督管理的要求。随着生态红线区域的划定，上海市及各区域生态保护红线政策实施总体成效显著。

（2）综合运用定性和定量化的生态保护红线保护成效评估指标，能够有效掌握红线范围内的动态变化情况，在一定程度上反映了上海市及各地区管理措施的实施效果，为生态保护与修复、生态补偿等工作提供依据，有利于提出进一步的管护措施，提升生态保护红线的保护成效水平，为后续开展5年成效评估积累数据经验。

5 参考文献

[1] 王筱春，夏雪，雷轩．基于生态保护红线的滇池流域生态空间管控[J]．经济地理，2020，40（5）：191–197.

[2] 张雪飞，王传胜，李萌．国土空间规划中生态空间和生态保护红线的划定[J]．地理研究，2019，38（10）：2430–2446.

[3] 中共中央办公厅，国务院办公厅．关于划定并严守生态保护红线的若干意见[J]．中华人民共和国国务院公报，2017（7）：6–9.

[4] DOUVERE F，EHLER C. Making ecosystem-based management a reality: marine protected area management in the context of marine spatial management[C]．Presentation at the Nordic workshop on marine spatial planning. Copenhagen，Denmark. 2007：6–8.

[5] HALPERN B S，LESTER S E，MCLEOD K L. Placing marine protected areas onto the ecosystem-based management seascape[J]．Proceedings of the national Academy of Science of the United States of America，2010，107（43）：18312–18317.

[6] MORA C，SALE P F. Ongoing global biodiversity loss and the need to move beyond protected areas: a review of the technical and practical shortcomings of protected areas on land and sea[J]．Marine Ecology Progress Series，2011，434：251–261.

[7] 杨洪晓，卢琦．生态系统评价的回顾与展望——从北美生态区域评价到新千年全球生态系统评估[J]．中国人口·资源与环境，2003，13（1）：92–97.

[8] DUDLEY N，HOCKINGS M，WHITTEN T，et al. Reporting progress in protected areas: a site-level management effectiveness tracking tool[R]．Gland，Switzerland: World Bank，2007：1–15.

[9] ERVIN J. Rapid assessment and prioritization of protected area management（RAPPAM）methodology[S]．World Wide Fund for Nature（WWF），Switzerland, 2003.

[10] FEEST A. Establishing baseline indices for the quality of the biodiversity of restored habitats using a standardized sampling process[J]．Restoration Ecology，2006，14（1）：112–122.

[11] HOCKINGS M. Evaluating protected area management: A review of system for assessing management effectiveness of protected areas[M]．Lawes，University of Queensland，Australia, 2002.

[12] GELDMANN J，COAD L，BARNES M，et al. Changes in protected area management effectiveness over time: a global analysis[J]．Biological Conservation，2015，191：692–699.

[13] LYON D. Sustainability indicators–a scientific assessment[J]．London: Island press，2006：27–32.

[14] 陈平，田竹君，李曌，等．日本国家尺度生物多样性综合评价概况及启示[J]．理科学，2015，35（9）：1130–1139.

[15] 欧阳志云，王桥，郑华，等．全国生态环境十年变化（2000—2010年）遥感调查评估[J]．中国科学院院刊，2014，1（4）：462–466.

[16] 刘桂环，董贵华，马良．英国国家生态系统评估及对我国的启示[J]．环境与可持续发展，2014，39（6）：91–95.

[17] 杜乐山，李俊生，刘高慧，等．生态系统与生物多样性经济学（TEEB）研究进展[J]．生物多样性，2016，24（6）：686–693.

[18] 李果，吴晓莆，罗遵兰，等．构建我国生物多样性评价的指标体系[J]．生物多样性，2011，19（5）：497–504.

[19] 钱迎倩．生物多样性研究的原理与方法[M]．北京：中国科学技术出版社，1994.

[20] 张全国，张大勇．生物多样性与生态系统功能：最新的进展与动向[J]．生物多样性，2003，11（5）：351–363.

[21] 赵海军，纪力强．大尺度生物多样性评价[J]．生物多样性，2003，11（1）：78–85.

责任编辑　于佳雪（收到修改稿日期：2024-04-07）

基于Y形顶部结构优化的声屏障降噪设计

The Design of a Sound Barrier with Optimised Structure of Y-Shaped Top for Noise Reduction

王晓楠[1]　张玮晨[1]　戴　鹰[2]　应乐惇[1]（1. 上海市环境科学研究院，上海 200233；2. 上海环境节能工程股份有限公司，上海 200080）

Wang Xiaonan[1]　Zhang Weichen[1]　Dai Ying[2]　Ying Ledun[1]　(1. Shanghai Academy of Environmental Sciences, Shanghai 200233; 2. Shanghai Environmental Energy Conservation Engineering Co., Ltd., Shanghai 200080)

摘要　为提升声屏障在城市高架道路上的噪声控制性能，开展了基于Y形顶部结构的声屏障结构设计和性能优化。采用有限元仿真，计算了声屏障所在区域的近场和远场声场分布，对比了折臂形声屏障和Y形声屏障性能。近场声场仿真表明，Y形声屏障相较折臂形声屏障多了朝向道路外侧的折臂，故对距离声屏障较近的底部区域的噪声控制有明显的改善。选取典型的城市高架道路进行高架沿线建筑立面处的声场分布计算，结果表明，加装声屏障对交通道路沿线建筑具有较好的噪声遮挡作用，Y形声屏障可在折臂形声屏障的基础上，进一步将声级降低1～2 dB。

关键词：高架道路　声屏障　Y形顶部结构　降噪　性能优化

Abstract　To improve the noise control performance of sound barrier applied in urban elevated roads, the design and performance optimisation were carried out for the structure of a sound barrier with Y-shaped top. Numerical studies by using finite element method were conducted to calculate both the near field and far field sound pressure distribution around the area where the sound barriers installed, and compare the performance between the sound barriers in types of incurved-top edge and Y-shaped top. The near sound field simulation has shown that the noise control is obviously more efficient in the area not far from the foot of the barrier on account of an additional design with outwards folded top edge to form a Y-shaped structure. By choosing a segment of typical urban elevated road to compute the sound pressure distribution along its façade, it is indicated that the installation of a sound barrier has preferable effect to shield from noise impact on buildings along the line of traffic roads, whilst the sound barrier with Y-shaped top could further lower 1 to 2 dB of the sound level than that with the only incurved-top edge barrier.

Key words: Elevated road　Sound barrier　Y-shaped top structure　Noise reduction　Performance optimisation

伴随我国城市化进程的推进，交通运输业不断发展，车流增大带来的交通噪声污染问题愈发严重。上海作为人口密集的特大型城市，交通干线居住区有大量人口暴露在城市道路交通噪声的污染下。在高架道路上安装声屏障是缓解高架沿线噪声污染的重要方法[1-2]，已有大量针对声屏障结构和材料优化的研究工作[3-6]，如T形声屏障、圆柱顶端声屏障、扩散体顶部声屏障等，这些顶端结构的设计从提高声屏障有

上海市交通委2022年度科研计划项目（编号：JT2022-KY-014）资助。

第一作者王晓楠，女，2013年毕业于香港理工大学机械系，博士，高级工程师。

效高度等方面入手来提高声屏障的降噪效率。目前上海城市区域应用最广泛的是直立型声屏障，该型声屏障结构简单，养护方便，降噪效果和降噪区域取决于其有效高度。本文拟针对上海城市高架已有的直立声屏障，遵从安全养护性能，在其允许空间设计裕度内，进行Y形顶部的加装和优化，考察结构改进后的性能提升空间，提供可行的Y形顶部结构优选方案，为进一步提升城市道路沿线声屏障降噪性能提供参考。

1 声屏障顶部设计裕度和选型

基于已经应用于城市高架道路的声屏障结构（见图1）进行改进。出于安全性能的考虑，改进顶端结构的尺寸不能超过已有声屏障的顶端水平和垂直的设计空间，故水平向内的设计空间限值是0.144 m，垂直设计限值是0.395 m。在此限值的基础上，可供考虑的有折臂形、T形和Y形顶端结构。

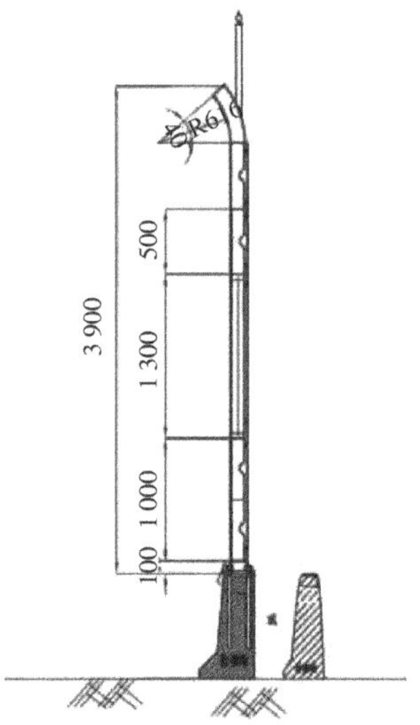

图1 初始声屏障设计尺寸（单位：mm）

由于水平向内的空间限值是0.144 m，T形结构的设计受限，故将折臂形声屏障和Y形声屏障的降噪效果进行仿真对比（见图2）。仿真场景设计参数如下：使用Comsol有限元软件对所设声屏障的道路截面进行声场模拟，考虑双车道道路，单个车道宽度为3 m。在仿真过程中，只设定道路单边声屏障，不考虑双侧声屏障的多重反射作用，因此在道路的另一侧设定完美匹配层（Perfect Match Layer），排除声波反射效果。对折臂形声屏障和Y形声屏障的近场声场仿真结果表明，Y形声屏障比折臂形多了朝向道路外侧的折臂，因此对距离声屏障较近的底部区域，如距离屏障1～5 m处，相对高度0～2 m的区域的声级有所改善。

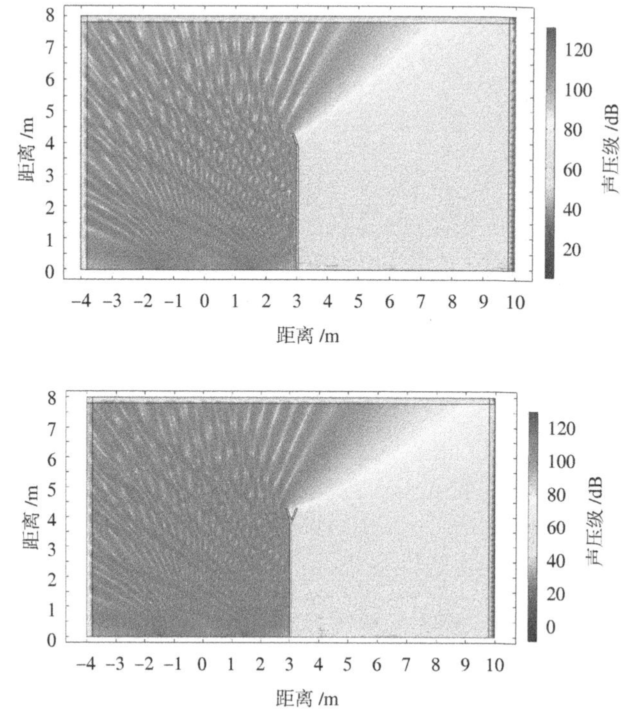

图2 折臂形声屏障和Y形声屏障的近场声场仿真

图3是距离声屏障水平距离5 m处，高度为0 m处的两类声屏障插入损失的对比结果。在300～3 000 Hz的整个频段，Y形声屏障的插入损失均高于折臂形声屏障5 dB以上，表明Y形声屏障对近场低区的噪声遮蔽效果明显。

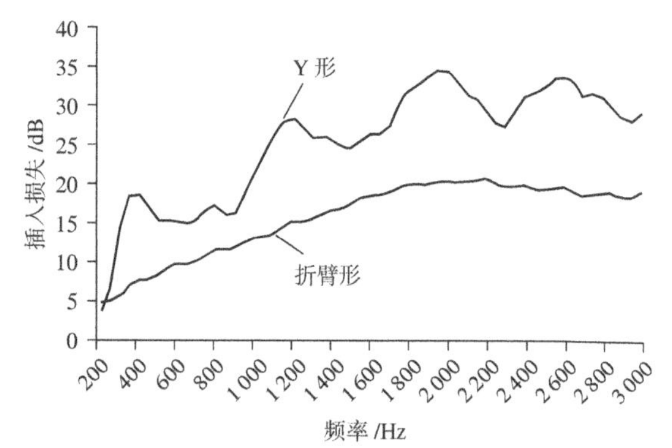

图3 折臂形声屏障和Y形声屏障的近场插入损失对比

2 Y形声屏障和折臂形声屏障性能对比

为进一步对Y形声屏障和折臂形声屏障的性能进行对比和优化，使用CadnaA软件，模拟了六车道高架沿线的垂直声场分布图（见图4），给出了（a）折臂形声屏障、（b）增高折臂形声屏障（+0.7 m）、（c）Y形声屏障的声场。将折臂形声屏障增高0.7 m，与未增高的折臂形声屏障相比，在高于屏障高度区域有较为明显的降噪效果提升，噪声可降低0.1～1.3 dB；

而在与声屏障高度相近及以下区域，Y 形声屏障降噪效果更佳，优于增高折臂形声屏障 1 ~ 2 dB，优于同高度的折臂形声屏障 1 ~ 3 dB。

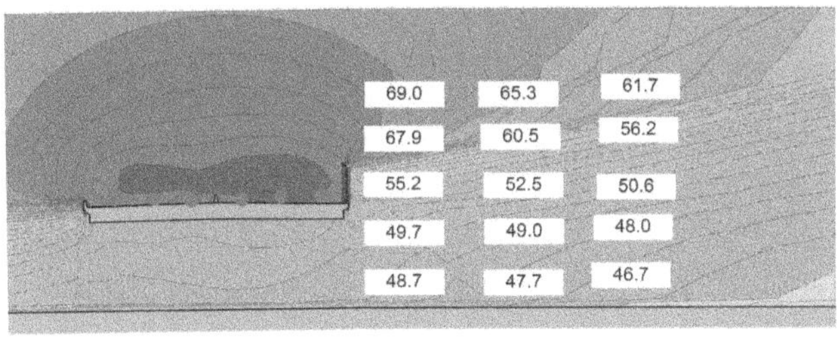

（a）折臂形声屏障

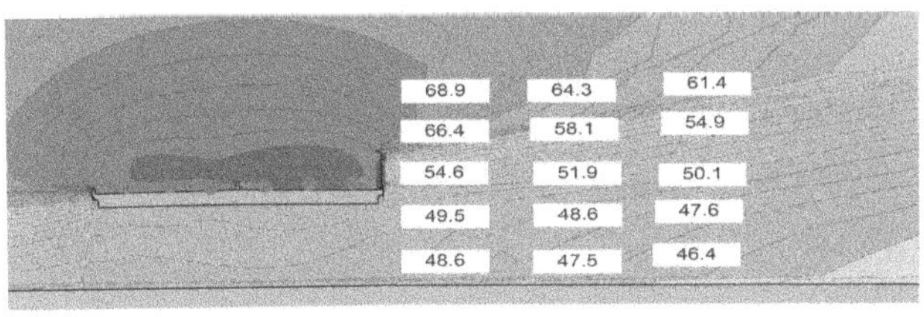

（b）增高折臂形声屏障（+0.7 m）

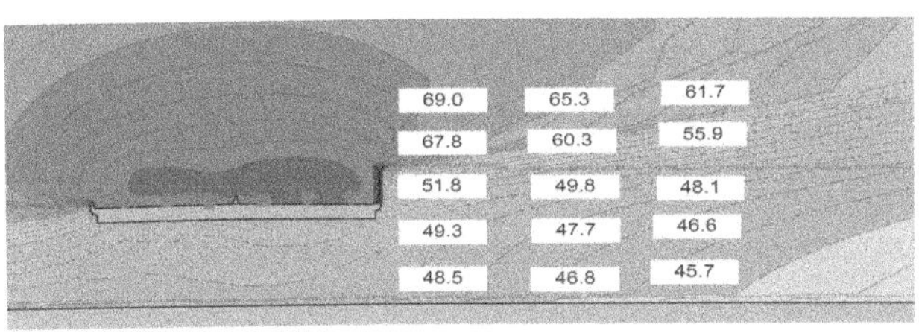

（c）Y 形声屏障

图 4　折臂形声屏障和 Y 形声屏障的近场插入损失对比（单位：dB）

为进一步探讨 Y 形声屏障在高架道路的应用效果，特选定内环高架路段进行道路区域的交通噪声声场模拟，将临高架沿线的多层建筑纳入考虑，高架沿线的建筑立面外声场进行仿真对比（见图 5）。其中高架道路高 10 m，声屏障高度按图 1 尺寸设计。

由图 5 的声场分布可得，声屏障的加装对交通道路沿线建筑具有较好的噪声遮挡作用，临高架的第一排 3 ~ 5F 建筑立面处的声级可以降低 10 dB 左右，而对比折臂形声屏障，Y 形声屏障可进一步将声级降低 1 ~ 2 dB。

3　结语

通过使用有限元方法，在有限的设计裕度内，对 Y 形声屏障和折臂形声屏障的降噪性能进行了对比分析。结果发现，由于 Y 形声屏障相较折臂形声屏障多了朝向道路外侧的折臂，对距离声屏障较近的底部区域的噪声控制有明显的改善。而通过对典型高架路段进行交通噪声声场模拟，将临高架沿线的多层建筑纳

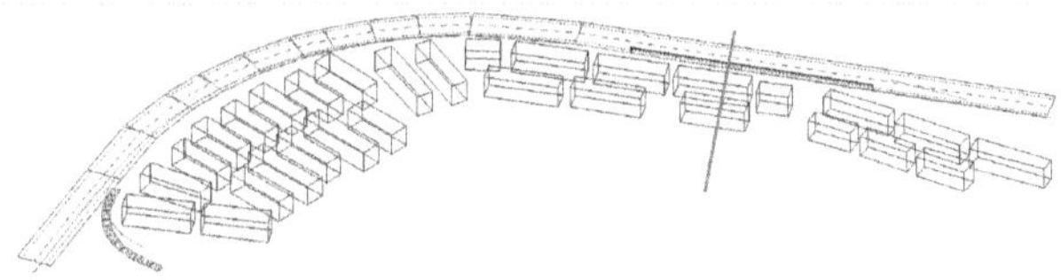

（a）典型截面选取

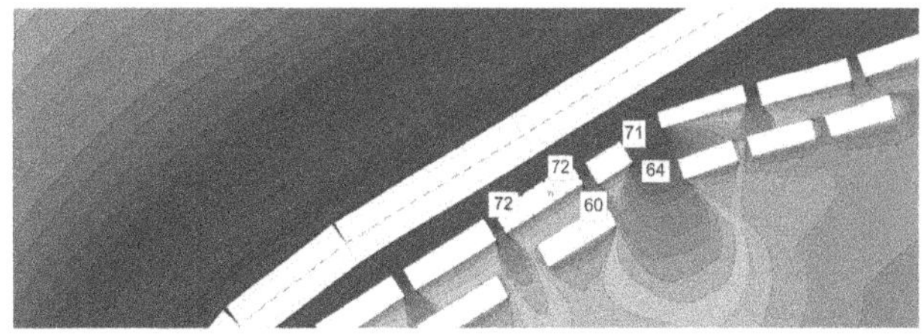

（b）声场分布 – 无声屏障，距离地面 15 m 高度

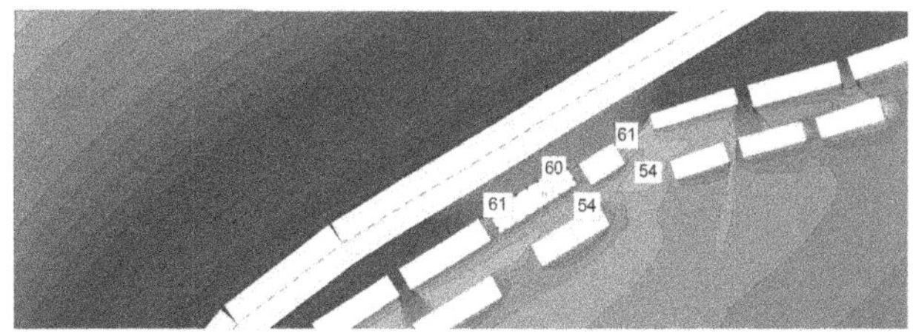

（c）声场分布 – 折臂形声屏障，距离地面 15 m 高度

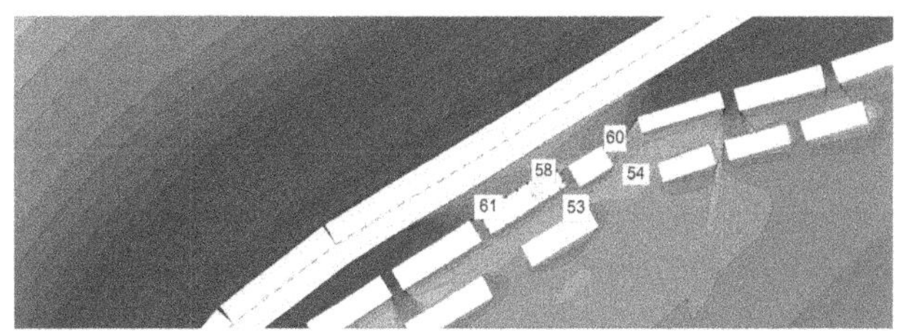

（d）声场分布 –Y 形声屏障，距离地面 15 m 高度

图 5　典型高架沿线声场分布示意（单位：dB）

入考虑，声屏障的加装对交通道路沿线建筑具有较好的噪声遮挡作用，临高架的第一排 3 ~ 5F 建筑立面处的声级可以降低 10 dB 左右，而对比折臂形声屏障，Y 形声屏障又有 1 ~ 2 dB 降噪效果的提升。

4　参考文献

[1]　王金瑞．城市道路声屏障声学结构模拟分析 [D]．西安：长安大学，2001.

[2]　卢向明．道路声屏障声学特性与声学设计研究 [D]．杭州：浙江大学，2004.

[3]　王亚晨，王巧燕，邱贤锋．基于扩散体的声屏障顶部结构的降噪性能 [J]. 上海船舶运输科学研究所学报，2023（46）：70–80.

[4]　王金瑞，李舜酩，韩宝坤．不同顶端结构声屏障绕射声衰减量模拟分析 [J]．噪声与振动控制，2016（36）：125–132.

[5]　田欣，谭南林．声屏障对城区敏感点降噪效果的研究 [J]．环境工程，2014（32）：1005–1012.

[6]　吴文高，蔡俊，刘玲．顶端结构为声扩散体的声屏障降噪性能研究 [J]．噪声与振动控制，2012（32）：121–125.

责任编辑　黄潇月（收到修改稿日期：2024-02-29）

铁路客整所上盖建筑振动及二次结构噪声影响分析

An Analysis on the Impact of Vibration and Secondary Structural Noise on the Building above Railway Passenger Depot

刘长卿*（上海市环境科学研究院 上海城市环境噪声控制工程技术研究中心，上海 200233）

Liu Changqing* (Shanghai Engineering Research Centre of Urban Environmental Noise Control, Shanghai Academy of Environmental Sciences, Shanghai 200233)

摘要 采用类比实测与数值模拟相结合的方法，对铁路引起的上盖建筑振动及二次结构噪声影响进行预测分析，结果表明：在不采取减振措施的情况下，盖上建筑室内振动及二次结构噪声影响较大，高层建筑的低楼层存在超标现象，振动超标频率在 50 Hz 附近，二次结构噪声影响较大在 50 ~ 80 Hz 范围内。研究结论可对该类工程的降噪设计提供参考。

关键词：铁路客整所 上盖建筑 振动及二次结构噪声 数值模拟预测

Abstract Analogical measurement and numerical simulation were combined to predict and analyse the impact of train running induced vibration and secondary structural noise on the building above railway passenger depot. It has been found that the indoor vibration and secondary structural noise could have significant impact on the upper building if there are no measures adopted for vibration mitigation. There is incompliance with the specified standard of vibration at lower floors of the high-rise building at around 50 Hz, and a secondary structural noise effect relatively higher in a range between 50 Hz and 80 Hz. The conclusion could provide a reference for the noise reduction design of such a kind of projects.

Key words Railway passenger depot Upper building Vibration and secondary structural noise Prediction by numerical simulation

TOD（Transit-Oriented-Development）是以高铁站、机场、地铁等以公共交通为中心向周边发展的项目，以公共交通站点为中心、以 400 ~ 800 m（5 ~ 10 min 步行路程）为半径建立中心广场或城市中心，包括住宅区、商业区、写字楼等建筑物，“混合用途”能实现对土地高效利用，是在新型城镇化进程中实现城市可持续发展的一剂良方。铁路与轨道交通上盖开发为近年来新兴的 TOD 项目，通常为车辆基地或车站加盖后，盖下实施车辆基地或车站的功能（停车、检修等），盖上区域则用于商业、住宅、公建等综合开发。上盖开发有诸多优势，但也会带来相应的环境问题。一方面，列车出入场线等引起的轨道振动向盖上建筑传递，诱发室内振动及二次结构噪声影响；另一方面，列车经过出入段线产生的轮轨噪声、鸣笛声以及盖下车站日常检修、维修等设施工作噪声经开放空间向盖上传递，造成环境干扰。因此，如何在规划设计阶段对铁路轨道交通引起的上盖振动及噪声问题进行准确预测，进而采取相应的减振降噪措施以减少其对盖上环境敏感建筑的干扰成为人们关注的问题。

近年来，国内外对铁路、轨道交通等停车场、车辆段上盖振动及结构噪声问题做了大量研究。邹超以珠江三角洲地铁车辆段及其上盖建筑物为对象，系统研究了地铁车辆段及其上盖建筑物的振动传播规律，建立了建筑物振动预测方法，提出了有效的振

作者刘长卿，男，1989 年生，2014 年毕业于上海交通大学船舶与海洋工程系，硕士研究生。

*通信联系人，liu-chq@163.com。

动控制措施[1]。韦安祺针对车辆段上盖开发的道岔减振问题，在总结轨道减振降噪措施的基础上，针对小号码道岔结构特点和车辆段道岔服役条件，提出道岔减振设计的思路和建议[2]。冯青松等先后通过结构和声学有限元法、现场实测法等研究了库内线不同减振扣件刚度组合对双层车辆段上盖建筑振动噪声影响以及地铁车辆段不同区域振动特性对比[3]。林珊等通过试验方法，研究了地铁车辆段减振道岔的减振特性，分析了特定频段的减振量差别[4]。谢伟平等以武汉某车辆段上盖物业为研究对象，通过精细化有限元模型，分析了上盖物业车致振动及其舒适度评价[5]。周莉以北京地铁上盖开发项目为例，对地铁上盖建筑振动环境影响的评价标准进行讨论，总结现状并给出相关措施建议[6]。

以某规划建设中的铁路客整所及其上盖建筑为研究对象，采用半实测半数值的振动分析方法以及经验公式法预测铁路进出客整所引起的盖上建筑室内振动及结构噪声，分析铁路列车振动对上盖建筑环境的影响，为该类工程的降噪设计提供参考。

1　计算方法概述

半实测半数值的振动分析方法，即利用有限元法计算振动在铁路轨道－土层－建筑结构中的传递特性及频率响应，得到振动响应的传递函数，将实测振动源强的频率谱与有限元计算得到的传递函数乘积得到结构的振动响应[7]。

实测振源激振力时程 $f(t)$ 经傅里叶变换可得到源强激励载荷频率谱见式（1）。

$$F(\omega)=\int_{0}^{+\infty} f(t)e^{-j\omega t}\mathrm{d}t \tag{1}$$

式中，ω——振动频率。

系统结构振动的频率响应以及系统振动响应时程分别可由式（2）~式（3）表达为

$$X(\omega)=F(\omega)H(\omega) \tag{2}$$

$$x(t)=\frac{1}{2\pi}\int_{0}^{\omega_0} F(\omega)H(\omega)e^{j\omega t}\mathrm{d}\omega \tag{3}$$

式中，ω_0——截止频率；

$H(\omega)$——系统频率响应传递函数，与结构本身的振动特性有关。

在实测经验法获取足够的源强数据情况下，通过有限元分析求得系统频率响应传递函数即可获得系统最终的频率响应，预测建筑内振动水平。

建筑室内结构噪声的预测，基于振动计算得到的建筑室内地板振动加速度级，采用理论公式法进行计算[8]，见式（4）~式（5）。

$$L_p=L_v+C \tag{4}$$

式中，L_v——振动速度级。

$$C=10\lg\left[\frac{v_{ref}^2Z_0^2\sigma S}{p_{ref}^2}\left(\frac{1}{4\pi r^2}+\frac{4}{R}\right)\right] \tag{5}$$

铁路振动近似假设为简谐振动，则单频结构噪声声压级 $L_{p,f}$ 可表示为振动加速度级的函数见式（6）~式（7）。

$$L_{p,f}=VL_f-20\lg\omega+C_a \tag{6}$$

$$C_a=10\lg\left[\rho_0^2c_0^2\sigma S\left(\frac{1}{4\pi r^2}+\frac{4}{R}\right)\right]-26 \tag{7}$$

式中，VL_f——振动加速度级频率响应；

ω——简谐振动圆频率。

综上，当房间常数 R 及房间尺寸参数确定时可得 C_a 值，再利用半实测半数值的振动分析方法得室内楼板各频率振动加速度级 VL_f，通过式（6）可得各频率对应的结构噪声声压级 $L_{p,f}$。

2　数值模型及结构材料参数设定

选取待分析建筑为某拟建铁路客整所及其上盖建筑。客整所轨道位于 0 m 层，用于铁路列车停车检修，上方设置有 11 m 层机动车停车库以及 17 m 盖板层。上盖建筑位于 17 m 盖板层，盖板上方为 21 F 住宅建筑，高度约 66.6 m（见图 1），建立三维有限元模型（见图 2）。为减小土层边界反射波影响，模型边界采用粘弹性人工边界。激振力载荷施加在停车线两侧

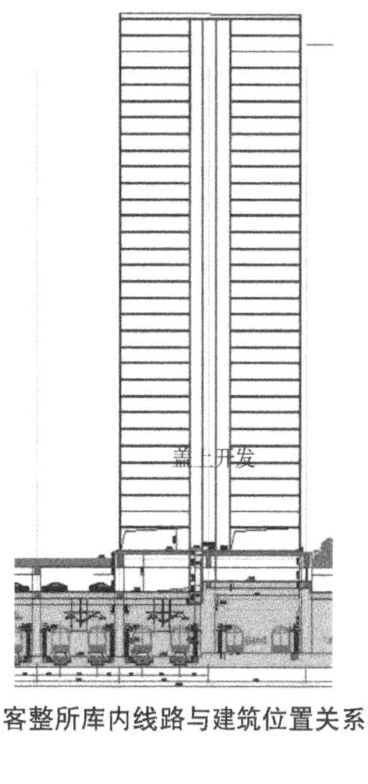

图 1　客整所库内线路与建筑位置关系示意

图 2　三维有限元结构模型

混凝土道床处，沿行车线施加多点激励单位载荷，计算上方建筑各楼层房间的振动水平。

钢筋混凝土结构材料参数按实际结构设计的混凝土等级设定（见表 1）。土层类型根据该地块地质勘查报告及《建筑抗震设计规范》（GB 50011—2010）[9] 进行简化，其中 ρ 为土层密度，μ 为泊松比，E 为动弹性模量（见表 2）。上述材料参数在计算中均作为设计值输入模型。

表 1　混凝土等效参数

结构类型	密度 /（kg/m^3）	泊松比	弹性模量 / GPa	阻尼系数
楼板	2 400	0.2	32.5	0.025
梁	2 500	0.2	33.5	0.02
柱	2 600	0.2	36	0.02
剪力墙	2 400	0.2	32.5	0.025
桩	2 600	0.2	36	0.02
承台	2 400	0.2	32.5	0.025

表 2　土层等效参数

土层类型	软弱土	中软土	岩石层
厚度 /m	2	14	16
ρ/（kg/m^3）	1 800	1 800	2 400
μ	0.4	0.4	0.4
Ed/ MPa	113.4	237.3	3 057

3　振动源强

铁路客整所列车入库过程中，列车与轮轨间的相互作用引起周边混凝土道床振动，并经由立柱、墙体构传递到盖上建筑中。轨道道床作为振动的源头，其振动特性及振动强度对于环境振动的预测至关重要。选取某已开通使用的铁路客整所进行振动源强类比测试。测试过程中，采用 IEPE 型加速度传感器 KD1050L 以及德国 Head 八通道数据采集仪连续采集到 6 组列车经过时的道床垂向振动加速度数据。

某次列车经过时的道床振动加速度时程曲线（见图 3）。将 6 组列车经过时道床铅垂向振动加速度进行平均处理，得到加速度级 1/3 倍频程频谱（见图 4）。利用该源强频谱结合有限元模型可计算建筑楼板铅垂向振动加速度级。

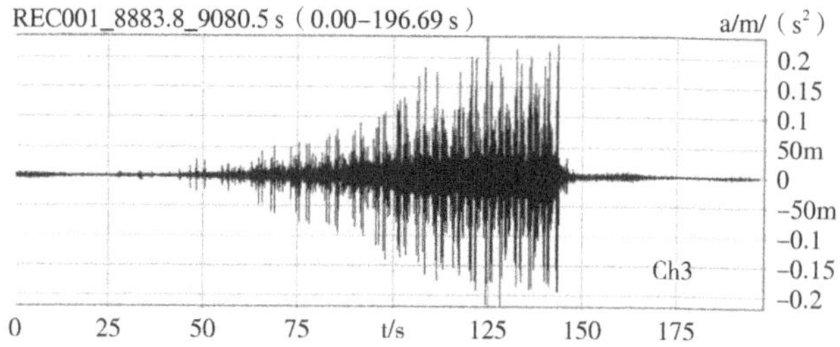

图 3　某列车经过时道床铅垂向振动加速度时程曲线

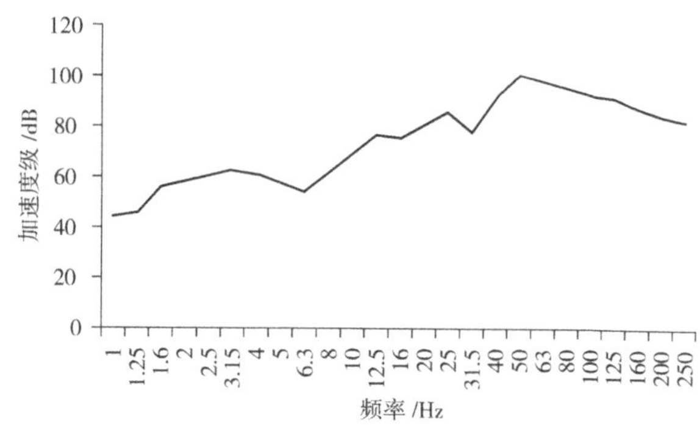

图 4　道床振动源强加速度级频谱 6 列车平均值

4　室内振动及结构噪声分析

4.1　各楼层振动计算结果

在结构三维模型中的轨道处施加多点振动激励载荷，求解模型节点振动响应传递损失函数。将上述类比测试振动源强数据与有限元模型计算结果相结合，可求解建筑室内楼板垂向振动加速度级（见图 5）。根据《建筑环境通用规范》[10] 规定的计权网络计算各楼层最大 Z 振级（见图 6）。结果表明，各楼层最大 Z 振级随楼层升高整体呈减小趋势，但部分楼层有回弹放大现象，各楼层最大 Z 振级均满足限值。

根据《城市轨道交通引起建筑物振动与二次辐射噪声限值及其测量方法标准》[11] 对分频振级进行计权，得振动达标情况（见图 7）。结果表明，高层建筑的首层振动超出夜间标准限值，超标频率在 50 Hz 附近，2、3 层也较为接近夜间标准限值，存在超标风险。

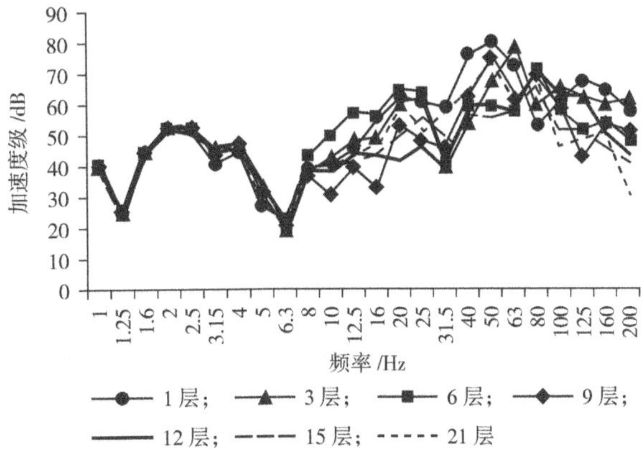

图5　上盖建筑各楼层振动加速度级频率谱

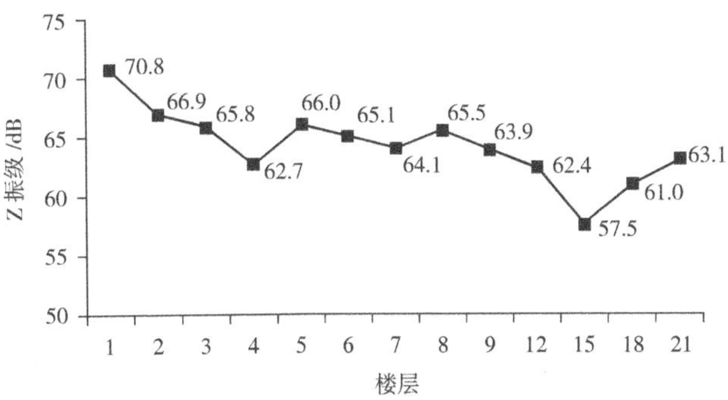

图6　上盖建筑各楼层 Z 振级 (1~80 Hz)

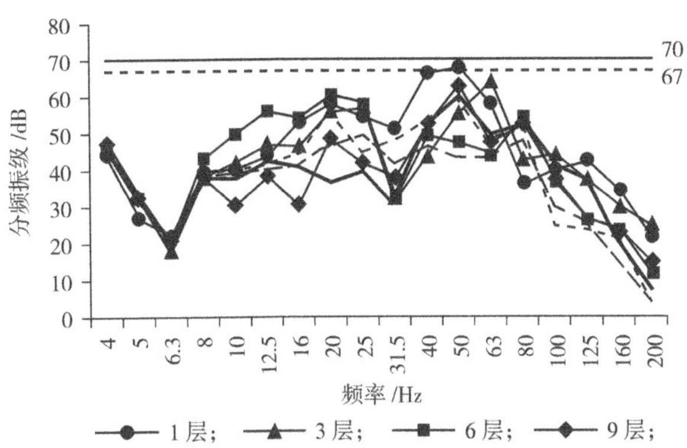

图7　上盖建筑各楼层分频振级达标分析

4.2　各楼层二次结构噪声计算结果

对待分析房间结构噪声的预测，取空气密度 ρ_0= 1.29 kg/m^3，声速 c_0= 340 m/s，声辐射效率 $\sigma\approx 1$，室内地板的面积 S=10 m^2，房间高度为 2.8 m，混响时间为 0.8 s 的一般装修房间常数 R=5.6，将上述数值以及振动加速度级预测值代入式（6）~ 式（7）可得不同频率的室内结构噪声值 $L_{p,f}$，从而可求出待分析频段内总的 A 计权声压级。

各楼层二次结构噪声预测结果表明：（1）结构噪声 A 声级随楼层升高整体呈减小趋势，但部分楼层有回弹放大现象；（2）建筑 1 ~ 2 层二次结构噪声超过夜间标准限值，最大超标 0.5 dB，其余楼层预测结果达标；（3）结构噪声影响较大 1 ~ 3 层房间，其噪声最大频率在 50 ~ 80 Hz 频带（见图 8 ~ 图9）。

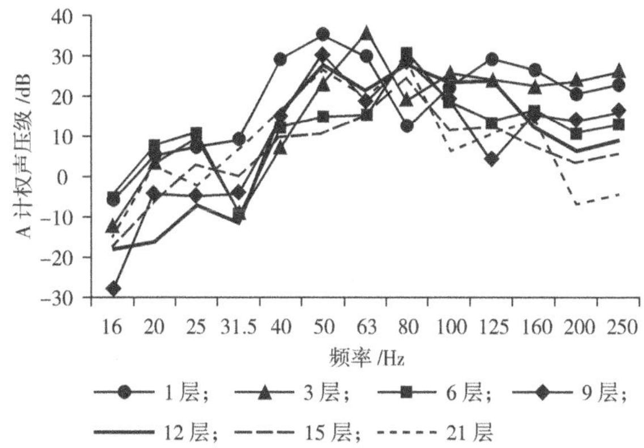

图8　各楼层二次结构噪声三分之一倍频程 A 计权声级

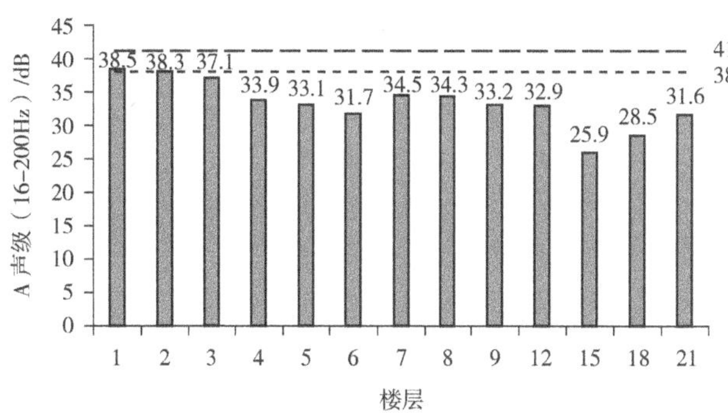

图9　各楼层结构噪声 A 声级

5　结论及建议

以某规划建设中的铁路客整所及其上盖建筑为研究对象，采用半实测半数值的振动分析及经验公式法预测铁路进出客整所引起的盖上建筑室内振动及结构噪声，发现：（1）盖上高层建筑各楼层最大 Z 振级以及二次结构噪声随楼层升高整体呈减小趋势，但部分楼层有回弹放大现象；（2）建筑 1 ~ 3 层振动影响较大，存在分频振级超标现象，振动影响主要频率在 50 Hz 附近；（3）建筑 1 ~ 2 层二次结构噪声存在超标现象，低楼层二次结构噪声主要影响频段在 50 ~ 80 Hz。综上，铁路客整所列车运行对上盖高层建筑产生的振动及二次结构噪声影响主要集中在低楼层，影响频段 50 ~ 80 Hz。建议采用轨下减振扣件、减振道床等减振措施降低 50 ~ 80 Hz 频段的振动及二次结构噪声影响。

6 参考文献

[1] 邹超. 地铁车辆段及上盖建筑物振动传播规律及减振技术研究 [D]. 广州：华南理工大学，2017.

[2] 韦安祺. 地铁车辆段上盖开发道岔减振降噪关键技术研究 [J]. 铁道勘察，2022，2：109-114.

[3] 冯青松，江煊，成功，等. 库内线不同减振扣件刚度组合对双层车辆段上盖建筑振动噪声影响研究 [J]. 铁道科学与工程学报，2023，20（9）：3320-3330.

[4] 林珊，陈艳明，冯青松. 地铁车辆段减振道岔减振特性试验研究 [J]. 铁道工程学报，2023，1：21-27.

[5] 谢伟平，陈艳明，姚春桥. 地铁车辆段上盖物业车致振动分析 [J]. 振动与冲击，2016，35（8）：110-115.

[6] 周莉. 轨道交通上盖建筑的振动环境影响以及应对措施研究 [C]. 中国环境科学学会学术年会论文集，2013：6488-6494.

[7] 刘长卿. 地铁引起的站台邻近建筑室内振动预测分析 [J]. 噪声与振动控制，2016，36（3）：100-105.

[8] 刘长卿. 结构参数对地铁引起建筑结构噪声影响分析 [J]. 噪声与振动控制，2021，41（3）：223-227.

[9] 中华人民共和国住房和城乡建设部. GB 50011—2010 建筑抗震设计规范 [S]. 北京：中国建筑工业出版社，2010.

[10] 中华人民共和国住房和城乡建设部. GB 55016—2021 建筑环境通用规范 [S]. 北京：中国建筑工业出版社，2021.

[11] 中华人民共和国住房和城乡建设部. JGJ/T 170—2009 城市轨道交通引起建筑物振动与二次辐射噪声限值及其测量方法标准 [S]. 北京：中国工业出版社，2009.

责任编辑　于佳雪（收到修改稿日期：2024-02-20）

微波辅助过一硫酸盐降解工业场地污染土壤中的多环芳烃

Microwave Assisted Degradation of Polycyclic Aromatic Hydrocarbons (PAHs) in Contaminated Soil at an Industrial Site by Peroxymonosulphate (PMS)

黄 骊 尹伶格 李炳智* （上海应用技术大学，上海 201418）

Huang Li Yin Lingge Li Bingzhi* (Shanghai Institute of Technology, Shanghai 201418)

摘要 将微波（MV）加热与高级氧化技术相结合，采用微波辅助 Fe^{2+} 活化过一硫酸盐（PMS）体系降解实际工业场地污染土壤中的 16 种多环芳烃（PAHs）。比较了微波和 PMS 作用下 4 种降解体系对 4 种 PAHs 的降解效果，分别考察了微波和 PMS 耦合体系中 PMS 浓度、Fe^{2+} 浓度以及微波辐照功率对 PAHs 降解效果的影响，并对该体系的降解机制进行分析。结果表明，分别投加 5 mL 的 5 mM Fe^{2+}、200 mM PMS 在 700 W 微波辐照 8 min 条件下，微波与 PMS 具有显著的协同效应，土壤中 PAHs 的降解率最高达 94.91%；苯并 (a) 芘（BaP）、菲（PHE）、荧蒽（FLT）和芘（PYR）的降解率分别为 94.91%、61.54%、64.90% 和 66.98%。研究可为微波辅助 Fe^{2+} 活化 PMS 体系降解实际工业场地污染土壤中的 PAHs 提供实践指导和技术参考。

关键词：微波 过一硫酸盐 亚铁离子活化 多环芳烃 土壤修复

Abstract Combining microwave heating with advanced oxidation technology, a system of Fe(Ⅱ) activating peroxymonosulphate (PMS) assisted by microwave was employed to degrade 16 species of polycyclic aromatic hydrocarbons (PAHs) in contaminated soil at an actual industrial site. The degradation effects of four different systems with microwave and PMS on four species of PAHs were compared. The influences of PMS content, Fe(Ⅱ) concentration and microwave irradiation power in the microwave/PMS coupling system on the degradation of PAHs were individually investigated, whilst conducting an analysis on the degradation mechanism of the system. It has shown that a remarkable synergistic effect was observed between microwave and PMS when adding 5 mL of 5 mmol Fe(Ⅱ) and 5 mL of 200 mmol PMS under 700 watt microwave irradiation for 8 minutes. The degradation rates of PAHs in soil could top out at 94.91%, in which those of benzo[a]pyrene (BaP), phenanthrene (PHE), fluoranthene (FLT) and pyrene (PYR) could reach 94.91%, 61.54%, 64.90% and 66.98%, respectively. It may provide practical guidance and technical reference for the degradation of PAHs in contaminated soil at actual industrial sites by such a system.

Key words: Microwave Peroxymonosulphate (PMS) Ferrous ion activization Polycyclic aromatic hydrocarbons (PAHs) Soil remediation

---

国家自然科学基金项目（编号：41303095）、上海市自然科学基金项目（编号：17ZR1424000）资助。

第一作者黄骊，女，1998 年生，2023 年毕业于上海应用技术大学化学与环境工程学院，硕士研究生。

* 通信联系人，libingzhi2000@zju.edu.cn。

2001年，国务院办公厅与国家计委提出“鼓励中心城市‘退二进三’来提高土地的利用效益，将污染大、占地多的工业企业逐步迁出或关闭”[1]。“退二进三”的政策虽然促进了我国城镇化及城市建设，但也使工业污染场地的流转频率升高，修复时间被压缩，环境风险进一步扩大。2004年，我国的PAHs排放量约占全球22%[2]，是世界上排放量最高的国家，PAHs污染土壤情况较不乐观。根据曹云者等[3]研究，我国表层土壤PAHs含量中位值为580 μg/kg，属于中低污染水平，其中点源污染表层土壤的含量（1 812.95 μg/kg）显著高于面源污染（317.3 μg/kg）。

尚庆彬等[4]运用主成分分析认为燃煤源以及交通排放是我国土壤环境中PAHs的主要来源，通过降雨、降雪、降尘、污水灌溉等途径聚集于土壤中[5-6]，由食物链传递等方式进入人体。由于“三致”效应[7]，16种PAHs已被美国环保部列为优先控制污染物，我国也将苯并（a）蒽、苯并（a）芘、苯并（b）荧蒽、苯并（k）荧蒽、䓛、二苯并（a,h）蒽、茚并（1,2,3-cd）芘和萘8种列入土壤环境质量建设用地土壤污染风险管控必测项中[8]。

目前针对土壤中PAHs的修复方法主要包括物理的热脱附[9-10]、气相抽提[11-13]；化学的光催化[14-16]、电动修复[17-18]、氧化还原修复[19-20]；生物的植物修复[21-22]、微生物修复[23-25]。原位热脱附技术和化学法中的高级氧化技术由于修复效果好、降解效率高、修复类型广等优点被广泛应用。原位热脱附技术中，传统以物理手段直接或者间接传输加热，存在加热速度慢、受热不均匀、能耗高等问题。微波加热可直接作用于介质分子，瞬间升温有效避免了升温过程中热梯度带来温度不均的影响。化学氧化法中氧化剂主要有芬顿试剂、高锰酸钾、臭氧、二氧化氯和过硫酸盐等[26-30]。许多案例均运用过硫酸盐进行原位修复，因其氧化能力强，性质稳定，便于运输，可通过Fe^{2+}打破硫酸盐稳定状态，激发其氧化活性产生SO_4^-·来降解污染物[31]。但是，Fe^{2+}与SO_4^-·之间发生淬灭反应，使SO_4^-·减少，会降低降解效果。过硫酸盐可分为过一硫酸盐（PMS）和过二硫酸盐（PDS）。目前，Web of Science数据库中相关论文数量逐年上升[32]，但Fe^{2+}/PMS体系对土壤中PAHs降解的研究较少。Lai等[33]采用Fe^{2+}/PMS体系模拟降解污泥中的菲（PHE）、蒽（ANT）和荧蒽（FLT），总去除率为64.66%±2.82%。与PDS的对称结构相比，PMS由于非对称结构在能量场作用下更容易在常温常压下被过渡金属离子或其氧化物激发和活化[34]。因此，有必要进一步研究及优化Fe^{2+}/PMS体系对实际土壤中PAHs的降解。

基于以上文献研究，开展微波加热技术和Fe^{2+}/PMS氧化系统相结合对实际污染土壤中菲（PHE）、荧蒽（FLT）、芘（PYR）、苯并［a］芘（BaP）进行降解可能性的相关探索，重点考察微波功率、PMS和Fe^{2+}的投加量等参数对实际污染土壤中的PAHs降解效果的影响，并对该体系的降解机理进行初步推断。研究旨在充分发挥两种技术各自的优点的基础上形成新型微波强化原位氧化技术，以期形成一种高效、快速、经济和安全的修复方法，同时也为微波活化PAHs技术在未来的工程实践应用中提供参考。

1 实验材料和方法

1.1 实验土壤

工业场地污染土壤来自沈阳一焦化厂，去除石块、动植物残体等杂质后放进通风橱风干，研磨至65目备用。土壤主要组分为石砾（0.43%）、粉砾（19.77%）、黏土（79.80%）。

供试工业场地污染土壤重金属含量见表1，16种PAHs的总含量为2 112 mg/kg，浓度及占比见表2。由于原土中占比较高的为荧蒽（FLT，10.48%）、苯并［a］芘（BaP，10.29%）、芘（PYR，10.15%）、菲（PHE，7.32%），因此重点考察微波/PMS/Fe^{2+}体系对此4种PAHs降解率的影响。使用X射线荧光谱仪（XRF，型号E-max）测定重金属含量，使用粒度分布仪（Bettersize 2000）进行粒径分析。

1.2 主要试剂与仪器

实验过程中主要使用的化学试剂和实验仪器如表3～表4所示。

表1　土壤重金属含量/（mg/kg）

重金属	含量
砷	24.2
镉	0.51
铬	69.7
铜	46.2
铅	75.2
汞	2.16
镍	51.1

表 2　污染土壤中 16 种 PAHs 浓度及占比

中文名称	浓度 /(mg/kg)	占比 /%
萘（NAP）	73.9	3
苊烯（ANY）	86.2	5
苊（ANA）	77.7	4
芴（FLU）	85.3	4
菲（PHE）	154.5	7
蒽（ANT）	95.8	5
荧蒽（FLT）	221.3	10
芘（PYR）	214.4	10
苯并（a）蒽（BaA）	136.5	6
䓛（CHR）	127.1	4
苯并（b）荧蒽（BbF）	141.5	7
苯并（k）荧蒽（BkF）	107.8	5
苯并（a）芘（BaP）	217.3	10
茚并（1,2,3-cd）芘（IPY）	134.8	6
二苯并（a,h）蒽（DBA）	107.1	6
苯并（g,h,i）苝（BPE）	130.7	6

表 3　实验试剂

试剂名称	生产商或供货商	备注
过硫酸氢钾（PMS）	上海麦克林生化科技有限公司	4.5%（active oxygen）
硫酸亚铁七水合物	上海泰坦科技股份有限公司	≥ 99.0%
16-PAHs 混标	上海安谱实验科技有限公司	1 000 mg/L 于正己烷：丙酮
正己烷	德国 Merck 公司	高效液相色谱级
二氯甲烷	德国 Merck 公司	高效液相色谱级
水	广州屈臣氏食品饮料有限公司	蒸馏水

表 4　实验仪器

仪器名称	厂家	型号
微波炉	广东格兰仕集团有限公司	P70F20CL-DG（B0）
恒温振荡器	上海一恒科学仪器有限公司	THZ-98C
电子天平	上海越平科学仪器有限公司	FA1004B
涡旋仪	上海泰坦科技股份有限公司	MVM-2500
离心机	上海卢湘仪离心机仪器有限公司	TD5M-WS
GC-MS	日本岛津公司	QP2010

1.3　实验方法

取 0.5 g 污染土壤于 40 mL 棕色硼硅酸盐玻璃反应瓶中，加入一定量的 5 mM Fe^{2+} 溶液、200 mM PMS 溶液，分别对 PMS 与 Fe^{2+} 的添加量、土水比对降解效果的影响进行考察。将 40 mL 反应瓶放于恒温 25 ℃、180 rpm 摇床中反应 4 h，反应完毕后置于 50 Hz 微波下反应 8 min，考察微波功率对降解效果的影响。反应完毕后，3 500 rpm 离心 20 min，弃去上清液，得修复土壤并检测其 PAHs 含量。每组实验均设置 3 个平行样。

1.4　分析方法

采用液液振荡法萃取的土壤中 PAHs。称取 0.5 g 土于 40 mL 棕色硼硅酸盐玻璃反应瓶中，萃取溶剂为正己烷和二氯甲烷的等比例混合溶液，在涡旋仪中 2 500 rpm 萃取 20 min。萃取后以 3 500 rpm 离心 20 min 使其固液分离，取 25 μL 上清液于 1 mL 正己烷中稀释待测。

采用 GC-MS 对 PAHs 含量进行测定。分析条件如下：色谱柱 SH-RXI-5SIL-MS（0.25 μm × 30 m × 0.25 mm），进样口温度 280 ℃，离子源温度 230 ℃，MS 温度 300℃。色谱柱初始 60℃ 1 min，以 10℃ /min 升温至 200℃，再以 8℃ /min 升温至 300℃，保持 8 min。

2　结果与讨论

2.1　微波对 PAHs 降解效率的影响

2.1.1　微波和过一硫酸盐共同作用的 PAHs 降解效果

待处理的污染土壤分别采用不同方法处理，观察 PAHs 降解效率变化：（1）加入 10 mL 水，25 ℃ 180 rpm 摇床中反应 4 h；（2）加入 5 mM Fe^{2+} 溶液 5 mL 和 200 mM 的 PMS 溶液 5 mL，25 ℃ 180 rpm 摇床中反应 4 h；（3）加入 10 mL 水，700 W 微波辐照 8 min；（4）加入条件 2 中的氧化剂后，700 W 微波辐照 8 min（见图 1）。可知，加水恒温振荡条件下 PAHs 几乎未降解，加氧化剂后降解率提升至 32% ~ 52%；微波条件下 PAHs 降解率为 20% ~ 28%，再加氧化剂后降解率提升至 51% ~ 71%。因此，微波和氧化剂共同作用下 PAHs 的降解效果最佳。

2.1.2　微波功率对 PAHs 降解效率的影响

取 0.5 g 土壤样品，添加 5 mM Fe^{2+} 溶液 5 mL 和 200 mM PMS 溶液 5 mL，考察微波功率（0 W、350 W、560 W、700 W）对 PAHs 降解率的影响（见图 2）。可知，随微波功率增加，PAHs 降解率提高，700 W 时降解率最高，此时 PHE、FLT、PYR、BaP 降解率分别为 69.06%、67.48%、62.83%、49.22%。

微波本质是分子加热，使体系中原本无序运动和排列的分子活动加剧，提高分子间的碰撞频率，消

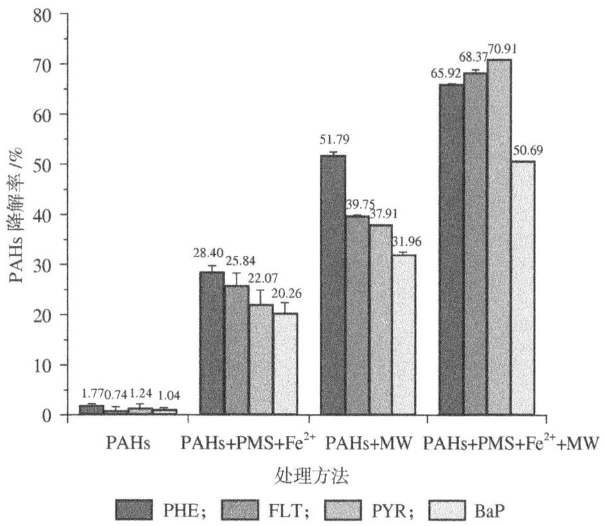

图 1　不同处理条件下 PAHs 降解率

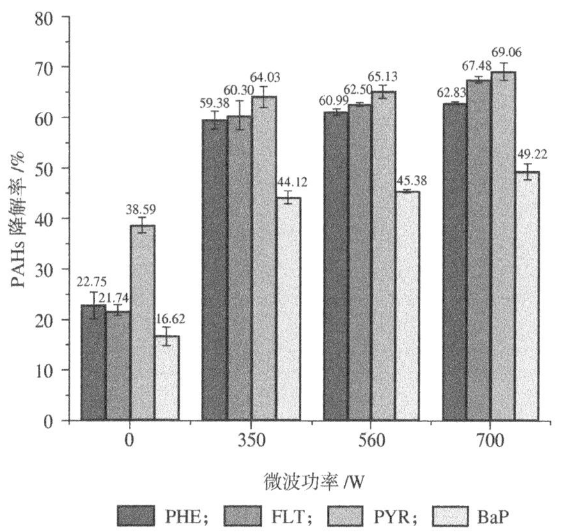

图 2　不同微波功率下 PAHs 降解率

耗键能，一些难降解的大分子物质被降解为小分子物质，表现为微波的热效应降解。温度的升高会破坏污染物与土壤之间的相互作用力，进一步导致解吸现象发生：随着温度升高，有机质的饱和蒸汽压增加，挥发性有机物形成并从土壤相转移至气相。微波功率影响土壤和液体温度，且功率越大升温越快。过一硫酸盐在微波的热效应下产生大量 HSO_5^-，将 Fe^{2+} 还原为 Fe^{3+} 并产生羟基自由基（·OH）和硫酸根自由基（SO_4^-·），与 PAHs 反应达到降解目的。因此，随微波功率升高，降解率也提高。

2.2　Fe^{2+} 添加量对 PAHs 降解效率的影响

固定反应温度为 25 ℃、微波功率 700 W、添加 200 mM PMS 溶液 5 mL，考察添加量为 5 mL 的 Fe^{2+} 溶液浓度（0 mM、5 mM、10 mM、20 mM、40 mM）对 PAHs 的降解效果（见图 3）。可知，当 Fe^{2+} 浓度为 5 mM 时，PAHs 的降解率最高，此时 PHE、FLT、PYR、BaP 的降解率分别为 66.05%、68.79%、71.21%、50.85%；当 Fe^{2+} 溶液浓度 > 5 mM 时，PAHs 的降解率略微下降，表明反应体系中出现了自由基的猝灭反应。由此可见，过量投加 Fe^{2+} 对 PAHs 的去除不利。

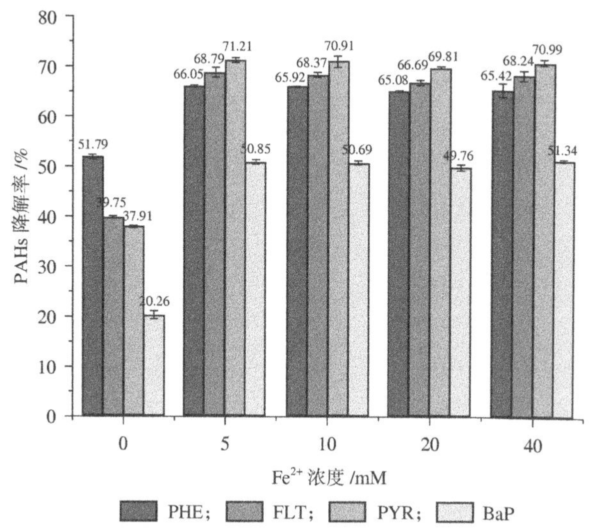

图 3　不同 Fe^{2+} 添加量下 PAHs 降解率

Lai[33] 在研究试剂配比、试剂用量和反应时间对 Fe^{2+}/PMS 去除纺织印染污泥中 PAHs 的影响时发现，PMS 和 Fe^{2+} 用量均为 1 mM，反应时间为 20 min 是最佳条件。在此条件下，PHE、ANT、FLU 和 PAHs 的去除率分别为 52.29% ± 1.21%、77.34% ± 0.59%、53.17% ± 6.88% 和 64.66% ± 2.82%。

2.3　PMS 添加量对 PAHs 降解效率的影响

固定反应温度 25 ℃、微波功率 700 W 和添加 5 mL 5 mM Fe^{2+} 溶液的条件下，考察添加量为 5 mL 的 PMS 浓度（0 mM、50 mM、100 mM、200 mM、400 mM）对 PAHs 降解效果的影响（见图 4）。可知，

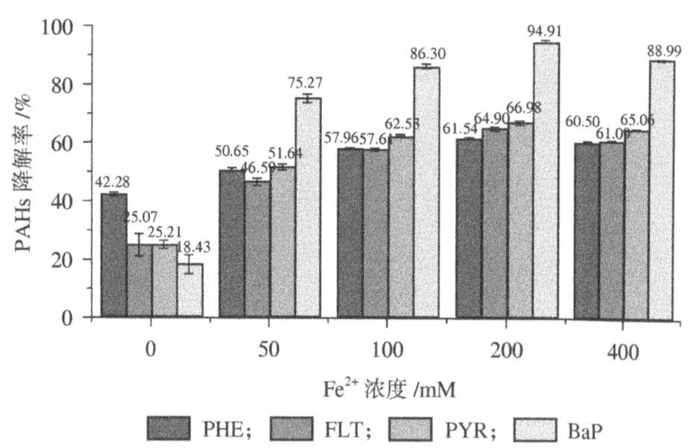

图 4　不同 PMS 添加量下 PAHs 降解率

随着氧化剂 PMS 浓度增加，PAHs 的降解率也逐渐增高。当 PMS 浓度为 200 mM 时 PAHs 的降解率最高，此时 PHE、FLT、PYR 和 BaP 的降解率分别为 61.54%、64.9%、66.98% 和 94.91%。

初始 PMS 浓度越高，意味着更多的 SO_4^-·。但当继续增加 PMS 浓度时，PAHs 的降解率反而略微降低，可能是因为 PMS 产生的 SO_4^-· 和 ·OH 被过量的 HSO_5^- 淬灭，将部分氧化能力较强的 SO_4^-· 转化成氧化能力相对较弱的 SO_5^-·，从而对该体系的氧化效能产生一定程度的抑制作用。其中，在相同 PMS 添加量和浓度的情况下，高环的 PAHs 与低环 PAHs 相比降解率更高一些。

2.4　微波 /PMS/Fe^{2+} 体系中 PAHs 降解机理推断

实验中使用 PMS 化学式为 $KHSO_5$·0.5 $KHSO_4$·0.5 K_2SO_4，以过硫酸氢钾复合盐的形式存在，在催化氧化反应中的主要有效成分为过硫酸氢钾（$KHSO_5$）。作为强氧化剂，过硫酸氢钾的氧化还原电位为 1.82 V，易被 Fe^{2+} 活化，形成类芬顿体系，反应如式（1）~ 式（2）所示。

$$Fe^{2+} + HSO_5^- \rightarrow Fe^{3+} + SO_4^- \cdot + OH^- \quad (1)$$

$$Fe^{2+} + HSO_5^- \rightarrow Fe^{2+} + SO_5^- \cdot + H^+ \quad (2)$$

在 PMS/Fe^{2+} 反应 4 h 后，过量的 PMS 经过 8 min 的微波加热而被激活，已有研究分别用 TBA 和 EtOH 进行了自由基清除实验并证明了 SO_4^-· 和 ·OH 被认为是微波 /PMS 过程中的主要活性氧自由基。PMS 经过微波加热分解产生 SO_4^-· 和 ·OH 的反应方程式如式（3）~ 式（5）所示。

$$PMS + heat \rightarrow SO_4^- \cdot \quad (3)$$

$$SO_4^- \cdot + H_2O \rightarrow SO_2^{-4} + \cdot OH + H^+ \quad (4)$$

$$SO_4^- \cdot + OH^- \rightarrow SO_2^{-4} + \cdot OH \quad (5)$$

因此，在实际的反应体系中，推断同时存在具有强氧化能力的 SO_4^-· 和 ·OH 自由基时可与 PAHs 反应，使高环 PAHs 分解为低环 PAHs，但低环 PAHs 还无法实现完全矿化，从而导致低环 PAHs 降解率较低。或者，PMS 会优先与高环 PAHs 进行反应，从而消耗 PMS 含量。张羽等[31] 也发现在用零价铁活化过硫酸钠降解 PMS 时高环的 BaP 较其他低环 PAHs 的降解率要高，推测由于活化的过硫酸钠倾向于优先与高环 PAHs 进行反应。

3　结语

（1）微波、PMS/Fe^{2+}、微波 /PMS/Fe^{2+} 三种降解体系中，微波 /PMS/Fe^{2+} 能显著提高工业场地污染土壤中 PMS 的降解率，可将单独微波条件下 20% ~ 28% 的 PAHs 降解率提升至 51% ~ 71%。

（2）微波功率、PMS 初始浓度、Fe^{2+} 初始浓度对实际土壤中的 PAHs 降解有重要影响。初始 Fe^{2+} 浓度≤ 5 mM、PMS 浓度≤ 200 mM 时，降解率随浓度升高而提高；微波功率升高（350 ~ 700 W）时 PAHs 的降解率随之升高。

（3）添加 5 mL 的 5 mM Fe^{2+} 和 200 mM PMS 于 25 ℃恒温摇床 180 rpm 下反应 4 h，700 W 微波辐照 8 min 后，降解效果最佳，实际污染土壤中 PAHs 的降解率最高达 94.91%，其中 BaP、PHE、FLT 和 PTR 的降解率分别为 94.91%、61.54%、64.90% 和 66.98%。

4　参考文献

[1] 吴隽雅，李昌儒. 城市“退二进三”调整规划及其社会生态影响分析 [J]. 南京工业大学学报（社会科学版），2020，19（1）：69–79，112.

[2] DUAN Y H, SHEN G F, TAO S, et al. Characteristics of Polycyclic Aromatic Hydrocarbons in Agricultural Soils at a Typical Coke Production Base in Shanxi，China[J]. Chemosphere, 2015，127：64–69.

[3] 曹云者，柳晓娟，谢云峰，等. 我国主要地区表层土壤中多环芳烃组成及含量特征分析 [J]. 环境科学学报，2012，32（1）：197–203.

[4] 尚庆彬，段永红，徐立帅，等. 我国表层土壤中的多环芳烃 [J]. 农村环境学报. 2019，35（7）：917–924.

[5] THORSEN W, COPE W, DAMIAN S. Bioavailability of PAHs：Effects of Soot Carbon and PAH Source[J]. Environmental Science & Technology, 2004，38（7）：2029–2037.

[6] 彭华，王维思. 河南省典型农业区域土壤中多环芳烃污染状况研究 [J]. 中国环境监测，2009，25（2）：61–62，68.

[7] CHEN C, SHEN J M, YANG L, et al. Identification of Structural Properties Influencing the Metabolism of Polycyclic Aromatic Hydrocarbons by Cytochrome P450 1A1[J]. Science of The Total Environment, 2021. 758: 143997.

[8] 杨进总. 土壤环境质量 – 建设用地土壤污染风险管控标准解决方案及对策 [C]. 中国土壤学会土壤环境专业委员会第二十次会议暨农田土壤污染与修复研讨会摘要集，2018.

[9] 赵涛，马刚平，周宇，等. 多环芳烃类污染土壤热脱附修复技术应用研究 [J]. 环境工程，2017，35（11）：178–181.

[10] 夏天翔，姜林，魏萌，等. 焦化厂土壤中 PAHs 的热脱附行为及其对土壤性质的影响 [J]. 化工学报，2014，65（4）：1470–1480.

[11] Hinchee R E, Dahlen P R, Johnson P C, et al. 1,4-Dioxane Soil Remediation Using Enhanced Soil Vapor Extraction:

I. Field Demonstration[J]. Groundwater Monitoring & Remediation, 2018，38（2）：40–48.
[12] Albergaria, Alvim–Ferraz, Delerue-Matos. Remediation of Sandy Soils Contaminated with Hydrocarbons and Halogenated Hydrocarbons by Soil Vapor Extraction[J]. Journal of Environmental Management, 2012，104：195–201.
[13] LEE, Jeong. Removal of non-aqueous phase liquids (NAPLs) from TPH Saturated Sandy Aquifer sediments using in Situ Air Sparging Combined with Soil Vapor Extraction[J]. Journal of Environmental Science and Health. Part A, Toxic/ Hazardous Substances & Environmental Engineering, 2018，53（14）：1253–1266.
[14] JIA H, Zhao J, FAN X, et al. Photodegradation of Phenanthrene on Cation-modified Clays Under Visible Light[J]. Applied Catalysis B: Environmental, 2012：43–51.
[15] WANG J, LUO Z, SONG Y, et al. Remediation of Phenanthrene Contaminated Soil by g–C_3N_4/Fe_3O_4 Composites and Its Phytotoxicity Evaluation[J]. Chemosphere, 2019. 221：554–562.
[16] Nguyen, Thi LAP, Le QV, et al. Tailored Photocatalysts and Revealed Reaction Pathways for Photodegradation of Polycyclic Aromatic Hydrocarbons (PAHs) in Water, Soil and Other Sources[J]. Chemosphere, 2020，260：127529.
[17] Hahladakis JN, Lekkas N, Smponias A, et al. Sequential Application of Chelating Agents and Innovative Surfactants for the Enhanced Electro Remediation of Real Sediments from Toxic Metals and PAHs[J]. Chemosphere, 2014，105：44–52.
[18] 张慧慧，宋学勇，张忠智，等. 石油污染土壤的生物电化学修复技术及其关键因素 [J]. 化学与生物工程，2018，35（7）：1–5.
[19] Iglesia, Sanromán, Pazos. Surfactant-enhanced Solubilization and Simultaneous Degradation of Phenanthrene in Marine Sediment by Electro–Fenton Treatment[J]. Industrial & Engineering Chemistry Research, 2014，53（8）：2917–2923.
[20] Ding Y, Zhu L, Wang N, et al. Sulfate Radicals Induced Degradation of Tetrabromobisphenol A with Nanoscaled Magnetic $CuFe_2O_4$ as a Heterogeneous Catalyst of Peroxymonosulfate[J]. Applied Catalysis B: Environmental, 2013，129：153–162.
[21] Timofeeva. In–a–syringe Surfactant-assisted Dispersive Liquid–liquid Microextraction of Polycyclic Aromatic Hydrocarbons in Supramolecular Solvent from Tea Infusion[J]. Talanta, 2021，224：121888.
[22] Mendes K, Maset BA, Mielke KC, et al. Phytoremediation of Quinclorac and Tebuthiuron–polluted Soil by Green Manure Plants[J]. International Journal of Phytoremediation, 2021，23（5）：474–481.
[23] Khan Z, Roman D,Kintz T,et al. Degradation, Phytoprotection and Phytoremediation of Phenanthrene by Endophyte Pseudomonas Putida, PD1[J]. Environmental Science & Technology, 2014，48（20）：12221–12228.
[24] Chen S, Zhou Z Y, Tsang DCW, et al. Glomalin–related Soil Protein Reduces the Sorption of Polycyclic Aromatic Hydrocarbons by Soils[J]. Chemosphere, 2020，260：127603.
[25] Wang T, Su D, Wang X, et al. Adsorption-degradation of Polycyclic Aromatic Hydrocarbons in Soil by Immobilized Mixed Bacteria and Its Effect on Microbial Communities. Journal of Agricultural and Food Chemistry[J]. 2020，68（50）：14907–14916.
[26] Souza, Benetti, Sauer E, et al. Decontamination of Pure and Ethanol/Gasoline–contaminated Soil by Fenton–like Process[J]. Water, Air, & Soil Pollution. 2018，229（4）：105.
[27] Brown, Barton, Thomson, Permanganate Oxidation of Sorbed Polycyclic Aromatic Hydrocarbons[J]. Waste Management (Elmsford), 2003，23（8）：737–740.
[28] Wu J, Jiang Y, Ye Z, et al. Comparison Between Continuous and Intermittent Ozonation for Remediation of Soils Contaminated with Polycyclic Aromatic Hydrocarbons[J]. International Journal of Environmental Science and Technology, 2015，12（11）：3457–3462.
[29] Peng H, Xu L, Zhang W, et al. Different Kinds of Persulfate Activation with Base for the Oxidation and Mechanism of BDE209 in a Spiked Soil System[J]. Science of The Total Environment, 2017，574：307–313.
[30] Sun Y, Niu W, Hu X, et al. Oxidative Degradation of Polycyclic Aromatic Hydrocarbons in Contaminated Industrial Soil Using Chlorine Dioxide[J]. Chemical Engineering Journal, 2020，394：124857.
[31] 张羽，高春阳，陈昌照，等. 零价铁活化过硫酸钠体系降解污染土壤中的多环芳烃 [J]. 环境工程学报，2019，13（4）：955–962.
[32] 代朝猛，刘仟，段艳平，等. 活化过一硫酸盐技术降解环境有机污染物的研究进展 [J]. 环境科学研究 2022，35（1）：141–149.
[33] Lai X, Ning X A, Chen J, et al. Comparison of the Fe^{2+}/H_2O_2 and Fe^{2+}/PMS Systems in Simulated Sludge: Removal of PAHs, Migration of Elements and Formation of Chlorination By–products[J]. Journal of Hazardous Materials, 2020，398：122826.
[34] ANIPSITAKIS G P, DIONYSIOU D D. Radical Generation by the Interaction of Transition Metals with Common Oxidants[J]. Environ Sci Technol, 2004，38（13）：3705–3712.

责任编辑　于佳雪（收到修改稿日期：2024-03-25）

催化氧化降解挥发性有机物研究进展

The Research Progress on Catalytic Oxidation for Removal of Volatile Organic Compounds (VOCs)

韩金峰[1] 解 玉[2] 周喜宝[2*] 王 彪[2] 张胜东[2] 朱姿霖[2] 韩小乐[2]（1. 金日成综合大学地球环境科学系，平壤 999093；2. 山东省淄博市生态环境局周村分局，淄博 255300）

Han Geumbong[1] Xie Yu[2] Zhou Xibao[2*] Wang Biao[2] Zhang Shengdong[2] Zhu Zilin[2] Han Xiaole[2]
(1. Department of Geo-environmental Science, Kim Il-sung University, Pyongyang 999093; 2. Zhoucun Branch of Zibo Municipal Bureau of Ecology and Environment, Zibo 255300)

摘要 系统论述了贵金属催化剂、非贵金属催化剂、钙钛矿催化剂和双功能吸附-催化剂对 VOCs 的催化氧化特性及催化燃烧机理、催化剂失活和再生等最新研究进展。

关键词：挥发性有机物 (VOCs) 催化燃烧 催化剂 失活 再生

Abstract Properties of catalysts including noble metal, non-noble metal, perovskite, and bifunctional reagents of adsorption-catalysis for the catalytic oxidation of volatile organic compounds (VOCs) are comprehensively reviewed. Additionally, the latest developments in catalytic combustion mechanism, catalyst deactivation and regeneration, and etc. are presented.

Key words: Volatile organic compounds (VOCs) Catalytic combustion Catalyst Deactivation Regeneration

挥发性有机化合物（Volatile Organic Compounds，VOCs）是工业过程排放的主要气体污染物，不仅对人类和动植物有极大危害，还是大气中二次有机气溶胶的主要组成部分[1]。目前国内外主要 VOCs 排放来自涂料和油墨制造、黏合剂和合成树脂制造等领域，占总排放量的 80% 以上。工业源 VOCs 主要包括苯、甲苯、二甲苯等芳香烃类化合物，以及醇类和酯类等其他有机化合物。其中，苯系物由于含有苯环，具有共振能量高、稳定性好且形成 σ 键的特点，相对难以氧化。此外，由于分子量大，氧化过程中容易在催化剂孔道上产生碳沉积，易引起催化剂失活[2-3]。

为了实现达标排放，工业领域主要使用催化氧化（Catalitic oxidation）、热氧化（Thermal oxidation）、吸附（Adsorption）、吸收（Absorption）、紫外线氧化（UV oxidation）、生物过滤（Bio-filtration）等回收和降解技术处理 VOCs[4]。其中，近年来迅速发展的是蓄热式氧化（Regenerative Temperature Oxidation, RTO）及可以将低浓度的 VOCs 浓缩后处理的再生式催化氧化（Regenerative Catalytic Oxidation, RCO）[5]。催化氧化法在低温（200 ~ 430℃）运行时，能显著降低能耗，且二次污染物（如氮氧化物）排放较少，大部分 VOCs 可以转化为二氧化碳和水蒸气，具有诸多优点。然而，催化剂中毒和热降解等因素影响了 VOCs 的降解效率，且催化剂定期更换的成本较高。因此，提高催化剂效率、抗中毒性和再生性已成为近期研究热点[6-10]。

朝鲜民主主义人民共和国自然科学和社会科学基金项目（编号：1125025）、朝鲜民主主义人民共和国自然科学和社会科学基金会国家优秀青年科学基金项目（编号：Q112675）资助。

第一作者韩金峰，男，1998 年生，2021 年毕业于青岛农业大学大学植物保护系。

* 通信联系人，17860735879@126.com。

VOCs的氧化催化剂大致可以分为贵金属、非贵金属和钙钛矿（Perovskite）三类。贵金属类催化剂主要使用Ag、Au、Pd、Pt等，在低温下对VOCs具有良好的氧化效果，且能高效降解芳香烃。然而，贵金属催化剂成本较高，易受烧结、中毒和氯化等影响失活。非贵金属类催化剂主要使用Ce、Co、Cr、Mn、Ni、Ti、V等，与贵金属类催化剂相比，氧化效率较低，但具有成本低廉、易再生和寿命长等优点。此外，非贵金属催化剂不受形状尺寸限制，且可以制备混合氧化物。由于活性组分与载体间的相互作用类型不同，混合氧化物催化剂展现出不同的反应特性。钙钛矿类催化剂具有ABO_3的结构，根据A、B金属离子的不同种类，表现出不同的氧化活性。因此，通过设计可以制造适用于特定反应的催化剂。然而，钙钛矿催化剂较小的比表面积使其活性容易降低或发生烧结现象，增大其表面积为当前研究的重点之一[3, 11]。

先前与VOCs降解技术相关的大部分研究主要涉及VOCs氧化催化剂（包括贵金属、非贵金属和钙钛矿等）的特性分析、建模和速率论解释，及催化剂的失活和再生等方面[12]。近年来还报告了有关含氯成分的VOCs的催化氧化[12]和吸附剂－催化剂[13]等新型催化氧化反应的研究方向。

按照催化剂的性能、结构特性、失活和再生等将有关VOCs催化氧化处理相关文献进行分类和总结，并对提高催化剂效率、抗中毒性和再生性等热点问题进行分析讨论，最后对催化剂未来研发方向提出建议。

1 VOCs催化氧化反应机理

研究人员对以Pd催化剂为基础的VOCs催化氧化机理进行了广泛探讨，提出了MVK（Mars-van Krevelen）模型（二步氧化还原模型）、L-H（Langmuir-Hinshelwood）模型、E-R（Eley-Rideal）模型等（见表1）[14-21]。MVK模型假设催化剂表面的氧浓度保持恒定，通过反应物分子与催化剂表面氧化部分的相互作用发生反应[22]。L-H模型强调催化剂活性位点上吸附分子之间的表面反应，E-R模型则通过吸附的氧和气相反应物之间的表面反应来解释氧化反应的发生[23]。

通常采用MVK模型描述Pd系催化剂对VOCs的催化氧化反应；应用L-H模型解释对以活性炭为载体的Pd/C催化剂对甲苯（C_7H_8）的氧化；应用E-R模型解释对使用Pd/Al_2O_3催化剂进行的三氯乙烯

表1 不同动力学模型下代表性VOCs的催化氧化

催化剂	VOCs	动力学模型	参考文献
Pd/C	甲苯	L-H	[14]
$Pd/LaBO_3$（B=Co, Fe, Ni, Mn）	氯苯	MVK	[16]
Pd/ZSM-5/MCM-48	苯	MVK	[15]
Pd-Ce/γ-Al_2O_3	甲苯	MVK	[17]
TiO_2/PdW	苯	MVK	[18]
Pd/ZSM-5	苯	MVK	[19]
Pd/HY	甲醇	MVK	[20]
Pd/Al_2O_3	三氯乙烯	E-R	[21]

（C_2HCl_3）催化氧化。综上，每种机理的有效性取决于催化剂配方和VOCs组分。

利用MVK机理进行的VOCs的催化氧化是在催化剂表面的晶格氧原子处发生的，并通过气相中的氧气重新氧化催化剂，以补充晶格氧原子的不足。Menon等利用同位素标记和TAP技术对CuO-CeO_2/Al_2O_3催化剂催化氧化甲苯的反应进行研究。结果表明，在外界环境含有$^{18}O_2$的CeO_2上进行的甲苯催化氧化反应。当CeO_2的晶格氧原子（^{16}O）充足时，甲苯先与晶格氧原子（^{16}O）发生反应产生$C^{16}O_2$。反应生成的$C^{16}O^{18}O$和$C^{18}O_2$，则表明了在反应过程中晶格氧原子（^{16}O）不足时，由气相中的$^{18}O_2$进行补充[24]。

Gómez等采用了类似的方法对$^{18}O_2$和$^{12}C_6H_5{}^{13}CH_3$在Co_3O_4/La-CeO_2催化剂中的催化氧化反应进行了研究。结果表明，甲苯催化氧化反应通过MVK机理进行，晶格氧和吸附氧都参与了甲苯的催化氧化反应，吸附氧的作用是激活甲苯中的C—H键。甲苯催化氧化反应主要包括以下步骤：甲苯在催化剂表面的吸附；甲苯通过与吸附氧的脱氢反应被激活；通过晶格氧对激活甲苯进行氧化；通过二氧化碳重新氧化还原催化剂。基于Ce的催化剂在VOCs的催化氧化反应中，根据活性位点的不同，可能会沿不同途径发生反应[25]。

Wang等使用傅里叶变换红外光谱（FT-IR）和微拉曼光谱法（Micro-Raman Spectroscopy）研究了甲苯的催化氧化反应。结果表明，甲苯在CeO_2和AuO_x/CeO_2催化剂表面的吸附类似，并且其芳香环结构不稳定并未完全氧化。在VO_x/CeO_2催化剂中，甲苯吸附在VO_x的Brónsted酸位上，形成碳正离子（$C_7H_7^+$），并生成苯甲醛（C_7H_6O）、一氧化碳（CO）等产物[26]。

除此之外，利用 H_2-TPR 和 CO-TPR 的 TPR 方法进行机理分析，可以确定催化剂的反应性和晶格氧的可还原性。Alessandro 等观察到＞700℃时，晶格氧受高温影响而减少[27]。同时，Mao 等研究表明，Au 的添加使催化剂表面温度降低了 140℃，增加了催化剂的可还原性，从而增加了氢气消耗量。此外，Au 削弱了催化剂中 Ce-O 键的结合，从而提高了催化剂表面晶格氧的运动性，增加了对 VOCs 的催化氧化反应活性[28]。

2 VOCs 氧化催化剂

2.1 贵金属系催化剂

用于 VOCs 催化氧化的贵金属系催化剂主要包括 Ag、Au、Pd、Pt 等，在苯系物处理中表现出很高的活性，并具有操作温度低的优点。

2.1.1 银（Ag）系催化剂

一般而言，在 250～350℃范围内，各种催化剂均可实现对 VOCs 完全氧化。但与其他贵金属或过渡金属催化剂相比，Ag 基催化剂的苯系物氧化能力较差。

Baek 等使用 HY- 沸石作为载体制备了 Ag 基催化剂，发现随着 Ag 含量增加，催化剂中 Ag 纳米颗粒数量也增加，同时催化活性也呈现升高趋势[29]。但亦有研究者认为，过量 Ag 使得催化剂的晶体尺寸增大，比表面积和孔隙容积减小，反而限制了活性位点的数量[30]。

Zhou 等采用浸渍法在 cordite 单体上沉积 Cu-Mn-Ag 制备催化剂，并评估其对甲苯的催化氧化性能。催化剂活性在 Ag 含量为 21.2%（重量百分比，即 Ag：Cu：Mn = 13.8：43.1：43.1）时最高。研究表明，当 Ag 含量较低时，较少活性位点导致催化剂对 VOCs 的降解效率降低；但 Ag 含量过高时，活性物质在单体结构表面堆积，形成效率低下的单体结构，导致降解效率降低。Ag 含量过低或过高都会导致催化剂性能下降[31]。

2.1.2 金（Au）系催化剂

Au 基催化剂具有比 Pd 和 Pt 催化剂更宽的最适反应温度，可在 190～400℃催化氧化降解苯系物[32-36]。使用 Au 基催化剂的优点是不会产生因不完全燃烧而导致积碳。然而，Au 基催化剂也存在如氧交换性低、氧化效率和催化活性降低明显等缺点。研究人员通过开发三维过渡金属复合氧化物提高了 Au 基催化剂的活性和热稳定性[37]。

可以采用沉淀、共沉淀等多种制备方法以提高 Au 基催化剂的分散性，其中沉积 - 沉淀法可以制备出直径在 4～8 nm 范围内的颗粒[38-39]。少数研究者认为 Au 基催化剂的催化活性受到 Au 颗粒的氧化状态的影响，但大多数研究者认为 Au 的催化活性受颗粒大小、形状、分布等因素影响更为显著[40]。

Li 等使用具有三维孔隙结构的 $LaCoO_3$ 载体，研究了其对甲苯的催化氧化反应特性，并观察到相比于块状 $LaCoO_3$，该载体具有孔径大小均匀、比表面积更大和 Au 颗粒分散性更好的优点[35]。此外，研究表明，如果载体表面存在氧物种，则可以促进氧的活化，对 VOCs 的氧化反应具有积极影响（见表 2）。

表 2 用于 VOCs 催化氧化的负载型 Au 基催化剂

催化剂	载体	VOCs	浓度 /（mg/L）	反应温度 /℃	参考文献
3.2%Au	Fe_2O_3	甲苯	28.79	400	[32]
2.5%Au	CeO_2/Al_2O_3	苯	0.87	280	[33]
1.91%Au	Al_2O_3	苯	0.87	290	[33]
5.0%Au	CeO_2	甲苯	28.79	390	[34]
7.63%Au	3DOM $LaCoO_3$	甲苯	4.11	190	[35]
3%Au	CeTi	甲苯	0.41	350	[36]

2.1.3 钯（Pd）系催化剂

Pd 基催化剂相较于 Pt 基催化剂，通常需要更高的反应温度（200～300℃）。研究表明，Pd 催化剂的活性状态是以 Pd^0 的形式存在的，其活性高度依赖于 Pd 的氧化状态，且对其含量有较高的依赖性[41, 42]。Pd 的化学状态是影响 Pd 基催化剂催化活性的重要因素之一，但就其对 Pd 基催化剂催化活性的影响而言，学术界仍存在一些争议。已知具有 Pd^0 氧化状态的金属 Pd，其活性位点数量较多，因此在 VOCs 催化氧化反应中表现高效。对于 Pd/CeO_2、Pd/TiO_2、Pd/Al_2O_3 催化剂，比 Pd^0 具有更高的氧活性，而在 VOCs 催化氧化方面同样表现更为高效[43-45]。然而，金属态的 Pd 在 O_2 存在时，会部分被氧化成 Pd^{2+}，引发 VOCs 的氧化反应。因此，具有 Pd^{2+} 氧化状态的 PdO 也被认为能够像金属 Pd^0 一样作为 VOCs 氧化反应的活性中心。

根据 Dégé 等的研究结果，Pd 基催化剂的活性受 Pd 含量的影响很大，表面积、颗粒大小、分散度、载体等也会对 Pd 基催化剂的活性产生影响。同时，低温下的焦炭生成量因使用不同沸石（Si/Al 比）作为载体而产生不同的结果，在邻二甲苯（1,2-Xylene, C_8H_{10}）的催化氧化中，沸石的Si/Al比越高，焦炭的氧化就越容易发生，邻二甲苯催化氧化降解效率越高。此外，研究表明，增加Pd含量也可抑制焦炭的生成，提高邻二甲苯的催化氧化降解效率[42]（见表3）。

表3　不同氧化态的Pd对VOCs的催化氧化

催化剂	VOCs	Pd的氧化态	参考文献
Pd/CeO_2	丙烯	Pd0	[45]
Pd/TiO_2	甲醛	Pd0	[44]
Pd/Al_2O_3	甲苯	Pd0	[43]
Pd/Co_3AlO	甲苯	Pd0	[46]
Al_2O_3@Pd-CoAlO	甲苯	Pd0	[47]
Pd/ZSM-5/MCM-48	苯	Pd^0, Pd^{2+}	[19]
Pd/SBA-15	苯	Pd^0, Pd^{2+}	[48]
Pd/ZSM-5/KIT-6	三氯乙烯	Pd^0, Pd^{2+}	[49]

Pd基催化剂对甲苯进行催化氧化反应时，相较于Pt基催化剂，其稳定性更高，更适合环状有机化合物的氧化反应[50]。由于催化剂的结构和表面积会影响其催化活性，因此载体对催化剂氧化特性的影响也得到了广泛研究。以活性炭为载体时，其物理和化学特性会影响金属的沉积、分散和气体吸附效率[9]。Giraudon等研究发现，氯苯（Chlorobenzene, C_6H_5Cl）催化氧化反应时，Pd/TiX的催化性能优于Pd/ZrX，因TiO_2载体具有更好的还原性（从Ti^{4+}到Ti^{3+}），从而提高了氧的移动性[51]。Pérez-Cadenas等在间二甲苯（1,3-Xylene, C_8H_{10}）催化氧化反应中发现，Pd催化剂的活性受表面积的影响较大，因此介孔载体的Pd催化剂比微孔载体或单晶载体的具有更高活性[52]（见表4）。

表4　用于VOCs催化氧化的负载型Pd系催化剂

催化剂	载体	VOCs	反应温度/℃	转化率/%	参考文献
Pd-Mn	TiO_2	丙酮	259	100	[53]
Pd	活性炭	间二甲苯	170	100	[52]
Pd	Co_3O_4	邻二甲苯	249	90	[54]
Pd	UiO-66	甲苯	200	100	[55]
Au-Pd	Cr_2O_3	甲苯	165	90	[56]
Pd-Pt	Ce/γ-Al_2O_3	苯	190	95	[57]
Pd-Ce	γ-Al_2O_3	甲苯	200	90	[17]
Pd-W	TiO_2	丙烷	375	100	[58]

与单一催化剂相比，合金纳米催化剂（Alloy Nanocatalysts, ANC）具有双重结构、核壳结构等多种表面结构，多样的表面结构可以增强吸附物质的亲和力，对VOCs催化氧化有升效作用[59-60]。

2.1.4　铂（Pt）系催化剂

Pt基催化剂在150～350℃（操作温度具体取决于反应物的成分和浓度）就可以有很高的苯系物催化氧化反应效率[61-62]。由于Pt基催化剂不与载体发生相互作用，因此浸渍后也可以保持理化性质。载体特性影响Pt基催化剂活性组分的沉积和分散度，决定了催化剂的耐久性和失活性等[63]。

载体会影响Pt基催化剂的分散度，提高催化剂的分散度可以获得更高的催化活性。Aksoylu等通过对活性炭载体进行酸处理或空气氧化，使金属催化剂成分易于结合到氧化位点上，提高了活性相的分散度[64]。通常使用干法而非湿法浸渍将金属催化剂沉积在多孔性载体上以提高沉积速率，阳离子交换将金属催化剂沉积在沸石表面上也是常用方法之一[62]。

与纯CeO_2催化剂相比，Pt/CeO_2催化剂具有更高的氧存储容量、还原性，可以表现出更佳的VOCs催化氧化性能[28, 65-67]。Pt/CeO_2催化剂在低温下对苯、甲苯等VOCs表现出较好的催化氧化能力。与此不同的是，以Al_2O_3-CeO_2为载体的铑（Rh）基催化剂在二氯甲烷（DCM，CH_2Cl_2）的催化氧化反应中表现出比同一载体的Pt基催化剂更出色的性能。然而，在丙烯和甲苯的催化氧化反应中，由于以CeO_2-Al_2O_3为载体的Pt催化剂形成了纳米颗粒，表现出较高的还原性和催化活性（见表5）。

表5　用于VOCs催化氧化的Pt/CeO_2催化剂

催化剂	载体	VOCs	浓度/（mg/L）	反应温度/℃	参考文献
1.3%Pt	23%CeO_2/Al_2O_3	二氯甲烷	121.33	320/375	[65]
1%Pt	10%CeO_2/Al_2O_3	甲苯	82.27	160/220	[66]
1%Pt	CeO_2	苯	2	125/150	[28]
0.2%Pt	CeO_2	甲苯	4.11	138/150	[67]
0.2%Pt	CeO_2	甲苯	4.11	168/190	[67]
0.2%Pt	CeO_2	甲苯	4.11	153/175	[67]

Assal等报道了关于含氯挥发性有机化合物的催化氧化研究。使用Al_2O_3作为载体时，Pt可以在载体上形成＜1.2 nm的微粒，相比于Pt/TiO_2、Pt/CeO_2和Pt/MgO，Pt/Al_2O_3对二氯甲烷表现出更高的催化

活性。同时，Pt/CeO_2 具有较好的还原性和较高的氧活性，生成的反应副产物较少[68]。

2.2 非贵金属系催化剂

相较于贵金属系催化剂，非贵金属氧化物催化剂价格更低，且具有相对令人满意的催化活性，因此应用更为广泛。在非贵金属系催化剂中，金属氧化物催化剂表现出优异的催化活性；单一金属催化剂则相对活性较低，但混合金属氧化物则有与贵金属相当的催化性能。

2.2.1 铈（Ce）系催化剂

由于 Ce 基催化剂出色的氧存储能力，因此有关 Ce 基催化剂的添加剂、载体以及单一 / 复合氧化物的研究较多[69]。Tang 等对 MnO_x–CeO_2 和 Cu/MnO_x–CeO_2 催化剂进行了研究，结果表明，与纯 CeO_2 催化剂相比，前述两种催化剂在较低的温度下就可以表现出较高的催化氧化反应活性[70]。据报道，添加 Cu 可以促进晶格氧的迁移以提高催化活性[71]，而添加 Mn 可以帮助维持孔隙结构并抑制晶体在催化剂表面生长，延长催化剂使用时间[72]。

Saqer 等对以氧化铝为载体的 CeO_2/Al_2O_3 催化剂进行了研究。结果表明，低温下该型催化剂对于甲苯的催化氧化反应虽具有一定的活性，但转化率不高，要完全氧化甲苯需要更高的温度[69]。此外，通过混合 Cu–Ce、Mn–Ce 等金属氧化物，可以显著降低催化剂的活性温度，从纯 CeO_2 催化剂的 450℃降低到 325 ~ 350 ℃。Azalim 等研究了 $Zr_{0.4}Ce_{0.6-x}Mn_xO_2$ 型催化剂，并通过增加 Mn 含量的方式，改善了催化剂的结构性氧化 / 还原特性。然而，Mn 过量时，由于 Ce^{4+}/Ce^{3+} 和 Mn^{4+}/Mn^{3+} 之间的反应速率差异，催化剂的活性将发生下降[73]。

近年来，关于 CeO_2 催化剂的研究主要集中在其纳米颗粒的大小和几何结构上。CeO_2 纳米颗粒催化剂比普通 CeO_2 催化剂具有更高的氧气储存能力（oxygen storage capacity，OSC），其反应性依赖于暴露的晶面[74]。此外，催化剂表面的原子排列方式和缺陷位点不仅影响还催化剂表面氧的吸附和解离，会影响氧气在催化剂内部微孔中的吸附和储存。

各种形状的 CeO_2 纳米颗粒（1D 棒状、2D 平板、3D 立方体和多面体）具有不同特性[75–77]。CeO_2 纳米棒（1D）主要由（110）和（100）晶面构成，每克可存储 550 μmol 的氧。而纳米平板（2D）和纳米立方体（3D）的非表面积相似，都具有相同的（100）晶面暴露，但是纳米平板的氧存储容量为 461 μmol/g，比纳米立方体的 353 μmol/g 大得多（见表 6）。

不同结构下 CeO_2 催化剂的活性也略有不同。相对于其他催化剂，CeO_2 纳米棒的活性最高。CeO_2 纳米棒中的氧空位（9.4%）比 CeO_2 纳米立方体（8.8%）更多，是造成其活性更高的主要原因之一[82]（见表 7）。

表 6 各种形状的 CeO_2 催化剂的暴露晶面、氧存储能力（OSC，CO–OSC 法）和 BET 比表面积（SBET）

形状	暴露晶面	SBET/（m^2/g）	OSC/（μmol，O/g）	OSC/SBET/（μmol，O/m^2）	参考文献
纳米颗粒	（111）	75	186	2.5	[77]
纳米平板	（100）	32	461	14.4	[76]
纳米棒	（110）+（100）	60.8	554	9.1	[75]
纳米立方体	（100）	33.2	353	10.6	[75]
纳米多面体	（111）+（100）	62.8	318	5.1	[75]

表 7 不同形态的 CeO_2 催化剂及其 VOCs 催化氧化性能

形态	BET/（m^2/g）	VOCs	浓度 /（mg/L）	T_{50} & T_{90}/℃	参考文献
纳米颗粒	–	甲苯	197.44	＞260	[67]
纳米颗粒	75.0	邻二甲苯	284.38	222&275	[78]
纳米立方体	76.9	二氯甲苯	431.33	220&241	[78]
纳米棒	88.2	邻二甲苯	284.38	195&240	[79]
纳米立方体	21	1,2– 二氯乙烷	66.27	235&300	[79]
纳米棒	56	1,2– 二氯乙烷	66.27	158&250	[80]
纳米片	–	1,2– 二氯乙烷	66.27	212&262	[81]
微球	69	甲苯	246.80	220&240	[81]

2.2.2 铬（Cr）系催化剂

研究表明，基于铬（Cr）的催化剂在含有氯元素的VOCs的催化氧化反应中表现出优异的性能。Krishnamoorthy等观察到使用基于铬的催化剂在二氯苯（dichlorobenzene, $C_6H_4Cl_2$）的催化氧化反应中具有较高活性[83]。Bertinchamps等指出，负载于TiO_2载体上的CrO催化剂在含氯VOCs的催化氧化反应中表现出优异的性能，表明TiO_2载体的特性和CrO催化剂成分的分散性对催化活性产生了共同的积极影响[84]。特别需要指出的是，尽管Cr系催化剂催化性能优异，但因Cr元素对人体的高毒性及废弃后可能引发的严重环境问题，近年来已被各国逐步限制使用。

2.2.3 锰（Mn）系催化剂

Mn系催化剂也常被用于含氯VOCs的催化氧化反应，其中，$MnO_x/TiO_2-Al_2O_3$表现出最高的催化活性[84-86]。Liu等研究指出，使用TiO_2作为载体时，MnO_x催化剂对氯代苯的去除率为62%，而使用$MnO_x/TiO_2-Al_2O_3$催化剂，可将350℃时氯代苯的去除率提高至97%。通过XPS分析了氯（Cl）对Mn系催化剂活性的影响，随着反应进行，氯化Mn活性物种被发现并部分存在于催化剂内部结构中，同时反应没有生成副产物。因此，Mn系催化剂在氯化状态下更加稳定。此外，评估了TiO_2、Al_2O_3、SiO_2等不同载体对MnO_x催化剂性质的影响，发现$MnO_x-Al_2O_3$强烈的相互作用导致催化剂还原性降低，活性相对较低[86]。

Zhou等对以活性炭为载体制备的Co-Mn系催化剂进行了苯和乙基苯的催化氧化反应特性评估。350℃时苯的氧化转化率低于10%，而乙基苯的氧化转化率超过90%，Co-Mn系催化剂表现出类似贵金属系催化剂的氧化性能[87]。

另外，Mn_xCe_{1-x}催化剂的催化活性受还原温度影响，催化剂的活性高度依赖Mn^{3+}和Mn^{4+}浓度，在存在Mn^{3+}时表现出较高活性[72]。Kim研究发现，通过添加钾（K）、钙（Ca）、镁（Mg）等协同催化剂到Mn基催化剂中，可以降低氧化温度[88]。协同催化剂的添加增加了MnO_x的结合能量，增加了Mn表面的氧空位或羟基数量，提高了MnO_x的催化剂活性。当添加锆（Zr）作为协同催化剂时，MnO_x催化剂对所有苯系物成分的催化活性都有所增强；同时，$Mn_{0.4}Zr_{0.6}O$催化剂对于1,2-二氯乙烷和三氯乙烯可以实现完全的催化氧化[89]。此外，Cu的添加改变了Mn的晶体结构，增加的氧空位和晶格氧迁移性提高了催化剂活性[70]。

2.2.4 钒（V）系催化剂

V系催化剂也常用于含氯VOCs的催化氧化反应。在V_2O_5/TiO_2催化二氯苯氧化的反应中，约470℃时二氯苯的转化率可以达到90%以上[83, 90]。即使在V系催化剂表面存在氯元素，也不会对其活性产生显著影响（不会发生中毒现象），并且由于V-Cl键的结合能很低，氯元素可以轻松去除。但是，由于V系催化剂在碳平衡方面性能差，会生成40%～45%的CO副产物，因此需要研究如何抑制CO生成。

Krishnamoorthy等利用苯的催化氧化反应进行了V系催化剂载体的特性分析研究，结果表明，不同载体导致的催化剂分散度差异影响了活性，VO_x/TiO_2比VO_x/Al_2O_3和VO_x/SiO_2的催化活性更高。使用亲油性载体时，V系催化剂对含氯挥发性有机化合物有更优异的催化氧化反应性能，但仍需考虑生成CO作为副产物的情况[83]。

2.3 钙钛矿催化剂

近年来，为了减少CO、NO_x、VOCs等环境污染物的排放，非贵金属混合氧化物催化剂和钙钛矿催化剂的研究不断深入，人们越来越关注开发成本低、高温下稳定、无次生污染的催化剂[91-92]。

钙钛矿（$CaTiO_3$）通常具有面心立方的晶体结构[93]和较大的比表面积，可以通过替代或调节ABO_3结构中A和B的位置或氧含量来提高催化剂的活性。通常，钙钛矿催化剂使用$A_1A_2B_1B_2O_3$的方式制备，其中A_1是镧系元素，A_2是碱土金属，B_1和B_2是过渡金属[94]。此外，为了增加钙钛矿催化剂的比表面积，可采用共沉淀法和溶胶-凝胶法[95]。

在针对镧（La）基钙钛矿催化剂的研究中，使用$LaCoO_3/Ce_{0.9}Zr_{0.1}O_2$（20 wt%）催化剂对苯进行完全催化氧化反应只需要将温度升至350℃，而对于甲苯，则需要升至450℃才能实现完全催化氧化[96]。Huang等使用$La_{0.8}Cu_{0.2}MnO_3$和$La_{0.8}Sr_{0.2}MnO_3$等催化剂对含有十二烷硫醇（Dodecyl mercaptan，$C_{12}H_{26}S$）的甲苯进行催化氧化反应，结果表明，该反应不仅转化率较低（20%～30%）还会有副产物$CuSO_4$、$SrSO_4$、SO_2生成[97]。

Hosseini等以Cu、Cr和Mn为基础合成了钙钛矿催化剂，比表面积15～11.3 m^2/g。与一般的四面体结构的$LaCoO_3$钙钛矿催化剂不同，$LaCrO_3$具有非常稳定的晶体结构，但由于Cr^{3+}离子的存在，其还原性很差。基于Mn的$LaMn_xCo_{1-x}O_3$催化剂，在

400℃时对甲苯的去除率达 99%[95]。

钙钛矿催化剂具有高活性、高选择性、耐久性和抗毒性优良等特点，通过使用不同载体，可以改善钙钛矿催化剂的表面特性并提高其热稳定性。

2.4 双功能吸附 - 催化剂

相较于以上催化剂，双功能吸附 - 催化剂在成本角度更有竞争力。VOCs 首先吸附在载体表面，通过升温可以再生作为吸附剂的载体，并通过催化氧化反应对 VOCs 进行去除。由于载体的吸附特性与催化剂的活性同样重要，因此研究人员一直在研究如何改进吸附剂的表面积、孔隙大小和分布、表面形态等特性，以增加吸附量并提高催化活性 [96]。

Urbutis 和 Kitrys 制备的 CuO–CeO_2/Na*x* 催化剂在苯、甲苯和二甲苯的催化氧化反应中表现出强烈的放热效应（导致反应升温至 550℃），催化剂对苯、甲苯和二甲苯的去除率分别达到 99.3%、99.8% 和 77.5%[6]。Roland 等通过利用无线射频（RF）能量制备了 Pt–NaY 催化剂，在 375℃下可将苯完全氧化为 CO_2 和 H_2O[13]。Brazlauskas 和 Kitrys 使用 CuO/ 沸石催化剂进行醇类化合物的催化氧化反应研究，发现反应＞ 280℃时不会产生副产物（如丙醛、丙烷、丙烯、丙二醇、二甲基酮等）[98]。Kolade 等制备了支撑在活性炭上的 Pd 催化剂，以单体结构形式用于乙烷的催化氧化。结果表明，支撑在活性炭上的 Pd 吸附催化剂具有高比表面积、低压降和微粒传递阻力小等特性，具有较高的活性 [99]。

为了保持吸附 - 催化剂的活性，需创设以下环境：首先，因 VOCs 易在高温下从多孔性基质中释放出来导致吸附效率降低，在初始运行阶段应尽可能降低催化剂内部的温度，使多孔性基质能够吸附尽可能多的 VOCs。其次，为提高 VOCs 的催化效率并再生多孔性基质的吸附性能，需提高反应温度，但必须确保不会释放 VOCs。因此，应进一步开展相关研究，以制备具有上述特点的吸附 - 催化剂。

3 催化剂的失活与再生

3.1 催化剂的中毒和失活

氧化催化剂的失活可能以焦炭的碳沉积、氯 / 氮 / 硫元素的毒化和热熔堵塞等方式发生。焦炭沉积在催化剂的孔隙和表面上，酸性催化剂通过氢传递，双功能催化剂通过吸附的烃的脱氢、缩合等反应来促成焦炭的生成 [100]。此外，有报道指出，残留在催化剂上的焦炭由于其强吸附性和低挥发性，很难从气体反应中挥发出来，在液相反应中的溶解度也较低 [101]。许多研究表明，焦炭生成导致活性位点中毒和孔隙堵塞会对催化剂活性产生恶劣影响。此外，催化剂上酸性位点的数量越多，焦炭越易生成 [102]。Dege 等使用 Pd/HFAU 催化剂研究了二甲苯的催化氧化反应，发现酸性位点数量较少时焦炭生成速度减慢，氧化反应速度加快 [42]。Wang 等使用具有介孔结构的 SiO_2 作为载体制备了 Pt–Pd 催化剂，并通过平衡载体和催化剂的酸性位点、活性位点和焦炭生成量之间的关系，避免了甲苯催化氧化反应中焦炭的生成 [103]。

含氯挥发性有机化合物也可能导致催化剂失活。在 VOCs 氧化过程中，氯元素的吸附会导致催化剂金属活性位点减少和孔隙堵塞现象的发生，从而降低催化剂对目标反应物的化学吸附能力 [104]。Aranzabal 等在 400℃以下使用 Pd/Al_2O_3 对二氯乙烷气体进行催化氧化反应研究时，确认了通过 Deacon 反应生成 Cl_2 的情况 [105]。Cao 等的研究表明，在使用 Ph/TiO_2 对二氯甲烷进行催化氧化时，氯元素被吸附在催化剂上，改变了催化剂的化学特性并形成不活性物种，降低了催化剂的活性 [106]。Zhang 等的研究结果表明，以三维结构的 CeO_2 作为载体的 Au–Pd 催化剂，在三氯乙烯的催化氧化反应中对氯的稳定性和耐久性较好 [107]。

此外，含有氮（N）的挥发性有机化合物会生成有毒物质（如 HCN、NO、N_2O、NH_3 等），使催化剂失活；而含有硫成分时，硫会覆盖催化剂表面的活性位点，导致催化剂活性降低 [108]。

据研究，贵金属催化剂虽然在 VOCs 的催化氧化反应中表现出较高的活性，但焙烧导致催化剂表面积减少以及物理或化学性质的变化可能导致失活 [108]，且无法再生。为了克服这一问题，Wu 等采取了在沸石晶体内固定贵金属纳米颗粒或金属氧化物的方式以防止活性物质聚集 [109]。

3.2 催化剂的再生

一般来说，可逆失活的催化剂可以通过热处理、化学再生、剥离或通过供气进行再生 [23, 110–111]。然而，形成挥发性氧化氯金属化合物（MO_xCl_{2y}）等可能导致活性相的挥发，引发非可逆性失活 [112]。

Zhang 等使用 $LaMnO_3$ 钙钛矿催化剂进行了酸化和再生的循环实验，再生后由于表面 Mn^{4+} 浓度的降低，催化剂表面的氧空位减少，导致表面氧迁移性和吸附氧浓度下降。可见，催化剂表面氧的迁移性受到抑制，降低了气相氧的活化能力，催化剂在再生后的活性降低[110]。另外，Oliveira 等使用浸渍 Cr 的蒙脱土催化剂，在氯苯和苄醇的催化氧化反应中发现，Cr 会与 HCl、Cl_2 等反应生成挥发性化合物 CrO_2Cl_2，从而导致活性物种的损失[113]。Cao 等研究了 Pt/TiO_2、Pd/TiO_2、Ru/TiO_2 等催化剂对二氯甲烷的催化氧化反应，发现氯元素被吸附在催化剂表面，导致活性中心的化学结构和组成发生变化，并生成 $PdCl_2$、$PdCl_4$、$PtCl_4$ 等非活性氯化物[106]。

VOCs 的氧化催化剂的再生可行性取决于非活性化的可逆性。非活性化的不可逆因素包括活性相的挥发、活性中心的物理或化学变化等；可逆性因素则包括氯化、焙烧、碳沉积等。可逆性因素导致的非活性化可以通过热处理或化学方法再生。再生时，水分存在有助于去除积碳和氯化物，因此湿润空气对催化剂再生更有利[114]。

4 结论

氧化催化剂在去除各种工业过程排放的挥发性有机物方面已被证明有效并得到广泛应用。研究人员开发了各种类型的催化剂，包括贵金属系、非贵金属系、钙钛矿和双功能吸附催化剂等。VOCs 氧化催化剂的活性主要受到活性元素和载体性质影响，颗粒大小、孔隙结构、比表面积和酸碱性等因素也会影响催化效率。近年来的研究还探讨了含氯 VOCs 的催化氧化反应，及如何克服氯导致的催化剂失活。尽管低温 VOCs 的催化剂的设计已取得显著进展，但仍存在困难和挑战，如不同 VOCs 成分催化剂的开发、减少焦炭生成、氯或硫导致的催化剂失活等。因此，除了提高 VOCs 去除效率外，还需要进一步研究 VOCs 成分与催化剂的相互作用以及催化剂的失活机制。

5 致谢

所有作者衷心感谢郭存亿先生、李国梁先生和马超先生对本研究的悉心指导和宝贵建议。在本综述论文的资料搜集阶段，边文轩博士和平尾雅代博士给予了无私的协助和宝贵的建议，对他们表示深深的感谢。本研究得到了朝鲜民主主义人民共和国自然科学和社会科学基金会的资助，在此表示诚挚的感谢。

6 参考文献

[1] BERENJIAN A, CHAN N, MALMIRI H J. Volatile organic compounds removal methods: A review[J]. American Journal of Biochemistry and Biotechnology, 2012, 8（4）: 220–229.

[2] LEE J, SONG H, LEE S, et al. Catalytic oxidation of toluene over Pd-activated alumina catalysts at low temperature[J]. Journal of Oil & Applied Science, 2012, 29（2）: 339–347.

[3] YANG Y, WANG G, FANG D, et al. Study of the use of a Pd–Pt-based catalyst for the catalytic combustion of storage tank VOCs[J]. International Journal of Hydrogen Energy, 2020, 45（43）: 22732–22743.

[4] OJALA S, KOIVIKKO N, LAITINEN T, et al. Utilization of volatile organic compounds as an alternative for destructive abatement[J]. Catalysts, 2015, 5（3）: 1092–1151.

[5] SCHENK E, MIEOG J, EVERS D. Fact sheets on air emission abatement techniques [M]. DHV BV: Amersfoort, The Netherlands, 2009.

[6] URBUTIS A, KITRYS S. Dual function adsorbent-catalyst $CuO-CeO_2/NaX$ for temperature swing oxidation of benzene, toluene and xylene[J]. Central European Journal of Chemistry, 2014, 12（4）: 492–501.

[7] LI W B, WANG J X, GONG H. Catalytic combustion of VOCs on non-noble metal catalysts[J]. Catalysis Today, 2009, 148（1）: 81–87.

[8] HUANG S, ZHANG C, HE H. In situ adsorption-catalysis system for the removal of o-xylene over an activated carbon supported Pd catalyst[J]. Journal of environmental sciences, 2009, 21（7）: 985–990.

[9] HU C. Catalytic combustion kinetics of acetone and toluene over $Cu_{0.13}Ce_{0.87}O_y$ catalyst[J]. Chemical Engineering Journal, 2011, 168（3）: 1185–1192.

[10] ARANZABAL A, PEREDA A, GONZáLEZ M, et al. State of the art in catalytic oxidation of chlorinated volatile organic compounds[J]. 2014, 68（9）: 1169–1186.

[11] BANG Y, SEO J, LEE G, et al. Low-temperature oxidation of odor compounds over la-based perovskite catalyst[J]. Korean Chemical Engineering Research, 2011, 49（2）: 168–174.

[12] LI C, ZHAO Y, SONG H, et al. A review on recent advances in catalytic combustion of chlorinated volatile organic compounds[J]. Journal of Chemical Technology & Biotechnology, 2020, 95（8）: 2069–2082.

[13] ROLAND U, KRAUS M, HOLZER F, et al. Selective dielectric heating for efficient adsorptive-catalytic cleaning of contaminated gas streams[J]. Applied Catalysis A: General, 2014, 474: 244–249.

[14] BEDIA J, ROSAS J M, RODRíGUEZ-MIRASOL J, et al. Pd supported on mesoporous activated carbons with high oxidation resistance as catalysts for toluene oxidation[J]. Applied Catalysis B: Environmental, 2010, 94（1）: 8–18.

[15] HE C, LI P, CHENG J, et al. A comprehensive study of deep catalytic oxidation of benzene, toluene, ethyl acetate, and their mixtures over Pd/ZEM-5 catalyst: mutual effects and kinetics[J]. Water, Air, & Soil Pollution, 2010, 209（1）: 365–376.

[16] YANG X, WANG A, QIAO B, et al. Single-atom catalysts: a new frontier in heterogeneous catalysis[J]. Accounts of Chemical Research, 2013, 46（8）: 1740–1748.

[17] REN S, LIANG W, LI Q, et al. Effect of Pd/Ce loading on

the performance of Pd-Ce/γ-Al_2O_3 catalysts for toluene abatement[J]. Chemosphere, 2020, 251: 126382.

[18] LIANG Y, LIU Y, DENG J, et al. Coupled palladium-tungsten bimetallic nanosheets/TiO_2 hybrids with enhanced catalytic activity and stability for the oxidative removal of benzene[J]. Environmental Science & Technology, 2019, 53 (10): 5926-5935.

[19] HE C, LI J, LI P, et al. Comprehensive investigation of Pd/ZSM-5/MCM-48 composite catalysts with enhanced activity and stability for benzene oxidation[J]. Applied Catalysis B: Environmental, 2010, 96 (3): 466-475.

[20] JABŁOŃSKA M, KRóL A, KUKULSKA Z, et al. Zeolites Y modified with palladium as effective catalysts for low-temperature methanol incineration[J]. Applied Catalysis B: Environmental, 2015: 353-365.

[21] ARANZABAL A, AYASTUY A, GONZáLEZ M, et al. The reaction pathway and kinetic mechanism of the catalytic oxidation of gaseous lean TCE on Pd/alumina catalysts[J]. Journal of Catalysis, 2003, 214 (1): 130-135.

[22] TIDAHY H L, SIFFERT S, LAMONIER J F, et al. New Pd/hierarchical macro-mesoporous ZrO_2, TiO_2 and ZrO_2-TiO_2 catalysts for VOCs total oxidation[J]. Applied Catalysis A: General, 2006, 310: 61-69.

[23] KAMAL M S, RAZZAK S A, HOSSAIN M M. Catalytic oxidation of volatile organic compounds (VOCs) – A review[J]. Atmospheric Environment, 2016, 140: 117-134.

[24] MENON U, GALVITA V V, MARIN G B. Reaction network for the total oxidation of toluene over CuO-CeO_2/Al_2O_3[J]. Journal of Catalysis, 2011, 283 (1): 1-9.

[25] GóMEZ D M, GALVITA V V, GATICA J M, et al. TAP study of toluene total oxidation over a Co_3O_4/La-CeO_2 catalyst with an application as a washcoat of cordierite honeycomb monoliths[J]. Physical Chemistry Chemical Physics, 2014, 16 (23): 11447-11455.

[26] WANG Q, YEUNG K L, BAñARES M A. Operando Raman-online FTIR investigation of ceria, vanadia/ceria and gold/ceria catalysts for toluene elimination[J]. Journal of Catalysis, 2018, 364: 80-88.

[27] TROVARELLI A. Catalysis by ceria and related materials [M]. World Scientific, 2002.

[28] MAO M, LV H, LI Y, et al. Metal support interaction in Pt nanoparticles partially confined in the mesopores of microsized mesoporous CeO_2 for highly efficient purification of volatile organic compounds[J]. ACS Catalysis, 2016, 6 (1): 418-427.

[29] BAEK S, KIM J, IHM S. Design of dual functional adsorbent/catalyst system for the control of VOC's by using metal-loaded hydrophobic Y-zeolites[J]. Catalysis Today, 2004: 575-581.

[30] KIM S C, RYU J Y. Properties and performance of silver-based catalysts on the catalytic oxidation of toluene[J]. Environmental Technology, 2011, 32 (5): 561-568.

[31] ZHOU J C, WU D F, JIANG W, et al. Catalytic combustion of toluene over a copper-manganese-silver mixed-oxide catalyst supported on a washcoated ceramic monolith[J]. Chemical Engineering & Technology, 2009, 32 (10): 1520-1526.

[32] MINICò S, SCIRè S, CRISAFULLI C, et al. Catalytic combustion of volatile organic compounds on gold/iron oxide catalysts[J]. Applied Catalysis B: Environmental, 2000, 28 (3): 245-251.

[33] CENTENO M A, PAULIS M, MONTES M, et al. Catalytic combustion of volatile organic compounds on Au/CeO_2/Al_2O_3 and Au/Al_2O_3 catalysts[J]. Applied Catalysis A: General, 2002, 234 (1): 65-78.

[34] SCIRè S, MINICò S, CRISAFULLI C, et al. Catalytic combustion of volatile organic compounds on gold/cerium oxide catalysts[J]. Applied Catalysis B: Environmental, 2003, 40 (1): 43-49.

[35] LI X, DAI H, DENG J, et al. Au/3DOM $LaCoO_3$: High-performance catalysts for the oxidation of carbon monoxide and toluene[J]. Chemical Engineering Journal, 2013, 228: 965-975.

[36] BARAKAT T, IDAKIEV V, COUSIN R, et al. Total oxidation of toluene over noble metal based Ce, Fe and Ni doped titanium oxides[J]. Applied Catalysis B: Environmental, 2014, 146: 138-146.

[37] HARUTA M, YAMADA N, KOBAYASHI T, et al. Gold catalysts prepared by coprecipitation for low-temperature oxidation of hydrogen and of carbon monoxide[J]. Journal of Catalysis, 1989, 115 (2): 301-309.

[38] GLUHOI A C, BOGDANCHIKOVA N, NIEUWENHUYS B E. The effect of different types of additives on the catalytic activity of Au/Al_2O_3 in propene total oxidation: transition metal oxides and ceria[J]. Journal of Catalysis, 2005, 229 (1): 154-162.

[39] CENTENO M A, PAULIS M, MONTES M, et al. Catalytic combustion of volatile organic compounds on gold/titanium oxynitride catalysts[J]. Applied Catalysis B: Environmental, 2005, 61 (3): 177-183.

[40] ZHANG X, CORMA A. Supported gold (Ⅲ) catalysts for highly efficient three-component coupling reactions[J]. Angewandte Chemie, 2008, 120 (23): 4430-4433.

[41] GUISNET M, DéGé P, MAGNOUX P. Catalytic oxidation of volatile organic compounds 1. Oxidation of xylene over a 0.2wt% Pd/HFAU(17) catalyst[J]. Applied Catalysis B: Environmental, 1999, 20 (1): 1-13.

[42] DéGé P, PINARD L, MAGNOUX P, et al. Catalytic oxidation of volatile organic compounds: II. Influence of the physicochemical characteristics of Pd/HFAU catalysts on the oxidation of o-xylene[J]. Applied Catalysis B: Environmental, 2000, 27 (1): 17-26.

[43] WENG X, SHI B, LIU A, et al. Highly dispersed Pd/modified-Al_2O_3 catalyst on complete oxidation of toluene: Role of basic sites and mechanism insight[J]. Applied Surface Science, 2019, 497: 143747.

[44] HUANG H, LEUNG D Y C. Complete oxidation of formaldehyde at room temperature using TiO_2 supported metallic Pd nanoparticles[J]. ACS Catalysis, 2011, 1 (4): 348-354.

[45] GIL S, GARCIA-VARGAS J M, LIOTTA L F, et al. Catalytic oxidation of propene over Pd catalysts supported on CeO_2, TiO_2, Al_2O_3 and M/Al_2O_3 oxides (M = Ce, Ti, Fe, Mn)[J]. Catalysts, 2015, 5 (2): 671–689.

[46] LI P, HE C, CHENG J, et al. Catalytic oxidation of toluene over Pd/Co_3AlO catalysts derived from hydrotalcite-like compounds: Effects of preparation methods[J]. Applied Catalysis B: Environmental, 2011, 101 (3): 570–579.

[47] ZHANG Z, JIANG Z, SHANGGUAN W. Low-temperature catalysis for VOCs removal in technology and application: A state-of-the-art review[J]. Catalysis Today, 2016, 264: 270–278.

[48] HE C, LI P, CHENG J, et al. Preparation and investigation of PD/TI-SBA-15 catalysts for catalytic oxidation of benzene[J]. Environmental Progress & Sustainable Energy, 2010, 29 (4): 435–442.

[49] HE C, LI J, ZHANG X, et al. Highly active Pd-based catalysts with hierarchical pore structure for toluene oxidation: Catalyst property and reaction determining factor[J]. Chemical Engineering Journal, 2012, 180: 46–56.

[50] LIU Z, CHEN J, PENG Y. Activated carbon fibers impregnated with Pd and Pt catalysts for toluene removal[J]. Journal of Hazardous Materials, 2013: 49–55.

[51] GIRAUDON J M, NGUYEN T B, LECLERCQ G, et al. Chlorobenzene total oxidation over palladium supported on ZrO_2, TiO_2 nanostructured supports[J]. Catalysis Today, 2008, 137 (2): 379–384.

[52] PéREZ C, MORALES T, KAPTEIJN F, et al. Carbon-based monolithic supports for palladium catalysts: The role of the porosity in the gas-phase total combustion of m-xylene[J]. Applied Catalysis B: Environmental, 2008, 77 (3): 272–277.

[53] ZHAO Q, GE Y, FU K, et al. Catalytic performance of the Pd/TiO_2 modified with MnOx catalyst for acetone total oxidation[J]. Applied Surface Science, 2019, 496: 143579.

[54] WANG Y, ZHANG C, YU Y, et al. Ordered mesoporous and bulk Co_3O_4 supported Pd catalysts for catalytic oxidation of o-xylene[J]. Catalysis Today, 2015, 242: 294–299.

[55] BI F, ZHANG X, CHEN J, et al. Excellent catalytic activity and water resistance of UiO-66-supported highly dispersed Pd nanoparticles for toluene catalytic oxidation[J]. Applied Catalysis B: Environmental, 2020, 269: 118767.

[56] WU Z, DENG J, XIE S, et al. Mesoporous Cr_2O_3-supported Au-Pd nanoparticles: High-performance catalysts for the oxidation of toluene[J]. Microporous and Mesoporous Materials, 2016, 224: 311–322.

[57] CHEN Z, LI J, YANG P, et al. Ce-modified mesoporous γ-Al_2O_3 supported Pd-Pt nanoparticle catalysts and their structure-function relationship in complete benzene oxidation[J]. Chemical Engineering Journal, 2019, 356: 255–261.

[58] TAYLOR M N, ZHOU W, GARCIA T, et al. Synergy between tungsten and palladium supported on titania for the catalytic total oxidation of propane[J]. Journal of Catalysis, 2012, 285 (1): 103–114.

[59] WEI Y, ZHANG X, LIU Y, et al. Ternary PtNiCu self-assembled nanocubes for plasmon-enhanced electrocatalytic hydrogen evolution and methanol oxidation reaction in visible light[J]. Electrochimica Acta, 2020, 349: 136366.

[60] CHEN T, RODIONOV V O. Controllable catalysis with nanoparticles: bimetallic alloy systems and surface adsorbates[J]. ACS Catalysis, 2016, 6 (6): 4025–4033.

[61] ORDóñEZ S, BELLO L, SASTRE H, et al. Kinetics of the deep oxidation of benzene, toluene, n-hexane and their binary mixtures over a platinum on γ-alumina catalyst[J]. Applied Catalysis B: Environmental, 2002, 38 (2): 139–149.

[62] BEAUCHET R, MAGNOUX P, MIJOIN J. Catalytic oxidation of volatile organic compounds (VOCs) mixture (isopropanol/o-xylene) on zeolite catalysts[J]. Catalysis Today, 2007, 124 (3): 118–123.

[63] JOUNG H, KIM J, OH J, et al. Catalytic oxidation of VOCs over CNT-supported platinum nanoparticles[J]. Applied Surface Science, 2014, 290: 267–273.

[64] AKSOYLU A E, MADALENA M, FREITAS A, et al. The effects of different activated carbon supports and support modifications on the properties of Pt/AC catalysts[J]. Carbon, 2001, 39 (2): 175–185.

[65] PITKäAHO S, NEVANPERä T, MATEJOVA L, et al. Oxidation of dichloromethane over Pt, Pd, Rh, and V_2O_5 catalysts supported on Al_2O_3, Al_2O_3-TiO_2 and Al_2O_3-CeO_2[J]. Applied Catalysis B: Environmental, 2013: 33–42.

[66] ABBASI Z, HAGHIGHI M, FATEHIFAR E, et al. Synthesis and physicochemical characterizations of nanostructured Pt/Al_2O_3-CeO_2 catalysts for total oxidation of VOCs[J]. Journal of Hazardous Materials, 2011, 186 (2): 1445–1454.

[67] PENG R, SUN X, LI S, et al. Shape effect of Pt/CeO_2 catalysts on the catalytic oxidation of toluene[J]. Chemical Engineering Journal, 2016, 306: 1234–1246.

[68] EL ASSAL Z, OJALA S, PITKäAHO S, et al. Comparative study on the support properties in the total oxidation of dichloromethane over Pt catalysts[J]. Chemical Engineering Journal, 2017, 313: 1010–1022.

[69] SAQER S M, KONDARIDES D I, VERYKIOS X E. Catalytic oxidation of toluene over binary mixtures of copper, manganese and cerium oxides supported on γ-Al_2O_3[J]. Applied Catalysis B: Environmental, 2011, 103 (3): 275–286.

[70] TANG X, XU Y, SHEN W. Promoting effect of copper on the catalytic activity of MnO_x-CeO_2 mixed oxide for complete oxidation of benzene[J]. Chemical Engineering Journal, 2008, 144 (2): 175–180.

[71] MORALES M R, BARBERO B P, CADúS L E. Evaluation and characterization of Mn-Cu mixed oxide catalysts for ethanol total oxidation: Influence of copper content[J]. Fuel, 2008, 87 (7): 1177–1186.

[72] DELIMARIS D, IOANNIDES T. VOC oxidation over MnO_x-CeO_2 catalysts prepared by a combustion method[J]. Applied Catalysis B: Environmental, 2008, 84 (1): 303–312.

[73] AZALIM S, FRANCO M, BRAHMI R, et al. Removal

of oxygenated volatile organic compounds by catalytic oxidation over Zr-Ce-Mn catalysts[J]. Journal of Hazardous Materials, 2011, 188 (1): 422-427.

[74] TROVARELLI A, LLORCA J. Ceria catalysts at nanoscale: how do crystal shapes shape catalysis?[J]. ACS Catalysis, 2017, 7 (7): 4716-4735.

[75] MAI H, SUN L, ZHANG Y, et al. Shape-selective synthesis and oxygen storage behavior of ceria nanopolyhedra, nanorods, and nanocubes[J]. The Journal of Physical Chemistry B, 2005, 109 (51): 24380-24385.

[76] WANG D, KANG Y, DOAN N, et al. Synthesis and oxygen storage capacity of two-dimensional ceria nanocrystals[J]. Angewandte Chemie, 2011, 123 (19): 4470-4473.

[77] MAMONTOV E, EGAMI T, BREZNY R, et al. Lattice defects and oxygen storage capacity of nanocrystalline ceria and ceria-zirconia[J]. The Journal of Physical Chemistry B, 2000, 104 (47): 11110-11116.

[78] HU F, CHEN J, PENG Y, et al. Novel nanowire self-assembled hierarchical CeO_2 microspheres for low temperature toluene catalytic combustion[J]. Chemical Engineering Journal, 2018, 331: 425-434.

[79] WANG L, WANG Y, ZHANG Y, et al. Shape dependence of nanoceria on complete catalytic oxidation of o-xylene[J]. Catalysis Science & Technology, 2016, 6 (13): 4840-4848.

[80] DAI Q, HUANG H, ZHU Y, et al. Catalysis oxidation of 1,2-dichloroethane and ethyl acetate over ceria nanocrystals with well-defined crystal planes[J]. Applied Catalysis B: Environmental, 2012: 360-368.

[81] WANG W, ZHU Q, DAI Q, et al. Fe doped CeO_2 nanosheets for catalytic oxidation of 1,2-dichloroethane: Effect of preparation method[J]. Chemical Engineering Journal, 2017, 307: 1037-1046.

[82] MEHMOOD R, WANG X, KOSHY P, et al. Engineering oxygen vacancies through construction of morphology maps for bio-responsive nanoceria for osteosarcoma therapy[J]. CrystEngComm, 2018, 20 (11): 1536-1545.

[83] KRISHNAMOORTHY S, RIVAS J A, AMIRIDIS M D. Catalytic oxidation of 1,2-dichlorobenzene over supported transition metal oxides[J]. Journal of Catalysis, 2000, 193 (2): 264-272.

[84] BERTINCHAMPS F, GRéGOIRE C, GAIGNEAUX E M. Systematic investigation of supported transition metal oxide based formulations for the catalytic oxidative elimination of (chloro)-aromatics: Part II: Influence of the nature and addition protocol of secondary phases to VO_x/TiO_2[J]. Applied Catalysis B: Environmental, 2006, 66 (1): 10-22.

[85] LIU Y, LUO M, WEI Z, et al. Catalytic oxidation of chlorobenzene on supported manganese oxide catalysts[J]. Applied Catalysis B: Environmental, 2001, 29 (1): 61-67.

[86] LIU Y, WEI Z, FENG Z, et al. Oxidative destruction of chlorobenzene and o-dichlorobenzene on a highly active catalyst: MnO_x/TiO_2-Al_2O_3[J]. Journal of Catalysis, 2001, 202 (1): 200-204.

[87] ZHOU G, HE X, LIU S, et al. Phenyl VOCs catalytic combustion on supported CoMn/AC oxide catalyst[J]. Journal of Industrial and Engineering Chemistry, 2015, 21: 932-941.

[88] KIM S C, SHIM W G. Catalytic combustion of VOCs over a series of manganese oxide catalysts[J]. Applied Catalysis B: Environmental, 2010, 98 (3): 180-185.

[89] LI W B, CHU W B, ZHUANG M, et al. Catalytic oxidation of toluene on Mn-containing mixed oxides prepared in reverse microemulsions[J]. Catalysis Today, 2004: 205-209.

[90] KRISHNAMOORTHY S, BAKER J P, AMIRIDIS M D. Catalytic oxidation of 1,2-dichlorobenzene over V_2O_5/TiO_2-based catalysts[J]. Catalysis Today, 1998, 40 (1): 39-46.

[91] ANDREEVA D, PETROVA P, ILIEVA L, et al. Design of new gold catalysts supported on mechanochemically activated ceria-alumina, promoted by molybdena for complete benzene oxidation[J]. Applied Catalysis B: Environmental, 2008, 77 (3): 364-372.

[92] PECCHI G, REYES P, FIGUEROA A, et al. Catalytic combustion of toluene on Pd-Cu/SiO_2 catalysts[J]. Boletín de la Sociedad Chilena de Química. 2000, 45: 213-218.

[93] MOREIRA M L, PARIS E C, DO NASCIMENTO G S, et al. Structural and optical properties of $CaTiO_3$ perovskite-based materials obtained by microwave-assisted hydrothermal synthesis: An experimental and theoretical insight[J]. Acta Materialia, 2009, 57 (17): 5174-5185.

[94] IRUSTA S, PINA M P, MENéNDEZ M, et al. Catalytic combustion of volatile organic compounds over la-based perovskites[J]. Journal of Catalysis, 1998, 179 (2): 400-412.

[95] HOSSEINI S A, SALARI D, NIAEI A, et al. Physical-chemical property and activity evaluation of $LaB_{0.5}Co_{0.5}O_3$ (B=Cr, Mn, Cu) and $LaMn_xCo_1$-xO_3 (x=0.1, 0.25, 0.5) nano perovskites in VOC combustion[J]. Journal of Industrial and Engineering Chemistry, 2013, 19 (6): 1903-1909.

[96] TOMATIS M, XU H, HE J, et al. Recent development of catalysts for removal of volatile organic compounds in flue gas by combustion: a review[J]. Journal of Chemistry, 2016: 8324826.

[97] HUANG H, SUN Z, LU H, et al. Study on the poisoning tolerance and stability of perovskite catalysts for catalytic combustion of volatile organic compounds[J]. Reaction Kinetics, Mechanisms and Catalysis, 2010, 101 (2): 417-427.

[98] BRAZLAUSKAS M, KITRYS S. Synthesis and properties of CuO/zeolite sandwich type adsorbent-catalysts[J]. Chinese Journal of Catalysis, 2008, 29 (1): 25-30.

[99] KOLADE M A, KOGELBAUER A, ALPAY E. Adsorptive reactor technology for VOC abatement[J]. Chemical Engineering Science, 2009, 64 (6): 1167-1177.

[100] GUISNET M, MAGNOUX P. Deactivation by coking of zeolite catalysts. Prevention of deactivation. Optimal conditions for regeneration[J]. Catalysis Today, 1997, 36 (4): 477-483.

[101] GUISNET M, MAGNOUX P. Organic chemistry of coke formation[J]. Applied Catalysis A: General, 2001, 212 (1): 83-96.

[102] HE C, ZHANG F, YUE L, et al. Nanometric palladium confined in mesoporous silica as efficient catalysts for toluene oxidation at low temperature[J]. Applied Catalysis B: Environmental, 2012：46–57.

[103] WANG H, ZHANG Y, WU M, et al. Pd/SiO_2 Catalysts prepared via a dielectric barrier discharge hydrogen plasma with improved performance for low–temperature catalytic combustion of toluene[J]. Industrial & Engineering Chemistry Research, 2020，59（46）：20316–20324.

[104] KONDARIDES D I, VERYKIOS X E. Effect of chlorine on the chemisorptive properties of Rh/CeO_2 catalysts studied by xps and temperature programmed desorption techniques[J]. Journal of Catalysis, 1998，174（1）：52–64.

[105] ARANZABAL A, GONZáLEZ M, AYASTUY J L, et al. Kinetics of Pd/alumina catalysed 1,2–dichloroethane gas–phase oxidation[J]. Chemical Engineering Science, 2006，61（11）：3564–3576.

[106] CAO S, FEI X, WEN Y, et al. Bimodal mesoporous TiO_2 supported Pt, Pd and Ru catalysts and their catalytic performance and deactivation mechanism for catalytic combustion of Dichloromethane (CH_2Cl_2)[J]. Applied Catalysis A: General, 2018，550：20–27.

[107] ZHANG X, LIU Y, DENG J, et al. Alloying of gold with palladium: An effective strategy to improve catalytic stability and chlorine–tolerance of the 3DOM CeO_2–supported catalysts in trichloroethylene combustion[J]. Applied Catalysis B: Environmental, 2019，257：117879.

[108] KRöCHER O, ELSENER M. Hydrolysis and oxidation of gaseous HCN over heterogeneous catalysts[J]. Applied Catalysis B: Environmental, 2009，92（1）：75–89.

[109] WU S, YANG X, JANIAK C. Confinement Effects in Zeolite–Confined Noble Metals[J]. Angewandte Chemie International Edition, 2019，58（36）：12340–12354.

[110] ZHANG C, WANG C, HUA W, et al. Relationship between catalytic deactivation and physicochemical properties of $LaMnO_3$ perovskite catalyst during catalytic oxidation of vinyl chloride[J]. Applied Catalysis B: Environmental, 2016，186：173–183.

[111] GALLASTEGI V, ARANZABAL A, ROMERO S, et al. Catalytic activity of regenerated catalyst after the oxidation of 1,2–dichloroethane and trichloroethylene[J]. Chemical Engineering Journal, 2014，241：200–206.

[112] VU V H, BELKOUCH J, OULD D, et al. Removal of hazardous chlorinated VOCs over Mn–Cu mixed oxide based catalyst[J]. Journal of Hazardous Materials, 2009，169（1）：758–765.

[113] OLIVEIRA L C A, LAGO R M, FABRIS J D, et al. Catalytic oxidation of aromatic VOCs with Cr or Pd–impregnated Al–pillared bentonite: Byproduct formation and deactivation studies[J]. Applied Clay Science, 2008，39（3）：218–222.

[114] GALLASTEGI VI, ROMERO S, ARANZABAL A, et al. Strategies to enhance the stability of h–bea zeolite in the catalytic oxidation of Cl–VOCs: 1,2–Dichloroethane[J]. Catalysis Today, 2013，213：192–197.

责任编辑　于佳雪（收到修改稿日期：2024-03-31）

燃气锅炉在企业环保工作中的常见问题及对策

About Environmental Issues Often Occurring in the Running of Gas-Fired Boilers in Enterprises and Corresponding Countermeasures to be Taken

王　毅[1]　蔡锦凯[2]　王石府[1]（1. 上汽通用汽车有限公司武汉分公司，武汉 430200; 2. 湖北君邦环境技术有限责任公司，武汉 430000）

Wang Yi[1]　Cai Jinkai[2]　Wang Shifu[1]　(1. Wuhan Branch, SAIC-GM Co., Ltd., Wuhan 430200; 2. Hubei Junbang Environmental Technology Co., Ltd., Wuhan 430000)

摘要　随着各地改善空气质量攻坚方案的实施，燃气锅炉的排放要求进一步从严，为改善燃气锅炉的在线监测安装、停炉与折算、联网备案等问题，降低企业环保压力，从法规层面、技术层面、管理层面提出了低氮燃烧改造、相关制度和标准体系完善、加快环保平台建设等对策。

关键词：燃气锅炉　氮氧化物　在线监测　联网备案　低氮燃烧

Abstract　Gas-fired boiler is widely used in various industries because of its high thermal efficiency and low pollution, but it has also brought some problems of the environmental consequence for enterprises to deal with. In order to lessen the environmental stress caused by running gas-fired boilers in enterprises, the commonly encountered issues were analysed from the aspects of nitrogen oxides emission, installation of on-line monitoring, boiler shutdown and depreciation, networking and record keeping, and etc. When viewed at the levels of regulations, technologies and management, some countermeasures have been put forward such as retrofitting for low-nitrogen combustion, improving standard system, expediting environmental platform development, and etc.

Key words: Gas-fired boiler　Nitrogen oxides　On-line monitoring　Networking for record　Low-nitrogen combustion

随着我国大气十条、蓝天保卫战、绿色发展、碳中和碳达峰、绿色工厂及无废城市等一系列政策的实施，传统燃煤锅炉因热效率低、资源成本高、污染严重、环保投资和运行费用高等问题逐渐被生物质锅炉和燃气锅炉替代[1]。其中，燃气锅炉的热效率可达90%以上，平均热效率为88.6%，通过余热回收后甚至接近100%[2]，同时颗粒物、二氧化硫（SO_2）等污染物的产生量较少[3]，也不存在生物质锅炉中的易结渣和高氯腐蚀等问题[4]，因此被广泛应用，2019年北京的天然气供热面积占比高达85%[5]。然而，燃气锅炉在企业的实际环保工作中仍存在不少的法规、技术及管理等问题亟待解决。

1　问题

1.1　持续从严的 NO_x 排放标准

根据GB 13271—2014[6]，燃气锅炉氮氧化物（NO_x）在重点地区执行150 mg/m³的特别排放限值。随着各地改善空气质量攻坚方案的实施，燃气锅炉的排放要求进一步从严，武汉在2020年要求10 t/h及以上的燃

第一作者王毅，男，1993年生，2018年毕业于广西大学资源环境与材料学院，硕士，工程师。

气锅炉 NO_x 排放限值≤ 80 mg/m³，在 2022 年再次要求 4 t/h 及以上的燃气锅炉 NO_x 排放限值≤ 50mg/m³，而郑州更是早在 2018 年已要求所有锅炉 NO_x 排放限值≤ 30 mg/m³[7]，持续走低的排放标准倒逼燃气锅炉企业开展环保治理设施改造。

锅炉 NO_x 根据生成机理可分为燃料型 NO_x 和热力型 NO_x。前者是由燃料中所含的 N 在燃烧过程经热解、氧化等转化而成，在燃煤锅炉中燃料型 NO_x 所占比例高达 70% ~ 90%[8-11]。狭义的热力型 NO_x 主要是由锅炉所供助燃空气中的氮气（N_2）与氧气（O_2）在燃烧形成的高温（≥ 1 500℃）环境下氧化生成；广义的热力型 NO_x 还包括快速型（也称瞬时型）NO_x，是由燃料在高温环境下产生的 CH 自由基与空气中的 N_2 发生撞击作用生成 HCN 和 N 后，被 O_2 进一步氧化而形成[12]。与燃煤锅炉不同，燃气锅炉 NO_x 主要为热力型 NO_x[13]。根据热力型 NO_x 的形成原理，燃气锅炉更适于从源头控制 NO_x 的产生，而传统的 SNCR、SCR 等脱硝技术因投资和运行费用高、存在氨逃逸二次污染等缺点[14]，并不适用于燃气锅炉。

1.2　在线监测的安装问题

HJ 820—2017[15] 要求 20 t/h 或 14 MW 及以上的燃气锅炉对 NO_x 进行自动监测，而环保部办公厅在同年的环办环监〔2017〕61 号文提出了 6 种可暂不安装在线监测设备的情形，以情形（一）的烟囱 / 烟道直径（Φ）＜ 1 m 为例，同时满足上述两种条件的燃气锅炉对在线监测设备的安装与否要求存在矛盾。同时，燃气锅炉污染物主要为 NO_x，因此 HJ 820—2017 仅对规模以上的燃气锅炉 NO_x 提出了自动监测要求，而对颗粒物、SO_2 等污染物按照监测频次开展手工监测即可，部分地方（如湖北省的鄂环发〔2021〕43 号文）更是直接明确了天然气锅炉自动监控设施可暂不监测颗粒物和 SO_2。然而，以紫外差分吸收法为例，部分在线监测设备为 NO_x、SO_2 一体式监测系统，安装后将同步监测上述两种污染物，将 SO_2 联网则加大了企业的运维校准及比对监测压力，不联网则存在闲置在线监测设备的风险，部分地区已被环保执法人员提出类似问题。此外，燃气锅炉颗粒物和 SO_2 的在线监测增大了企业的校准负担、运维成本和比对成本，对于部分已安装颗粒物和 SO_2 在线监测系统的企业，是否可在不逃避监管的前提下拆除多余的在线设备或取消联网，目前的相关标准规范并不明确。

1.3　停炉与折算问题

根据 HJ 75—2017[16]，锅炉的停炉和闷炉标记可通过流速＜ 2 m/s、氧量＞ 19%、烟温＜ 40℃等条件设定，然而不同环保部门对上述条件的解读并不一致，存在“或”和“且”两种解读。然而实际运行过程中，上述解读均存在一定的问题。“或”意味着满足上述任一条件即判定为停炉、闷炉，该设定可对停炉、闷炉的判定相应较快，但流速、氧量和烟温任一测量单元发生故障均会导致误判，同时部分燃气锅炉正常运行或低负荷运行时其流速可维持在 2 m/s 以下，因此“或”的解读不够合理。另一方面，“且”意味着需同时满足上述条件，但在气温较高的夏季或锅炉需频繁启停炉的情况下，烟温往往不易下降至 40℃以下，同样可能导致较多的误判。

根据 GB 13271—2014，燃气锅炉各污染物需按照 3.5% 的基准氧含量对各污染物进行折算［见式（1）（2）（3）］。该折算过程取燃气锅炉的烟气氧含量为 3.5%、空气氧含量为 21%，可避免企业利用空气进行稀释排放，以采用空气对燃气锅炉烟气进行1∶1稀释为例，稀释后的实测氧含量 =（3.5% + 21%）/2 = 12.25%，此时烟气污染物折算值 = 烟气污染物实测值 ×（21–3.5）/（21–12.25）= 2 倍烟气污染物实测值，因此空气稀释对污染物的折算结果无影响。然而，该折算过程无法避免企业利用氮气（N_2）等非空气气体对锅炉烟气进行稀释。此外，部分企业因生产工艺要求需频繁启停炉，无法向环保部门申请长期的停炉手续，该过程往往会导致大量的折算超标问题，例如，停炉过程测得标准状态干烟气下污染物浓度 C=1.0 mg/m³，若此时实测干基含氧量为 20.99%，则标准状态干烟气下污染物折算浓度 C'= 1 750 mg/m³。

$$C' = C_c \times \left(\frac{273+t_s}{273} \times \frac{101\,325}{B_a+P_s} \right) \times \frac{1}{1-X_{SW}} \times \frac{21-O_2}{21-X_{O_2}} \tag{1}$$

$$C = C_c \times \left(\frac{273+t_s}{273} \times \frac{101\,325}{B_a+P_s} \right) \times \frac{1}{1-X_{SW}} \tag{2}$$

$$C' = C \times \frac{21-O_2}{21-X_{O_2}} \tag{3}$$

式中，C'——标准状态干烟气下污染物折算浓度，mg/m³；

C_c——实际烟气状况下污染物浓度，mg/m³；

t_s——烟温，℃；

B_a——大气压，Pa；

P_s——烟气静压，Pa；

X_{sw}——烟气含湿量，%；

X_{O_2}——实测干基含氧量，%；

O_2——基准含氧量，%，燃气锅炉取 3.5%；

C——标准状态干烟气下污染物浓度，mg/m^3。

1.4　联网备案问题

根据 HJ 75—2017，燃气锅炉在安装在线监测设备后需按照图 1 所示流程完成联网验收和备案。当排放口、采样位置、监控站房或关键设备等发生重大变更的，应重新组织验收和备案，但目前对重新验收和备案的流程不够明确，多参照图 1 的联网备案全流程，该流程虽然可较大程度地保证自动监控设施在备案后稳定运行，但耗时过长。一般而言，联网备案资料要求提供运维单位信息，考虑到部分企业执行每年重新招标的管理制度，同时湿氧变送器等关键部件的正常使用寿命也在 1 a 左右，因此企业每台锅炉可能不到 1 a 就需要重新备案一次，甚至在 1 a 内备案多次。而按照图 1 流程重新备案至少需要 40 d 才能完成，如此漫长的备案周期给企业带来了巨大的压力。

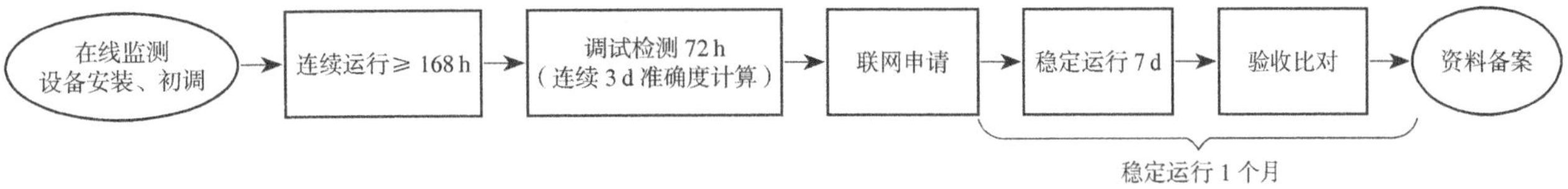

图 1　锅炉自动监控设施联网备案流程

2　对策

2.1　低氮燃烧改造

热力型 NO_x 在燃烧温度< 1 300℃时几乎不产生，在燃烧温度> 1 300℃时产生量大幅增加。同时，在 O_2/N_2 氛围下含量的增加会导致燃气锅炉热力型 NO 和快速型 NO 产生速率的增大及炉内 NO 摩尔分数的变大[17]。因此，燃气锅炉的 NO_x 源头减排可通过控制燃烧温度和燃烧气氛 O_2 含量等方式实现，目前主要采用低过量空气、燃料分级、空气分级及烟气再循环（FGR）等低氮燃烧技术。低氮燃烧技术在各地改善空气质量攻坚方案被广泛推广，以某厂家 14 t/h 燃气锅炉的“低氮燃烧器（LNB）+FGR”为例，LNB 通过一次燃气在主燃区较低温度下与空气充分预混合燃烧、一次燃烧气体进入二次燃烧区降低其 O_2 分压而形成强还原性气氛使 NO_x 被还原为 N_2、炉膛深度二次燃烧分级降低温度峰值等过程大量降低热力型 NO_x 的排放，FGR 则通过 5% ~ 7% 的再循环倍率烟气直接进入炉膛降低火焰温度（平均约 1 200℃）并形成局部 12% ~ 15% 的低氧气氛再一次减少热力型 NO_x 的排放。改造后，该厂家 14 t/h 燃气锅炉可实现不同热负荷下的 NO_x 排放浓度在 30 ~ 42 mg/Nm^3 间（图 2）。考虑到工业燃气锅炉的负荷主要控制在 55% ~ 75%[18]，因此改造后 NO_x 排放浓度基本可控制在 40 mg/Nm^3 以下。

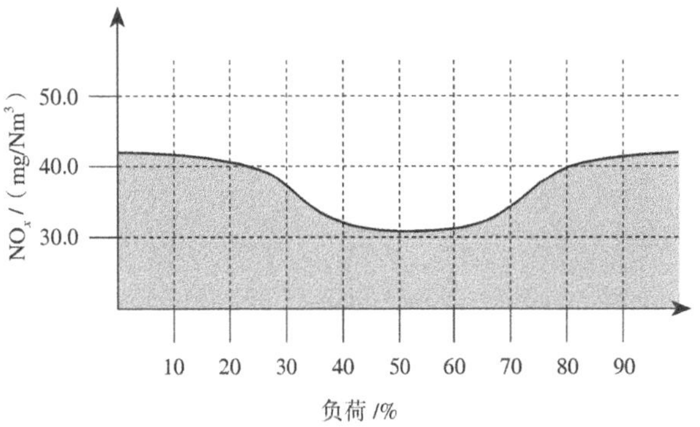

图 2　不同热负荷下 NO_x 的排放浓度

2.2　完善相关制度和标准体系

目前，我国环保行业的标准或规范之间仍然存在一定的矛盾或不统一之处，不但给环保执法人员造成了困扰，盲目地从严也极大地增加了生产企业的负担。标准制定部门应加强不同标准、规范间的联动和融合，进一步完善现有的环保标准体系。以燃气锅炉为例，在线监测的安装要求应更加明确，对于颗粒物和 SO_2 在线监测设备是否可拆除及拆除流程应作具体规定；在在线监测的重新备案方面，锅炉厂家应不断改良设备性能以延长核心备件的使用寿命，企业应不断优化相关制度(如运维合同一年一签改为三年一签)，在此基础上，标准制定部门应对重新备案的流程进行简化。同时，标准的制定专家和审核专家应深入现场进行调研，避免出现通过流速< 2 m/s 判定锅炉停炉之类的不合理设定。此外，针对标准的易产生歧义之处，建议标准的编制部门出台相应的条文解释。

2.3　加快环保平台建设

环保平台的建设水平在我国各地参差不齐，通过学习先进城市的经验加快环保平台的建设，可以简化环保部门和企业的环保管理流程，并优化管理质量。以锅炉在线监测设备的联网备案为例，除上文已述措施外，还可参照危险废物管理计划的变更流程，通过类似于危废平台的搭建简化在线监测设备的联网备案流程。对于锅炉因生产工艺要求的频繁启停炉造成的折算超标情况，一方面企业应在设计选型阶段合理选择建设规模，另一方面可学习山东等地区通过污染源在线监测平台对启停炉情况进行及时标记。

3 结语

燃气锅炉在我国的企业环保工作中仍存在不少的法规、技术及管理改进空间。在法规层面，标准编制人员及审核人员应深入现场，对现有标准与现场实际相冲突或不合理的部分予以更正，同时加快不同标准间的联动与融合，并通过查漏补缺完善现有的标准体系，对部分不清晰、易产生歧义的标准条文补充解释说明或修改单。在技术层面，燃气锅炉厂家应加大低氮燃烧技术的研发力度，不断地实现降本增效的突破；在线监测厂家应不断改良设备性能，延长在线监测设备及备件的寿命；环保部门应加快环保平台的建设和推广，持续简化企业环保手续的工作流程。在管理层面，企业应更新相关制度避免环保手续流程复杂化。最终通过法规、技术和管理多管齐下的作用，助力燃气锅炉的绿色低碳发展和空气质量的持续改善。

4 参考文献

[1] 王朝．燃气锅炉的节能运行及效益分析 [J]．现代工业经济和信息化，2022，12（9）：141-142，144.
[2] 石磊．燃气锅炉燃烧过程中余热回收利用研究 [J]．能源与环保，2022，44（4）：171-176.
[3] 刘旭．简述燃气锅炉大气污染物达标排放措施 [J]．清洗世界，2022，38（4）：87-89.
[4] 李永红．燃煤锅炉生物质燃料改造中的问题及对策 [J]．甘肃科技，2021，37（23）：4-6.
[5] 薛小军，侯智华，张红昌，等．碳中和背景下燃气热电联产与地源热泵耦合替代燃气锅炉供热研究 [J]．动力工程学报，2022，42（4）：359-364，386.
[6] 原国家环境保护部，国家质量监督检验检疫总局．锅炉大气污染物排放标准：GB 13271—2014 [S]．北京：中国环境科学出版社出版，2014.
[7] 程强，刘传旺，段胜君．燃气锅炉低氮排放改造后优化设计及应用 [J]．工业锅炉，2023（4）：24-27.
[8] 毛洪钧，李悦宁，林应超，等．生物质锅炉氮氧化物排放控制技术研究进展 [J]．工程科学学报，2019，41（1）：1-11.
[9] 刘永江，高正平，韩义，等．燃煤机组低 NO_x 燃烧技术现状与发展前景 [J]．内蒙古电力技术，2011，29（5）：94-97，100.
[10] 丁泽国，刘强国，许晓飞．低氮燃烧技术在煤粉锅炉系统的应用性研究 [J]．纯碱工业，2019（4）：26-30.
[11] 郝江涛．生物质高级再燃脱硝试验及 NO 还原化学动力学模拟 [D]．南京：南京师范大学，2014.
[12] 石锦姝．300 MW 四角喷燃锅炉燃烧及 NO_x 排放特性的数值模拟 [D]．保定：华北电力大学（河北），2005.
[13] 徐晓，高鹏，陈希宝，等．燃气锅炉低氮燃烧改造 [J]．大氮肥，2020，43（3）：195-197.
[14] 许剑，罗志，周鑫，等．W 火焰锅炉 SCR 分区混合动态调平技术及应用 [J]．中国电力，2020，53（11）：234-242.
[15] 原国家环境保护部．排污单位自行监测技术指南 火力发电及锅炉：HJ 820—2017[S]．北京：中国环境科学出版社出版，2017.
[16] 原国家环境保护部．固定污染源烟气（SO_2、NO_x、颗粒物）排放连续监测技术规范：HJ 75—2017 [S]．北京：中国环境科学出版社出版，2017.
[17] 杨宇喆，王春华．O_2/N_2 气氛下燃气锅炉 NO_x 释放特性 [J]．工业炉，2018，40（1）：10-13.
[18] 欧凤林．在役燃气工业锅炉定期能效测试分析与研究 [J]．工业计量，2021，31（2）：70-73，75.

责任编辑　张　弛（收到修改稿日期：2024-03-18）

超临界二氧化碳萃取-气相色谱法测定土壤中丙烯酸的研究

A Study on the Determination of Acrylic Acid in Soil by Supercritical Carbon Dioxide Extraction and Gas Chromatography

赵苏云 （英格尔检测技术服务（上海）有限公司，上海 201109）

Zhao Suyun (ICAS Testing Technology Service (Shanghai) Co., Ltd., Shanghai 201109)

摘要 建立了超临界二氧化碳萃取、脱水干燥、浓缩、净化、气相色谱分离后，使用带氢火焰离子化检测器（FID）的气相色谱仪检测土壤中丙烯酸的方法。考察了 CO_2 流量和压差对丙烯酸回收率的影响，得到 CO_2 流量为 600 mL/min、压差为 6 000 psi 的最优萃取条件。土壤加标回收试验发现，当丙烯酸浓度为 50 ~ 1 000 mg/L 时，测定方法线性良好，校准曲线线性相关性可达到 0.999；当称取 10 g 土壤时，方法检出限为 3.19 mg/kg，相对标准偏差为 1.10% ~ 1.80%，回收率为 80.5% ~ 89.0%。该方法具有操作简单、精密度好、准确度高等优点，适用于各类土壤中丙烯酸的测定。

关键词： 土壤　超临界二氧化碳萃取　气相色谱　丙烯酸

Abstract A method for detecting acrylic acid in soil has been established by using a gas chromatograph with hydrogen flame ionisation detector (FID) after supercritical carbon dioxide extraction, dehydration drying, concentration, purification, and gas chromatographic separation. Having studied the effects of flow rate and differential pressure of carbon dioxide on the recovery rate of acrylic acid, the former one of 600 millilitres per minute and the latter one of 6,000 pounds per square inch were obtained as the optimised extraction condition. Through conducting spiking and recovery tests by using methanol as an agent to extract acrylic acid in contaminated soil, it was found that in the range of 50.0 ~ 1,000 mg/L of its concentration, the linearity of the method was fine and the calibration curve correlation could reach 0.999. When the weight of soil sample was 10 grammes, the detection limit of the method would be 3.19 mg/kg with its relative standard deviation of 1.10% ~ 1.80% and the recovery rate of 80.5% ~ 89.0%. It has revealed that this technique has the advantages of simple operation, good precision and high accuracy, and is applicable to the determination of acrylic acid in soil of various kinds.

Key words: Soil　Supercritical carbon dioxide extraction　Gas chromatography　Acrylic acid

丙烯酸是重要的有机化工原料及合成树脂单体，可用于生产加工高吸水性树脂、高阻尼材料、丙烯酸类材料、丙烯酸橡胶等[1]，其在化工生产上的广泛应用，使得许多固体废物中均有丙烯酸单体残留[2-5]。丙烯酸有浓烈的刺激性气味，具有一定的毒性、腐蚀性，且易挥发，会通过吸入、误食、经皮吸收等途径损伤人体[6-9]，已被世卫组织列入 3 类致癌物清单。2020 年，全球丙烯酸产能达 960万~ 1 100 万 t，我国是全球丙烯酸生产大国，年产能达 350万~ 400 万 t，约占世界总产能的 40% ~ 45%[10-12]。工业生产过程中的丙烯酸一旦排放或渗漏进入环境，将造成水体和土壤的严重污染和破坏。目前，国家、行业和地方标准中尚无专门针对土壤中丙烯酸残留的检测方法，也没有风险管控筛选值质量标准，阻碍了污染防治与修复治理工作的开展[13-15]，建立一种方便可行的土壤中丙

作者赵苏云，女，1990 年生，2016 年毕业于上海师范大学大学化学系，工程师。

烯酸检测方法势在必行。

超临界二氧化碳萃取具有提取用时少、溶剂用量少、萃取效率高、自动化程度高等优势，是一种高效的前处理和分析方法，本研究将超临界二氧化碳萃取用于土壤中丙烯酸的提取，结合氢火焰离子化检测器（FID）检测，建立了一种高效、准确测定土壤中丙烯酸的方法，以期为土壤中丙烯酸的测定提供技术参考。

1 实验仪器与方法

1.1 仪器与试剂

超临界流体萃取仪：美国 Applied Separations 公司，SPE-2 型；气相色谱仪：美国 Agilent 公司，7890B 型 - 带氢火焰离子化检测器（FID）；电子天平：德国 Sartorius 公司，BSA224S 型；超纯水：由 Milli-Q 纯水仪制得；甲醇：色谱纯，上海国药集团化学试剂有限公司；丙烯酸标准贮备液和色谱纯试剂：1 000 mg/L 和 99.5%，购自国家标准物质中心；无水硫酸钠：AR 级，上海国药集团化学试剂有限公司，经马弗炉中 400℃烘烤 4 h 冷却后使用；玻璃棉或玻璃纤维滤膜：使用前用甲醇浸洗，待甲醇挥发干后于具塞磨口玻璃瓶中密封保存。

1.2 仪器工作条件

超临界流体萃取仪工作条件：以 CO_2 为超临界萃取剂，流量为 600 mL/min，背压调节器（BPR）16 000 psi，温度 40℃。

色谱条件：DB-WAX 型色谱柱（规格：30 m × 0.25 mm × 0.25 μm）；载气为氮气，恒定柱流量 1.5 mL/min，进样口温度 230℃，检测器温度 250℃，不分流进样；升温程序：初始温度 120℃，保持 2 min，再以 15℃ /min 的升温速率，升至 200℃，保持 2 min。

1.3 试验方法

1.3.1 样品采集与制备

样品的采集：土壤样品按照 HJ/T 166—2004 和 HJ 1019—2019 等相关要求进行采集，采集好的样品置于干净的磨口棕色玻璃瓶中保存，运输过程中注意避光、密封，温度控制在 4℃以下。

样品的制备：将采集的样品放在不锈钢盘上，混匀，除去石子、树枝、树叶、杂草等肉眼可见异物，再按照四分法对样品粗分。称取约 10 g（精确到 0.01 g）的新鲜土壤样品于玻璃瓶中，加入无水硫酸钠（Na_2SO_4），搅拌并混合，充分吸收土壤中的水分，若有明显块状，需要补加无水硫代硫酸钠的量。

1.3.2 样品提取

在玻璃瓶中加入约 20 mL 甲醇试剂，充分震荡 30 min，用约 10 g 无水硫酸钠过滤提取液至浓缩器皿中，再分 2 次分别用约 20 mL 甲醇试剂清洗样品，以相同的方式将试剂全部收集至浓缩器皿中，最后再用少量甲醇冲洗漏斗，全部收集至浓缩器皿中。最后用氮吹仪浓缩至 0.5 ~ 1 mL 左右，转移至进样小瓶中待测。

2 实验结果

2.1 色谱行为

对浓度 400.0 mg/L 丙烯酸标准溶液进行测定，标准色谱图见图 1。

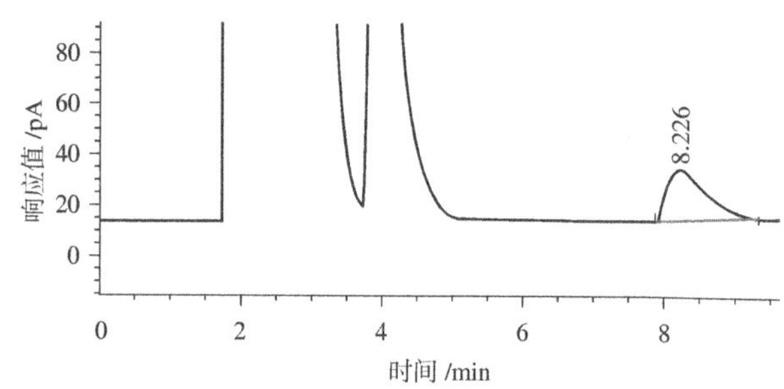

图 1　丙烯酸标准溶液的色谱图

2.2 萃取条件选择

2.2.1 萃取方法

实验室常使用的提取方法有超声提取法、索氏提取法、加压流体萃取法等，而超临界二氧化碳萃取法是近年来逐渐被采用、接纳的有机化合物萃取方式。采用此 4 种前处理提取方法，对同一土壤样品在同一色谱条件下进行目标物丙烯酸加标回收率试验，得到丙烯酸回收率分别为 84%、78%、87% 和 91%。超临界二氧化碳萃取法回收率明显高于其他 3 种方法，其原因可能是超临界二氧化碳萃取是在 CO_2 气体氛围中进行萃取，整个过程最接近室温，有效防止了丙烯酸的逸散和热敏性物质对目标物的氧化。

2.2.2 CO_2 流量

考察了 7 000 psi 压差下，CO_2 流量为 400 mL/min、500 mL/min、600 mL/min、700 mL/min、800 mL/min 时对丙烯酸回收率的影响，结果见图 2。

由图 2 可见，当 CO_2 流量 ≥ 600 mL/min 时，丙烯酸的回收率达 90% 以上，萃取效果良好，且趋于平衡，回收率不再随 CO_2 流量的加大而增加，故认为 CO_2 流量为 600 mL/min 时，正好达到超临界临界点，

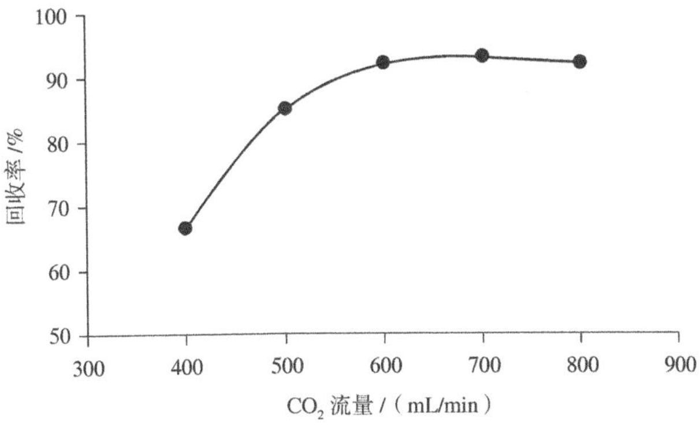

图 2　CO_2 流量对丙烯酸萃取回收率的影响

后续将 CO_2 流量确定为 600 mL/min。

2.2.3　压差

考察了 CO_2 流量为 600 mL/min 时，4 000 psi、5 000 psi、6 000 psi、7 000 psi、8 000 psi 压差对丙烯酸回收率的影响，发现随着压差的增大，丙烯酸的回收率先增加后逐步减少，在 6 000 psi 压差下回收率达到最大值，因此将压差确定为 6 000 psi。

2.3　标准曲线和检出限

以甲醇为溶剂，分别配制浓度为 50 mg/L、80 mg/L、100 mg/L、200 mg/L、500 mg/L、800 mg/L、1 000 mg/L 的丙烯酸标准浓度系列。以 CO_2 流量为 600 mL/min、压差为 6 000 psi 等优化后的试验条件进行测定，测得结果显示，在 50 ~ 1 000 mg/L 浓度范围内，丙烯酸浓度与峰面积呈线性关系，相关系数 $R^2>0.999$。

分别取 10.00 g 样品，提取浓缩至 1.00 mL，制备 9 个低浓度的统一样品，按上述前处理方法进行处理后上机测试，计算 9 次丙烯酸测定结果的标准偏差（SD），并按标准 HJ 168—2020 中的规定计算丙烯酸的检出限［$MDL=t(n-1,0.99)\times s$］，当 $n=9$ 时，丙烯酸的检出限见表 1。

表 1　丙烯酸方法测定检出限

序号	进样结果 /（mg/L）	测定结果 /（mg/kg）	标准偏差 /（mg/kg）	检出限 /（mg/kg）	测定下限 /（mg/kg）
1	137	13.7			
2	155	15.5			
3	160	16.0			
4	146	14.6			
5	160	16.0	1.1	3.19	12.8
6	139	13.9			
7	165	16.5			
8	136	13.6			
9	145	14.5			

2.4　精密度和准确度

对同一土壤样品，分别进行丙烯酸浓度为 12 mg/kg、50 mg/kg、100 mg/kg 的加标回收试验，计算相对标准偏差和精密度（见表 2）。

表 2　精密度和回收率试验结果（$n=3$）

加标量 ω /（mg/kg）	回收率 /%	RSD/%
12	80.5	1.10
50	82.2	1.80
100	89.0	1.71

由表 2 可见，丙烯酸加标回收试验回收率为 80.5% ~ 89.0%，精密度实验相对标准偏差为 1.10% ~ 1.80%。

2.5　实际样品分析

分别选取上海市嘉定区某丙烯酸生产厂家车间外土壤、上海市某动物园土壤、上海市闵行区某科创公园内草坪土壤进行丙烯酸检测分析，结果显示，动物园和公园土壤无丙烯酸检出，嘉定区某丙烯酸生产厂家车间外土壤中检出丙烯酸，含量为 32.8 mg/kg，样品色谱图见图 3。

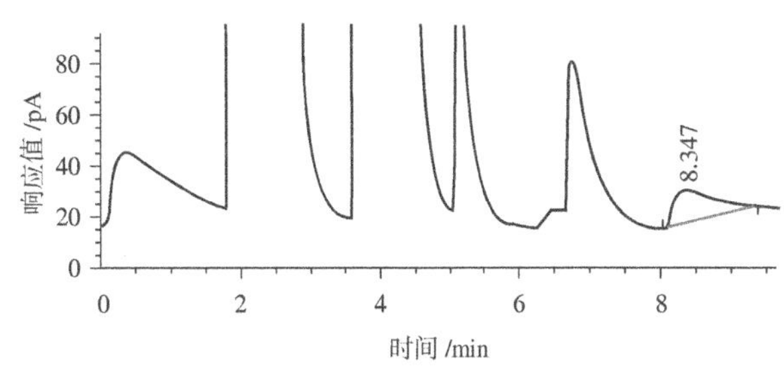

图 3　土壤样品中丙烯酸色谱图

3　结论

使用超临界二氧化碳萃取，结合带有氢火焰离子化检测器（FID）的气相色谱仪检测，能够高效准确测定土壤中的丙烯酸，精密度、准确度均能满足检测的要求。超临界二氧化碳萃取安全环保，具有提取用时少，萃取效率高，自动化程度高等优势，具有广阔的应用前景。

4　参考文献

［1］　孙雁男，李晓佳．丙烯酸的应用及生产技术探讨 [J]．石化技术，2022，29（8）：258-260.
［2］　刘劲芸，常健，蒋卓芳，等．滇红玫瑰精油超临界 CO_2

萃取工艺、挥发性成分及抗氧化活性研究 [J]．食品与机械，2023，39（3）：175–182.

[3] 冯文池，张维维．浅谈超临界 CO_2 萃取技术 [J]．山东化工，2022，51（10）：80–82.

[4] 陈杨．夹带剂和螯合剂协同超临界 CO_2 萃取土壤中多环芳烃和镉的研究 [D]．上海：华东理工大学，2021.

[5] 宋志君，丁有钱，周立强．超临界流体萃取污染土壤中 Pu 的方法研究 [J]．中国原子能科学研究院年报，2015：130–131.

[6] 李蕊，高华杰，庞小丽．色谱法检测样品中残留丙烯酸的研究进展 [J]．广州化工，2022，50（17）：24–26，57.

[7] 钟灿红，虞立辉，尹明．加压流体萃取－气相色谱法测定土壤中丙烯酸 [J]．化学分析计量，2022，31（2）：49–52.

[8] 侯美倩．液相色谱测定固体废物中丙烯酸含量 [J]．广州化学，2022，47（1）：71–78.

[9] 杨璟爱，关玉春，韩少强．固相萃取－离子色谱法测定多种水样中丙烯酸 [J]．化工环保，2022，42（1）：101–106.

[10] 张文龙，赵青峰．离子色谱法测定地表水中丙酸、丙烯酸、丁酸和草酸的残留 [J]．化学工程师，2021，35（9）：29–31.

[11] 吴志鹏，唐毅，桑柳波，等．气相色谱－质谱法测定污水中丙烯酸丁酯和丙烯酸 -2- 乙基己酯 [J]．化学分析计量，2021，30（6）：21–25.

[12] GRANDE T C, AUGUSTO P A, ESTÉVEZ A M, et al. Application of Ultrasound–Assisted Supercritical Extraction to Soil Remediation[J]. Chemical Engineering & Technology, 2017，40（4）：691–698.

[13] 原国家环境保护总局．HJ/T 166—2004 土壤环境监测技术规范［S］．北京：中国环境科学出版社，2004.

[14] 国家生态环境部．HJ 1019—2019 地块土壤和地下水中挥发性有机物采样技术导则［S］．北京：中国环境出版集团，2019.

[15] 国家生态环境部．HJ 168—2020 环境监测分析方法标准制订技术导则［S］．北京：中国环境科学出版社，2020.

责任编辑　黄潇月（收到修改稿日期：2024-03-13）

我国企业环保管家服务的问题与建议

About Some Problems Occurring in Environmental Housekeeping Service for Enterprises in China and Suggestions to Deal with

康晶晶* 张 芮 张启轩 （上海市浦东新区环境管理事务中心，上海 201203）
Kang Jingjing* Zhang Rui Zhang Qixuan (Shanghai Pudong New Area Environmental Management Affairs Centre, Shanghai 201203)

摘要 介绍了环保管家的背景、概念和服务范围，归纳了当前环保管家服务市场存在的3个主要问题，分析并提出了5项相对有效的措施建议，有助于提高环保管家服务市场的规范化管理程度。

关键词：环保管家 服务范围 规范化管理

Abstract Background, concept and service scope of environmental housekeeping are introduced. Three main problems existent in current environmental housekeeping service market are elaborated. Five ones of measures and suggestions that may be relatively effective have been analysed and proposed so as to be conducive to enhancing the standardised management level of the environmental housekeeping service market.

Key words: Environmental housekeeping Service scope Standardised management

为加快构建现代化环境治理体系、加强全过程监管，引入第三方环保服务机构作为环保管家参与环境管理，以预防环境风险、改善环境质量为核心，强化全过程监管为目的，建立环保管家新型环境管理模式，为经济高质量发展提供强有力的生态环境管理保障。

1 环保管家

1.1 产生背景

2016年4月15日，环境保护部下发《关于积极发挥环境保护作用促进供给侧结构性改革的指导意见》，指出："鼓励发展环保服务业，坚持污染者付费，损害者担责的原则，不断完善环境治理社会化、专业化服务管理制度。建立健全第三方运营服务标准、管理规范、绩效评估和激励机制，鼓励工业污染源第三方运营。推进环境咨询服务业发展，鼓励有条件的工业园区聘请第三方专业环保服务公司作为环保管家，向企业提供监测、监理、环保设施建设运营、污染治理、环保管理等一体化环保服务和解决方案。"这是环保管家作为一种服务模式第一次出现在正式文件中，也是作为专有名词首次进入大众视野。

1.2 概念与意义

环保管家即"合同环境服务"，指环保服务企业为政府或企业提供合同式综合环保服务，是一种新兴的治理环境污染的新商业模式，作为第三方环境治理的"升级版"，为企业提供定制化的、全产业链的第三方治污服务，包括获知区域政策法规动态、设计针对性治污方案、根据需求配套治污设施、运营治污设备等全部环节。

充分利用环保管家在专业技术和人力资源方面的优势，可以提高环境管理的精细化、系统化、科学化水平；在有效督促企业主动落实污染治理等环保主体

第一作者康晶晶，女，1987年生，2010年毕业于上海第二工业大学环境工程系。
*通信联系人，99839182@qq.com。

责任的同时，提升自身环境管理水平和环境绩效，实现企业、政府、环境三方共赢[1-2]。

2 服务范围

2.1 环保状况调查与整改指导

2.1.1 摸底诊断，充分了解企业的基本信息，包括环保手续、生产状况、污染防治设施运行、自行监测、环境管理台账、实际排放合规性、环境管理制度与体系等。

2.1.2 现场核查，通过对企业的生产工艺、污染治理工艺、环境应急制度、应急资源储备、应急处理设备等进行现场检查，发现企业污染治理工艺不适用、环保设施运行不良、环境应急体系不完善等环境问题。

2.1.3 排污许可证后管理，包括但不限于检查合规持证、按证排污、环境管理台账规范性、执行报告规范性、自行监测合规性等。

2.1.4 污染源环境档案管理，包含以下12个方面：（1）环保关键信息，如污染源基本信息、新改扩建及技改情况、产品及产能、原辅材料、主要设备、水耗/能耗、污染治理与排放、敏感目标、防护距离等；（2）污染源环保证照管理，如营业执照、排水许可证、辐射安全许可证、高致病性动物病原微生物实验室资格证书、实验动物使用许可证、行业经营许可证、质量管理体系认证证书、清洁生产审核验收资料等；（3）建设项目环保手续管理，如环评报告及批复、环保设计及环保工程验收、环境监理报告、施工期污染防治方案、非重大变更分析说明、验收报告、后评价报告、环境问题核查报告等；（4）排污许可（正本/副本），固定污染源排污登记回执/排污登记表，环境管理台账（除固废外），排污许可执行报告等；（5）排污口规范化及自行监测资料，如排污口标志分布图、排污口规范化照片、自行监测方案、例行监测报告（废水、废气、土壤地下水、噪声等）、在线监测备案材料、在线监测运维记录等（监测数据较多时，可不存）；（6）突发环境事件应急预案，如应急预案及备案、隐患排查治理档案、定期演练记录、事故调查处理记录等；（7）固体废物污染防治资料，如危废处置合同协议、管理计划、转移联单，一般工业固体废物、电子废物、医疗废物、危险废物等台账，固体废物处理处置、综合利用情况等；（8）土壤和地下水污染防治资料，如场地调查报告，日常隐患排查记录，拆除活动污染防治方案等；（9）环境管理资料，如环保组织架构图及联系方式、环境管理制度汇总，信息公开图件，环境统计资料，相关培训记录，年度环保工作计划及总结等；（10）各级及各项巡查及检查记录，如污染源排查记录，环保管家摸底，诊断、巡查记录，各项检查等记录等；（11）处罚与投诉，如环境违法、违规行为，信访投诉处理记录，行政处罚记录，挂牌督办记录等；（12）图件资料，如厂区总平面布置图（若厂区太小可与车间平面布置图合并），车间平面布置图，生产工艺流程图，雨水和污水管网平面布置图等。

2.2 其他服务

环境咨询服务，包括环境准入咨询、环保日常咨询、环境投诉问题调查、环境监控咨询等；环保培训宣传服务，包括政策/标准解读、环保知识讲座和宣传活动、环境管理人员业务培训、绿色环保宣传等；定制任务落实服务，即在政府部门的领导下，协助企业完成各项任务；应急响应服务，即针对突发环境安全和环境污染事故，提供具有现场应急处置（含应急监测、事故处置、影响评估）能力的人员队伍和技术服务，并建立应急响应联络管理机制[3]。

3 存在的问题

3.1 相关法规不健全，监管不到位

环保管家自诞生以来，缺乏国家层面具体明确的服务机构管理法规或标准细则，也未见地方层面指导性政策文件，市场准入门槛、退出机制、信用评价制度和问责监管机制模糊[4]，导致服务机构水平参差不齐。企业难以筛选优质的服务机构，许多小微企业不能履行所承诺的服务，给环保管家的社会声誉带来负面影响，制约了相关服务的普及与推广，导致当前环保管家服务模式发展与创新速度较为缓慢[5]。

3.2 企业主体责任意识差

引入环保管家后，企业对其依赖性过高，主体责任意识变得薄弱，环保工作大多处于被动状态，需要环保管家现场督查提出整改方案后，才会考虑改进，导致治理效果受到影响。

3.3 知名度低，企业对其存疑

环保管家处于刚起步的状态，即使有政府相关部门的大力推广，企业（特别是部分小微企业）并不了解其优势，缺少先进化的环保管理意识，同时对镇级、区级的环保管家服务机构也缺乏信任，拒绝配合环保管家开展工作。

4 建议

4.1 完善管理体系，落实引导性文件规范

为了引领环保管家服务的健康稳定发展，需要借鉴本行业发展较为成熟国家的有效经验，制定适合我国的法规政策，将责任义务上升到法律层面，确保其在发展过程中有法可依。同时加强相关职能部门的监管力度，不仅有利于环保管家服务的推广，也便于维护服务对象的相关合法权益[6]。

4.2 加强对服务机构的监管

建立完善的环保管家机构市场准入门槛及退出机制，进行较为严格的资格管理。加强环保管家服务行业管理，规范市场秩序，优化市场环境，提高服务专业化水平，建立环保管家服务机构数据库，实施动态管理。对环保管家服务机构进行评估，综合考察服务机构的资质能力、人员水平、服务内容等，定期评级，能力低、口碑差的不良机构禁入市场。加强环保管家服务市场信用体系建设，建立和完善环保管家信用档案体系，加大对环保服务中弄虚作假、违约失信和违法牟利等违法行为的惩治力度。

4.3 提高从业人员的专业素质

环保管家服务机构需要提供全方位、全周期的综合服务，因此要求相关从业人员具备较高综合业务水平，能够第一时间发现并解决问题。组建一支高效、专业的团队，需要加强对从业人员的培训，使其能熟知相关法规政策及技术标准等，准确把握专业现状和发展趋势，了解先进的污染控制技术及设备的工作原理、调试及运维方法，从整体角度精准识别问题并提出合理解决方案。同时强化从业人员的职业道德，树立诚实守信、懂立场、守底线的职业操守。

4.4 重视主体意识培养，强化企业环管质量

污染排放过程中，企业是主体。因此，企业要在环境管家的指导下，投入适当资源，提高自身环管能力。强化企业的主体意识，除了社会的舆论监督，也要靠政府监管和行业指导，形成一定的压力和动力，使企业自觉履行职责，遵守规章制度，积极配合有关部门的工作。其次，企业要积极提高自身的专业技术水平，除了认真全面学习相关法规外，还需根据自身相关情况与环保管家积极合作。

4.5 信息互联，构建智慧平台

建立和完善环保管家信息平台，实现服务过程记录、数据动态更新、风险异常报警、专项任务协同、跟踪服务落实等环节的精确管理，以提升服务质量。在移动端提供配套程序，可实时查看企业环保档案信息，使环境管理工作更便捷、更高效。

5 结语

环保管家服务作为一种全新的环境综合服务商业模式，可根据政府、园区、企业等单位的相关需求，量身定制符合其特点的综合环保服务和解决方案。环保管家服务目前已得到社会的认可和重视，但运行中存在的问题也应及时改进，只有不断创新和转型升级，才能更好体现环保管家的积极作用。

6 参考文献

[1] 毛晓红. 工业园区环保管家在推动绿色发展中的作用及路径探析 [J]. 皮革制作与环保科技，2023（18）：45–47.

[2] 周军杰. 浅析环保管家模式在开发区中的应用 [J]. 环境与生活，2023（7）：79–80.

[3] 任江海. 新环保形势下企业“环保管家”服务研究 [J]. 造纸装备及材料，2022（10）：121–123.

[4] 陈瑞民，崔庆华，梁照东，等. 环保管家服务机构创新发展与转型升级研究 [J]. 皮革制作与环保科技，2023（19）：193–195.

[5] 唐春晖. 浅论工业园区环保管家服务模式优化策略 [J]. 皮革制作与环保科技，2023（17）：153–155.

[6] 赖成文. 新形势下环保管家服务模式探究 [J]. 皮革制作与环保科技，2023（1）：150–152.

责任编辑　于佳雪（收到修改稿日期：2024-03-25）

生态文明视域下气候资源立法的理据与进路

The Rationale and Approach of Climate Resources Legislation from the Perspective of Ecological Civilisation

赵卢伟[*]（复旦大学大气科学研究院，上海 200438）
Zhao Luwei[*] (Institute of Atmospheric Sciences, Fudan University, Shanghai 200438)

摘要 论述了通过立法保护和合理利用气候资源的重要性，提出气候资源法理与立法实践中存在气候资源的概念不统一、气候资源是否有“物”的法律特征存在争议、气候资源的权利归属不明确等问题，指出气候资源立法的核心问题在于如何通过立法对开发利用行为进行引导和规范，建议通过完善气候资源的调查和区划制度、健全气候监测、分析和评价制度、落实气候可行性论证制度、做好与气候资源流转制度的衔接等途径依法做好气候资源的科学规划、合理开发、有效保护。

关键词：生态文明　气候资源　立法　权利归属

Abstract The importance of the conservation and rational use of climate resources through legislation is discussed. It brings forward that there are un-uniformity in the concept of climate resources between their legal principle and legislative practices, disputes over whether the climate resources have legal characteristics of “substantiality”, ambiguity about the attribution of right to the climate resources, and etc. It is pointed out that the core issue is how to guide and regulate the behaviours in development and utilisation of the climate resources through legislation. It is suggested to well make planning scientifically, to carry out development rationally and conservation effectively of climate resources in accordance with the law through improving the investigation and zoning system of climate resources, enhancing the climate monitoring, analysis and evaluation systems, implementing the climate feasibility study system, and making good engagement with the climate resources transfer system.

Key words: Ecological civilisation　Climate resources　Legislation　Attribution of right

1　气候资源立法的必要性

习近平生态文明思想指引我们尊重自然、保护自然、顺应自然。作为自然生态系统中最活跃的因素，气候资源是生态资源的根本。我国幅员辽阔，气候资源丰富，具有巨大的经济、生态潜力。例如，我国风力资源总量充沛，约为 16 亿 kW/a，具有很大的开发利用价值。近年来我国风电产业趋势向好，2021 年 4 月海上风电装机容量达到 1 042 万 kW，超过英国同时期的 1 021 万 kW，是我国能源革命和绿色发展所取得的一次瞩目性成就[1]。然而，气候资源具有“双刃剑”效应，既是一种重要的自然资源，具有巨大的开发潜力，但盲目开发又有可能酿成自然灾害。科学合理地开发、利用和保护好各类气候资源，保持人与自然和谐发展，应成为推进生态文明建设的一条主线。

一方面，保护气候资源是生态文明建设的应有之义。气候是自然生态系统状况的综合反映，也是人类赖以生存和发展的基础。工业文明以来，人类活动对气候造成了严重影响，气候变化成为 21 世纪人类面临的最大威胁，极端天气气候事件频发、地球生态

作者赵卢伟，男，1978 年生，2022 年毕业于复旦大学法学院，博士，助理研究员。
* 通信联系人，zhaoluwei@fudan.edu.cn。

系数下降、生物多样性破坏以及一体化健康风险增加等，都对脆弱的地球生态系统构成风险。生态文明建设要求在对气候资源规划开发和利用之前，首先树立科学保护与合理利用的意识。任何盲目、无序、过度地开发，都可能会触及甚至超出气候资源环境的承载极限，导致或者加剧极端气候和气象灾害事件的发生，给地球生态平衡系统带来不可逆的毁灭性打击，甚至直接威胁到人类的生存发展。

另一方面，合理利用气候资源是生态文明建设的必由之路。气候资源开发利用对于调整能源结构、保障能源安全、提高能源效率具有至关重要的作用，也是提高可再生能源占比的有效措施。科学合理地利用风能、太阳能等气候资源，能够转变经济增长方式，推动经济社会发展向充分考虑资源环境承载能力的科学增长方式转变。此外，还可以通过文旅、农业等产业结构升级，把优质气候资源转化为满足对生态产品需要的良好的经济、社会效益。

气候资源立法能够为树立气候资源保护意识，科学合理开发和利用气候资源提供保障。然而，我国目前尚无针对气候资源的专门性立法，环境与资源法专著中很少涉及气候资源的问题，为数不多的经典专著中虽有所提及，但对气候资源的概念、特征等描述不够明确，也不涉及其开发、利用和保护的法律制度。例如,《气象法》虽提及气候资源开发和保护，并专门列出一章探讨如何做到气候资源“合理”利用，但只作了原则性的要求，没有具体的程序性和实体性规定，缺乏配套实施细则。除外界对气候资源开发和利用的重视程度不够外，气候资源本身的特性也对气候资源立法构成挑战。本文从分析目前法学界对于气候资源研究和立法实践存在的不足入手，探索以习近平生态文明思想为指导，获取法学理论基础以支持健全完善气候资源开发和保护立法的实践进路。

2 气候资源法理与立法实践中存在的问题

2.1 气候资源的概念不统一

法学界对气候资源的概念主要有以下几种认识：(1)气候资源是能够为人类合理利用的特定气候条件，且一定要达到一定阈值、形成一定规模才真正具有资源价值[2]。(2)气候资源是指人类通过技术手段和方式，科学合理地开发利用气候条件，趋利避害，为人类生产和生活所提供的能量和价值[3]。(3)气候资源是气候系统要素或气候现象的总体，在一定的社会经济技术条件下可以被直接或间接利用，既有使用价值，又能创造经济价值，并强调其自然属性，是自然资源的一种[4]。(4)气候资源是气候要素中能够被人类掌握和了解的自然物质和能量，既强调了人类在认识、开发气候资源的过程中的主观能动性，又对无限的气候资源做了有限性（“人类可掌握”）的限定，同时指出了气候资源的自然属性，包括太阳能资源、热量资源、降水资源、风能资源和大气成分资源等，还以发展的视角对其外延拓展做了保留[5]。(5)气候资源是大气中可以为人们直接或间接利用、具有价值和使用价值、对于人类社会发展有利的一切气候条件[6]。

概念是解决法律问题最基础的必备工具。著名法学家博登海默指出，没有准确严谨的专门概念，就无法理性、清醒地思考法律问题，也无法将法律思维顺畅的转化为语言表达，更无法实现思维的沟通[7]。法学界对“气候资源”的概念大多借用了大气科学的定义，内涵和外延都偏重于气候资源的技术性和科学性，对其经济性和社会性关注不够。作为立法研究的逻辑起点，这种概念界定得过于简要且不够准确。

从立法实践看，国家气象局在1991年颁布的《气候资源管理大纲（试行）》曾给气候资源作出过定义：“气候资源是人类凭借一定的手段、方式所能开发利用的那一部分气候条件”。此定义既强调了人类能够利用气候资源，具备将其形成财富或使用价值的主观能动性，也凸显了这一自然物质、能量的有用性。1994年制定的《中华人民共和国气象条例》给出了我国立法实践中唯一出现过的“气候资源”定义，虽然该法已经废止，但这个简洁的概念很有法言法语的特色：先强调气候资源是“为人类经济活动所利用的气候条件”以突出其内涵，再用“如光能、热能、水分、风能”来限定其外延。令人费解的是,《气象法》在取代《气象条例》时，删除了关于气候资源的这一定义。有学者给出的解释是，气候资源的概念通过《气象条例》已经在立法、执法、司法诸多环节得到过认可和接受，争议不大，所以没有再以法条的形式做专门的定义[8]。但从近年来法学界对气候资源概念的“理论争鸣”现状来看，气候资源的概念仍不明确。

现行立法中,《气象法》第六章以“气候资源”为名，但通篇未对气候资源进行定义。国务院颁布的《人工影响天气管理条例》虽然也提到了“合理利用资源”，但从其立法目的“防御和减轻气象灾害”来看，此处“气候资源”理解为“气象资源”更为准确，或者更像只是为了“保护”而不是“利用”气候资源。关于气候资源利用和保护现行有效的地方性法规

12部，地方政府规章5部，对“气候资源”的法律定义各有不同。其中，河南、江西两省气候资源条例的名称虽有不同，给气候资源所下定义也有差异，但都在定义中强调是“气候要素”中“能够为人类可利用”的“物质、能量”，并列举出气候资源概念的外延；河北省气候资源条例第2条强调是在“气象要素中”；至于其他地方法规和规章，则只列举了气候资源的外延，法律特征表述不明显。一些法学者认为，法学界对于气候资源理论的争论，是因为大气科学和气象业务界所提供的定义不够准确，因而导致特征抽象、外延混乱，并认为这是开展跨学科交叉研究工作的大忌。还有学者认为，气候资源概念在我国法律中的缺失直接导致相关立法和研究无法正常开展，公众对于气候资源的生态保护意识不强，对气候资源依法开发和利用也因为缺乏法律的引导而停滞不前。

2.2　气候资源是否有“物”的法律特征存在争议

民法学者对自然资源研究的逻辑始点源于对“物”的研究，着眼于民事主体围绕“物”所产生的占有、使用、收益和处分的社会关系。依照传统民法，民法上的“物”必须具备六项特征：（1）客观性；（2）有用性；（3）存在于人身之外；（4）稀缺性；（5）独立性；（6）可支配性，而能否支配、控制应以科学技术水平和社会观念判断[9]。

许多学者据此认为，气候资源并不具备民法上“物”的特征，也不宜作为自然资源来保护。第一，气候资源条件并不能够为人类真正支配控制，所以不能成为民法上的“物”，所谓“天有不测风云”，人力无法支配和控制的气候资源，不能够成为物权的客体。第二，气候资源不具备独立性和特定性。以太阳能为例，由于太阳辐射是间断的，日夜更替，受季节、纬度、海拔以及阴晴云雨等气象条件影响是不稳定的，不具有特定的经济价值。而且，太阳是唯一的，对太阳能权属进行确权是违背科学和伦理的，在法律上也不具备操作性。同样的，风能、降水、大气成分等也都不能满足“物”的独立性或者是特定性特征。第三，气候资源不具备稀缺性。有学者将自然资源分为两大类，第一类叫储存性资源，属于不可更新资源，如化石类能源中的煤炭、石油、天然气、页岩气等。另一类是流动性资源，属于可更新资源。后者又可以通过“临界带”（Critical Zone）进一步细分：（1）具有临界带（或临界点）的流动性资源，比如动植物、水源、土壤等，都可能因为人类的肆意掠夺和不当开发利用程度超过某个临界点而导致耗竭的出现。（2）非临界带的流动性资源[10]，包括了几乎全部的气候资源，比如太阳能、潮汐、风能、大气成分等，可能在某个时间点会因为人类过度利用暂时出现枯竭，但终究可以自动更新，因此气候资源不具备稀缺性。

有的环境法学者认为，自然资源的外延不是一成不变的，随着技术水平的进步和相关因素的不断变化，自然资源的类型和外延发生了很大的变化。在农耕文明时代，人类生产以种植业为主，能够开发利用的自然资源主要是土壤资源和水资源，以及畜牧业需要的草原资源等，对自然资源的整体利用水平较低，自然资源的外延非常有限。进入工业文明时代之后，随着工业化大生产和技术水平的不断进步，矿产资源、林业资源、渔业资源等进入人类视野，自然资源的内涵和外延也得到了丰富，但总体依然局限在地缘资源范畴内。而在生态文明时代，一方面有可持续发展、环境保护和转变增长方式的要求，另一方面有破解工业文明时代粗放增长带来的地缘资源枯竭的迫切需要，在这种“两难”背景之下，太阳能、风能、云雨、大气成分等气候资源开始为人类所用，直接或间接地转化为财富，也丰富了自然资源的法律概念。由此认为，气候资源同样具备“物”的法律特征。

第一，气候资源具备可支配性。随着科技进步和人类需求多元化，气候资源已经具有可支配性。物者，指除人之身体外，凡能为人力所支配，独立满足人类社会生活需要的有体物及自然力[11]。随着科学技术的发展，人类认识自然、掌握自然的能力不断增强，物权客体的范围同样也会随之发生变化。太阳能、风能、云水资源等已经随科学的发展而广泛应用于人类的生产、生活等诸多领域，为人类控制和支配。气候资源作为一种具有经济价值、可以为人类开发利用的自然资源，完全应当纳入“物”的范畴。

第二，气候资源具备特定性和独立性。对于资源性物权的特定性可以归纳为：（1）有明确的范围，不得以他物替代，在客体的存续上即表现为同一性；（2）可以定量化；（3）可以由特定的地域加以确定或特定的期限加以固定[12]。据此，有学者认为气候资源尽管在实体外形上无法固定，但在观念上是特定、可测量并可数字化利用的，其独立性应该得到承认。比如，对气候资源的利用成效可以进行量化评价[13]。也有学者将水资源与气候资源作了类比，认为水资源和气候资源一样具有流动性、不确定性、随机性、模糊性、灰色性、未确知性等特征，但法学界依然能够将水资源纳入法学的调整范畴，视为“物”，并明确国家对水资源的所有权，只是这种国家所有权并不要求做排他性占有。类似的还有《无线电管理条例》中规定的属于国家所有的无线电频谱资源[14]。由此可见，对于“物”的特定性不一定要求“物”是固定不变的，就像是当人们将水资源从附着的土地资源中分离出来的时候，法学界能够承认其作为所有权客体的独立性地位。当我们将降水与大气分离开来，将其作为独立的“物”对待，未必违背“物”的特定性要求。随着科技进步，不仅是降水，包括风、甚至是大气成分这些构成气候资源的要素都可以通过技术手段予以特定化，以特定“物”的形式出现，其独立性和特定性或将得到肯定。

第三，气候资源具备稀缺性。首先，应当注意区分“气候资源”与“气候要素”。不论是风能、太阳能还是云水，作为一种气候要素，无疑是可再生的，这也是有学者无视其稀缺性的原因。但如果作为气候资源，则不尽然。许多自然资源讲究规模效应，只有达成一定规模才能发挥效用。而受制于科技水平、技术能力、成本投入等因素，人类对气候资源的规模化开发利用目前仍受到诸多限制，气候资源实际能够满足的可开发规模远不能达到人类整体需求的数量和层次。其次，由于气候资源存在区域差异和年代际变化等特点，因此在特定时空也会呈现出稀缺性。另外，由于目前尚无成熟存储技术，当前对气候资源的消耗可能对未来需求构成挑战，因此从代际角度考虑，气候资源同样存在稀缺性。最后，在考虑气候资源的稀缺性时，一定不可以忽视和背离生态价值。自然资源的整体性决定了有效的生态保护不能零打碎敲，而需要根据各类自然资源在功能上的联系和受人类行动的影响进行管理，采取一体化的方法进行保护，气候资源亦是如此。尊重气候资源的生态价值以及因此呈现的稀缺性是科学保护的前提。

2.3　气候资源的权利归属不明确

气候资源的权利归属问题曾引起过热议，目前尚无统一结论。有学者认为气候资源应当属于国家所有，依据是我国《宪法》第 9 条第 1 款规定了“矿藏、水流、森林、山岭、草原、荒地、滩涂等自然资源，都属于国家所有，即全民所有”。既然气候资源属于自然资源，而自然资源属于国家所有，那么气候资源理所当然也属于国家所有。另有学者对气候资源的国家所有权做了进一步阐述，认为其应该是一种复合权，既具有公权力特征又满足私权利要求，核心是控制所有权，目的是为了实现国家对气候资源的管理和控制，在形式上通过国家所有权进行制度设计。其中最重要的类型化权能是保护权和管理权：保护权是国家作为所有权人，对气候资源实施的最系统、最有利于其性能完好地保管与护理的一项权能。而管理权是国家所有权人及其授权的代表人，依法对气候资源实施特定的管理控制行为，比如行政立法、产权登记、区域划分、规划、气候影响评价、行政监督等，以保障气候资源得以实现特定的公益性用途。也有学者从“公共信托”理论解读，认为气候资源应该是全体公民或者全人类共同享有的资源或者财产，而国家或政府扮演的仅仅是受托人的角色，依法履行管理义务。有学者据此认为气候资源是公众共有物，是一种“公共财产”和“共享资源”，应当归全体公民共有[15]。同样基于“公共信托”理论，有学者提出了不同见解，认为气候资源是全人类共同且平等享用的共用物，既不属于国家所有，也不能为个人所私有，其所有权和使用权应当由全人类共同享有享用。有学者建议采用混合产权形式，即私人使用权、国家和个人收益权、国家管理权、私人转让权等多重权利同时设置，权利与权利之间相互联系而各自独立[16]。还有学者认为，在气候资源上设置所有权是没有法理依据的，不应该以所有权为法律制度前提，建议通过加强和完善行政规制来实现气候资源的有效管理机制。在使用管理制度设计上注意充分调动政府、市场和社会组织等多方力量的广泛参与；在指导原则上，坚持公平与效率相统一，以保证气候资源经济、社会和生态等综合效益的充分发挥为目标。

笔者认同“有效管理机制”这一观点，在气候资源的管理制度设计中，不能仅仅关注气候资源对于人类生产和生活的经济价值或者使用价值，而忽略气候资源之间的连锁性、结构性变化效应，以及各种共生、伴生问题。否则，不仅可能造成气候资源的浪费，还可能导致其他负外部效应，比如太阳能开发过程中可能出现的铅污染问题，风能发电带来的噪音等，甚至导致自然资源系统整体功能下降。

在立法实践中，《气象法》被视为是气候资源开发与保护的直接法律渊源。该法第一次将气候资源的内涵、外延及管理体系较为清晰地纳入我国的法律体系之中，合理开发利用及保护的法律框架也初见轮廓，标志着我国气候资源开发利用与保护意识的觉醒[6]。该法变相承认了气候资源具备“物”的法律特征，并设计了相应制度和条款，如：（1）气候资源综合调查、区划，以便合理地开发、利用气候资源。（2）气候监测、分析与评价。通过分析常规气象资料，利用高分辨率地理信息、卫星遥感及垂直高分辨率边界层探测综合系统，实时资料同化处理，针对风能、太阳能等气候资源建立中尺度细网格化的监测评价系统，分析评价气候资源未来演化趋势及其对环境、生态和社会等的影响。（3）对可能引起气候恶化的大气组分进行监测，从而为国家制定应对气候变化对策提供科学和技术支撑，适应和减缓气候变化对人类社会的影响。（4）定期发布全国气候状况公报。此外，还赋予县级以上地方人民政府根据本地区气候资源特点，规划气候资源开发利用方向与保护重点的权限。但由于该法存在“重原则倡导，轻制度保障”等问题，操作性不强，特别是在权利归属、可流转性、可实施性等重要方面存在制度欠缺，不利于我国气候资源市场的形成，更不利于气候资源的保护。《可再生能源法》同样被视为是气候资源管理的法律渊源。该法第2条对可再生资源进行了定义，其中风能和太阳能同属于气候资源的范畴。该法第5条还对气候资源调查与规划、推广与应用等提出了基本原则和基本法律制度，具有一定的宣言性和指导性意义。但总体来说过于原则和粗糙，操作性不强；而且由于气候资源在可再生能源结构中所占比例较小，因此也没有像水力发电一样得到足够重视。除了上述法律之外，现行还有17部气候资源相关的专门地方性法规和规章，其中黑龙江省出台的相关条例使“气候资源”第一次在法学界引起广泛关注。但在气候资源权属上，地方性法规和规章同样普遍存在立法粗糙、实操性不强、认识不统一等问题，各级政府对保护气候资源的重要性认识不足，切实有效的气候资源保护体制、机制尚未建立。

3 气候资源立法的理念更新与制度完善

3.1 更新气候资源的立法理念

立法理念是一部法律或者一个法律体系的立法指导理论和核心价值目标，同时也反映了人们对于这部法律的认识。现行气象立法充分体现了包括“公共气象”“安全气象”“资源气象”在内的三大理念，其中与气候资源立法息息相关的是“资源气象”理念，如《气象法》第33条和第34条对气候资源开发利用和保护规划、可行性论证等制度做出了规定。然而生态文明建设对气象业务提出了更高的要求，既需要完善的法律制度指引气象业务更好地服务生态文明的实践，更需要彰显生态文明思想、战略和要求的先进立法理念。人与自然和谐共生、绿色发展，应当在气候资源立法中得到贯彻遵循，这也是修改完善包括气候资源立法在内的气象立法体系的逻辑始点。

3.1.1 树立正确的气象自然观

气象活动作为一种科技活动，最初目的是通过观测天气和气象变化，指导人们的生产、生活，避免气象灾害造成的不利影响。然而步入后工业文明时代后，人类活动对气候系统、大气环境的破坏日渐凸显，全球气候变暖及其诱发的极端天气和气候事件已成为生态文明建设所面临的最大挑战，应对气候变化是对气候系统、地球生态和人类的保护，在气候资源立法中一定要体现出这一相互关联的立法价值。现行气候资源的相关法律法规，更多是从开发利用其经济价值角度入手，对于保护生态价值重视不够。这也是气象立法体系所面临的普遍问题，作为气象基本法的《气象法》的立法理念依然处于人类利益中心主义的经济利益优先阶段，立法逻辑的假设前提是人与自然之间的对立，对于气象生态环境的价值和规律缺乏应用的尊重，与生态文明建设理念不一致。

3.1.2 贯彻正确的气候生态资源价值观

在工业文明的传统经济模式下，能够被视为经济增长源泉的只有土地、劳动力和资本，生态和环境都被排除在外。“绿水青山就是金山银山”(以下简称“两山”理论)是一种全新的价值观念，用形象通俗的表述凸显了绿水、青山、清新空气、美丽风光、生物多样性等自然资源同样是有价值的财富。气候资源的价值可以从两个层面来理解：一方面，气候资源能够创造财富。科学合理地利用风能、太阳能等气候资源，能够改善能源结构，推动经济社会发展由不惜环境和资源代价的增长方式向充分考虑资源环境承载能力的科学增长方式转变。此外，还可以通过文旅、农业等产业结构升级，把优质气候资源转化为满足对生态产品需要的良好经济、社会效益，促进和实现气候资源利用与生态环境、经济社会的协调可持续发展，GEP与GDP双重获得。另一方面，气候资源本身就是财富。气候资源是维护地球生态系统安全的屏障，离开这一屏障，任何一种经济模式都不复存在[17]。“两山”理论强调了自然资源在维系生态系统安全、保障宜居地球环境方面的功能，对气候资源等自然资源的管理，如气候资源调查、区划、规划、监测等法律制度，既是对其经济价值的合理挖掘，也是对其生态价值的投资，因而在制度完善时应当将开发和保护功能有机统一起来，不可割裂。

3.2　完善气候资源立法的相关制度

当前气候资源开发和保护的理论研究和立法实践中存在的问题，客观上讲还是由于气候资源的开发利用规模不大、对于气候资源认识不深、相关理论和应用技术尚不成熟造成的。自然资源的所有权被过度细分，会导致资源整体功能下降，尤其是生态保护功能。在围绕自然资源开发、利用、保护、恢复和管理等展开的一系列制度设计中，自然资源物权制度只是其中的一种，在借用传统物权理论外观的基础上，从自然资源的实际情况出发对有关自然资源物权的问题进行理论解释，并立足现实需要形成新的理论[18]。因此，在立法研究上过分纠结气候资源作为“物”的法律特征，急于界定其产权或者探讨如何设定国家所有权，绝非当务之急。

当务之急应当是以生态文明建设思想为指导，构建以保护权和管理权为主要权能类型的气候资源国家所有权，保护公众对公共自然资源共同而平等的使用权，排斥包括国家在内的任何法律主体对公共自然资源的排他性支配权。其核心问题在于如何对开发利用行为进行引导和规范，最大限度杜绝无序开发可能造成的生态平衡破坏和气候资源浪费。其关键是依法做好气候资源的科学规划、合理开发、有效保护，包括完善气候资源的调查和区划制度、健全气候监测、分析和评价制度、落实气候可行性论证制度、做好与气候资源流转制度的衔接等。

3.2.1　完善气候资源的调查、区划制度

气候资源综合调查、区划的目的是通过调查、分析各地气候资源的资源量、分布以及可利用程度，合理开发、利用气候资源。调查是基础，能够为气候资源的科学管理提供资料和数据，并形成完整的气候资源数据库。而区划是全方位、多尺度地认识各地气候资源的优势和劣势，在全国气候资源普查的基础之上，由国务院气象主管机构通过合并同类项的方式，按照气候分布规律，把气候资源特征的区域归并到一起，把气候资源特征差距明显的区域区别开来，扬长避短，科学规划。通过重新进行气候资源区划，为制定气候资源的开发利用和保护提供依据[19]。该项制度虽然已为《气象法》所确立，但过于原则，需要配套立法将该项基础工作落在实处。

3.2.2　健全气候监测、分析和评价制度

《气象法》第32条对气象部门本着“适度开发”“保护为主”的原则进行气候监测、分析和评价做了原则性规定。由于气候资源具有非线性特点，所以这项前提性工作非常必要，有利于科学合理地利用气候资源，预防因资源开发不当导致的大气环境恶化及其他灾难性后果。而向社会定期发布气候状况公报，主要是为了使政府部门、公众能够了解、掌握当地的权威气候状况报告，增强公众气候意识，关注气候资源的生态价值保护，推进气候资源的合理开发和科学管控。今后还需要进一步开展气候资源和自然生态状况的全面普查和动态监测，对气候资源生态承载力进行评估，为生态文明建设持续提供基础数据支撑。

3.2.3　落实气候可行性论证制度

气候可行性论证制度的设计初衷是对重大和重点项目实施后可能对气候生态环境造成的不利后果做出预判和评估，通过可行性论证，针对不良影响提出预防、减轻的措施、手段以及跟踪监测方法等。现行《气象法》及其配套法律法规中对该制度有所设计，然而实践中落实效果并不理想，原因主要有：（1）可行性论证的监管涉及多个政府部门，现实中存在沟通协作机制不健全、部门利益冲突等现象。对于应当开展论证的项目界定不清，部分地方甚至未将其纳入“多评合一”的审批流程；而个别地方则截然相反，对气候可行性论证做了扩大解释，同样不利于落实。比如，《黑龙江省气候资源探测和保护条例》在设定风能国家所有权的基础上，建立勘探许可制度，以规范风电企业的资源勘探行为，却引来了学者的质疑和批评[20]。有学者认为，黑龙江省气象局工作职责中与气候资源最相关的内容是气象部门有责任就气候资源利用、保护以及推广区划等事宜，依法向本级人民政府以及同级相关部门提出建议，以及组织气候资源开发项目的气候可行性论证。此处的“提出建议”和进行“可行性论证”的职责无法被理解为确定行政许可权的法律依据。而作为其上级部门的中国气象局的职责中，与气候资源直接相关的内容是组织气候资源的综合调查、区划，指导气候资源的开发利用和保护，提高全民气候资源意识，亦无法作为确定行政许可条件的根据[21]。（2）气象部门缺少有效抓手，对未依法进行充分气候可行性论证就开工的项目、虽开展了可行性论证但违背气候条件和存在气候风险的项目，没有行之有效的叫停手段。以《陕西省气候资源保护和利用条例》为例，该条例第36条规定了“建设单位未按照目录管理要求进行建设项目气候可行性论证的，由县级以上气象主管机构责令改正，给予警告，并处一万元以上五万元以下罚款”，其违法成本

之低可见一斑。（3）公众对于气候可行性论证制度的认知和接受程度有待提升。一方面由于立法层次和效力等原因，公众对于气候可行性论证制度知晓程度有限，仍需要加大宣传和教育力度；另一方面，相关法律规定由国务院气象主管机构（中国气象局）负责气候可行性论证机构的资格认定，而现实中获得权威资格认定的往往都是各省市气象部门的气候中心、公共气象服务中心等气象主管机构的直属单位。应对照“放管服”改革的要求，将气象主管机构的主要职责由原来的具体认定气候可行性论证机构、组织专家对论证报告评审转变为健全制度措施和标准要求，强化对气候可行性论证的监督管理。

3.2.4　做好与气候资源流转制度的衔接

有限政府应当将市场机制作为第一性的自然资源配置手段，在自然资源物权的初始分配完成之后，主动将随后的分配职能让渡给市场机制，但需要依政府职责保留对自然资源的有效宏观调控功能。气候资源的流转是指气候资源的用益物权以市场配置为方向，遵照价值规律在市场流转的过程。其制度设计应当以市场配置为方向，以气候资源国家所有权为主导，以推动气候资源利用权交易为重心，最大限度地避免公权力寻租和气候资源开发利用过程中的资源浪费、破坏和污染行为等。气候资源流转制度设计上应该综合考虑社会效益、经济效益、生态安全等，应当通过法律规范对于参与气候资源流转的市场主体、参与内容、流转范围、权利种类等做必要的限制性规定。在强调市场配置为主的同时，气候资源的开发利用和流转仍然应当在相关政府部门的科学指导和监督管理下进行，为激励权利主体安全、可持续地开发、管理和利用气候资源，应当保证他们能够获得必要的贷款、技术、教育培训等。气象主管机构有责任、有义务先期组织开展各类气候资源的开发利用，调动多方主体参与科研、实验和论证，在对项目安全性、可行性做过综合评估，并确认生态、经济效益良好的基础上再行推广。

4　结语

气候资源的开发利用和保护对生态文明建设具有重要作用，需要立法的规范引导和保障。当前的核心问题不在于所有权归属，而在于如何对开发利用行为进行引导和规范，应当运用环境法的原理和体系化的方式，将松散的法律制度耦合在一起，强化法律制度的综合性和适应性，并解决制度分散性和冲突性问题。关键问题是依法做好气候资源的科学规划、合理开发、有效保护，包括完善气候资源的调查和区划制度、健全气候监测、分析和评价制度、落实气候可行性论证制度、做好与气候资源流转制度的衔接等。

5　参考文献

[1]　国家能源局．国家能源局关于2021年风电、光伏发电开发建设有关事项的通知[EB/OL].（2021-05-11）[2024-04-26]．http://zfxxgk.nea.gov.cn/2021-05/11/c_139958210.htm.

[2]　侯佳儒．气候资源国有化：法律上的“不可能任务”[J]．中国政法大学学报，2012（6）：44-48.

[3]　王迟．气候资源开发利用中的法律问题[J]．河南气象，2004（2）：1-2.

[4]　高利红，程芳．气候资源的属性及权属问题研究——兼评《黑龙江省气候资源探测与保护条例》[J]．重庆大学学报（社会科学版），2013，19（5）：28-34．

[5]　杨惜春．气候资源的法律概念及其属性探讨[J]．气象与环境学报，2007（1）：39-44.

[6]　钮敏．气象法理论与应用问题研究[M]．北京：气象出版社，2009.

[7]　E・博登海默．法理学法律哲学与法律方法[M]．邓正来，译．北京：中国政法大学出版社，2004.

[8]　刘国涛，王新烨．论类型化视野中气候资源的法律属性[J]．中国政法大学学报，2021（1）：54-65.

[9]　谢在全．民法物权论上[M]．北京：中国政法大学出版社，1999.

[10]　朱迪・丽丝．自然资源分配、经济学与政策[M]．蔡运龙，译．北京：商务印书馆，2002.

[11]　王泽鉴．民法总则[M]．北京：北京大学出版社，2009.

[12]　崔建远，彭诚信，戴孟勇，等．自然资源物权法律制度研究[M]．北京：法律出版社，2012.

[13]　施志源．论气候资源之法律属性与权利归属[J]．福建师范大学学报（哲学社会科学版），2014（4）：27-35，75.

[14]　刘超．气候资源国家所有权的社会功能与权利结构[J]．政法论丛，2014（3）：55-63.

[15]　曹明德．论气候资源的属性及其法律保护[J]．中国政法大学学报，2010（6）：27-32．

[16]　杨惜春，肖子牛．气候资源产权制度初探——基于公共池塘资源理论的分析[J]．阅江学刊，2014（6）：45-51.

[17]　保罗・霍肯．自然资本论[M]．王乃粒，褚大建，龚义台，译．上海：上海科学普及出版社，2000.

[18]　王树义．环境法前沿问题研究[M]．北京：科学出版社，2011.

[19]　丁一汇，任阵海．中国气象事业发展战略研究 气象与可持续发展卷[M]．北京：气象出版社，2004.

[20]　李伟，叶硕峰．加快黑龙江省气候资源探测和保护立法的建议[J]．黑龙江气象，2012，29（1）：5-6.

[21]　于文轩．设立气候资源所有权不利于可再生能源产业健康发展[J]．中国政法大学学报，2012（6）：39-43.

责任编辑　黄潇月（收到修改稿日期：2024-04-28）

济源示范区城区段蟒河浮游动物多样性调查及水生态评价

A Zooplankton Diversity Survey and Aquatic Ecological Evaluation along the Urban Reaches of the Python River in Jiyuan Demonstration Area

柏义生 李 楠 张 灿 梁 静 陈 涛* （郑州大学环境技术咨询工程有限公司，郑州 450000）

Bo Yisheng Li Nan Zhang Can Liang Jing Chen Tao* (Zhengzhou University Environmental Technology Consulting Engineering Co., Ltd., Zhengzhou 450000)

摘要 调查了济源示范区城区段蟒河及其支流 12 个断面处的浮游动物群落状况，共鉴定出浮游动物 4 类 61 种，其中桡足类种类数最多，占总种类的 45.90%，原生动物门仅 4 种，占总种类的 6.56%；无节幼体优势度 0.445，剑水蚤幼体优势度 0.179；浮游动物密度变化范围为 2.2 ~ 607.6 ind./L，平均密度为 179.9 ind./L；浮游动物生物量范围为 0.014 ~ 11.429 mg/L，平均生物量为 2.336 mg/L。采用 Shannon-Wiener 多样性指数和 Margalef 丰富度指数对生物多样性和水质进行评价，发现 5 个断面水质状况一般，7 个断面水质受到污染，生物多样性相对较差，人为干扰对水生态环境影响较大。

关键词：浮游动物 水生态系统 多样性调查 生物多样性指数 水质状况评价

Abstract Taking 12 sections on the Python River and its tributaries in Jiyuan Demonstration Area to conduct a survey for the status of zooplankton community, 61 species in 4 kinds of zooplankton were identified with 45.90% of copepods in majority and 6.56% of only 4 species of protozoa. The dominance degree of nauplii was 0.445 and meanwhile that of *Cyclops* larva was 0.179. The zooplankton density varied from 2.2 to 607.6 ind./L with an average of 179.9 ind./L, and the biomass of zooplankton was in a range of 0.014 mg/L and 11.429 mg/L with an average of 2.336 mg/L. Shannon-Wiener diversity index and Margalef richness index were chosen to evaluate the biodiversity and water quality. It has been found that the water quality was ordinary at 5 sections, and polluted at other 7 sections with relatively poor biodiversity caused by human disturbance to bring about rather great impact on the aquatic ecological environment.

Key words: Zooplankton Aquatic ecosystem Diversity survey Biodiversity index Water quality assessment

河南济源国家产城融合示范区是全国首个全域产城融合示范区，定位新型工业化和城镇化融合发展，坚持探索以产兴城、以城带产、产城融合、城乡一体的发展道路。济源示范区内最大河流蟒河是黄河北岸的一条支流，济源段长 44 km，济源、孟州交界处长 69 km，流域面积 612 km^2，支流众多，城区段支流主要有溴河、商水河、盘溪河、苇泉河、桑榆河等。近年来，随着济源示范区城镇化速度急剧加快、产业集聚和服务业发展，蟒河及其他河流污染负荷加重，出现了地表水体富营养化倾向明显、地下水位下降等区域生态环境问题，水生生物生境变化，物种多样性降低，亟须开展水生态修复工作。

第一作者柏义生，男，1983 年生，2011 年毕业于合肥理工大学资源与环境学院，高级工程师。

* 通信联系人，chentao7627@126.com。

浮游动物是水生生物重要的组成部分，是水生态系统中重要的初级消费者，对水环境变化敏感，通过食物链的“上行－下行效应”响应环境变化和调节生态系统平衡[1]。浮游动物是生态系统进行营养转化、能量流动和信息传递等生态过程中重要的环节，是评价水环境质量变化与水生态系统健康的重要指示生物[2-3]。因此，了解和掌握浮游动物群落结构特征和多样性，有利于调整和保护河流水生态系统，以便更好地为人类提供可持续的高质量生态服务[4]。本文对济源示范区城区段蟒河及其支流浮游动物群落进行了调查和生态评价，以期为济源示范区乃至河南省黄河流域水生生物资源保护和水生态健康评价提供参考依据。

1 材料与方法

1.1 调查时间及点位

根据济源示范区蟒河及其5条支流的水文、地形地貌特征，于2023年8月对蟒河及其5条支流的浮游动物进行了现场调查，共设置12个调查断面，其中商水河上1个、湨河上2个、盘溪河上2个、桑榆河上3个、苇泉河上2个和蟒河上2个，见图1。

图1 蟒河及其支流调查点位分布示意

1.2 样品采集与鉴定

1.2.1 样品的采集和固定

依据《内陆浮游生物多样性调查与评估技术规定》（环境保护部2017年第84号公告），浮游动物的采样和固定方法如下：采集原生动物和轮虫定性样品用25#（网孔0.064 mm，200孔/英寸）浮游生物网，采集枝角类和桡足类样品用13#浮游生物网捞取（网孔为0.11 mm，130孔/英寸）。采样时，以网口上端在水面或水深一尺处作“∞”形的巡回拖动，约3～5 min后，将网慢慢提起，使浮游动物集中在网头内，打开活塞，使样品流入瓶内，立即固定。原生动物和轮虫用1.5%鲁哥氏液或波恩氏液固定，甲壳类加5%甲醛固定。定量样品用采水器采集5～10 L水，经25号网过滤浓缩后，加入4%福尔马林液固定，带回室内静止24 h后定容至30 mL。

1.2.2 样品鉴定

参照相关文献[5-7]，原生动物应进行活体观察，在中倍显微镜下分类鉴定。镜检时，原生动物一般鉴定到属，优势指示种鉴定到种。轮虫、枝角类、桡足类用低倍显微镜和实体解剖镜进行镜检，尽量鉴定到种，优势指示种鉴定到种。

1.3　数据处理与分析

1.3.1　浮游生物群落多样性

种群多样性是衡量生物群落是否稳定的方式之一，一般可通过多种指数来反映，常见的指标有多样性指数、丰富度指数、均匀度指数和物种优势度指数等。Shannon-Wiener 指数（H'）基于物种数量反映群落种类的多样性，群落中生物种类增多代表群落的复杂程度增高，其值愈大，群落所含的信息量愈大；Margalef 指数（D）反映群落物种丰富度，指一个群落或环境中物种数目的多寡；Pielou 指数（J）反映该群落物种分布的均匀度；优势种的确定采用优势度（Y），各指标计算公式如下[8]。

$$H' = -\sum P_i \log_2 P_i \tag{1}$$

$$D = (S-1)/\ln N \tag{2}$$

$$J = H'/\log_2 S \tag{3}$$

$$Y = f_i / P_i \tag{4}$$

式中，N——样品总个体数；

P_i——第 i 种的个体数 n_i 与总个体数 N 的比值；

S——样品中总种类数；

f_i——某个物种出现的频率。

1.3.2　生物多样性阈值的分级评价标准

目前普遍运用信息理论的多样性指数进行环境质量的生物学评价，浮游动物多样性水生态评价相关标准[9-10]见表 1。

表 1　生物多样性阀值的分级评价标准

多样性指数	丰富度指数	均匀度指数	等级描述	水质状况
$H'>3$	$D>4$	$J>0.8$	多样性丰富	清洁
$2<H'\leq 3$	$3<D\leq 4$	$0.5<J\leq 0.8$	多样性较高	尚清洁
$1<H'\leq 2$	$1<D\leq 3$	$0.3<J\leq 0.5$	多样性较低	一般
$0<H'\leq 1$	$0<D\leq 1$	$0<J\leq 0.3$	多样性低	污染

2　调查结果及分析

2.1　浮游动物群落组成

济源示范区城区段蟒河及其支流 12 个调查点位共鉴定出浮游动物 4 类 61 种，其中枝角类 9 种，占总种类 14.75%；桡足类 28 种，占总种类 45.90%；轮虫类 20 种，占总种类 32.79%；原生动物门 4 种，占总种类 6.56%（见图 2）。

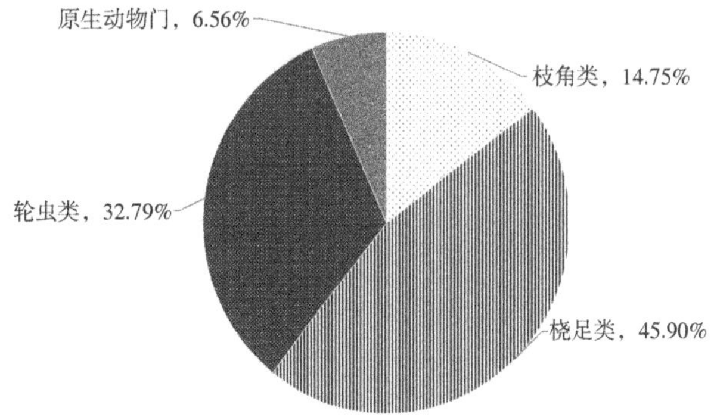

图 2　浮游动物种类组成

不同调查断面浮游动物群落组成差异较大，浮游动物种类数最多的调查断面是 S25（蟒河西环路）、S32（溴河沁园路）和 S36（蟒河 G207），均为 8 种；浮游动物种类数最少的调查断面是 S38（盘溪河文昌路），仅为 2 种。浮游动物群落组成中出现优势种 3 种，其中桡足类 2 种，为剑水蚤幼体（*Cyclopoida larva*）和无节幼体（*nauplius*）；轮虫类 1 种，为针簇多肢轮虫（*Polyarthra trigla*）。优势度最高的 3 种排序为无节幼体（优势度 0.445）、剑水蚤幼体（优势度 0.179）和针簇多肢轮虫（优势度 0.03），出现频率分别为 83.33%、91.67% 和 41.67%，见表 2。

2.2　浮游动物密度和生物量

浮游动物密度在不同调查断面存在差异，12 个生态调查断面浮游动物密度变化范围为 2.2 ~ 607.6 ind./L，平均密度为 179.9 ind./L，调查断面 S43（苇泉河河岔村）浮游动物密度最低，调查断面 S32（溴河沁园路）浮游动物密度最高。密度高低主要取决于轮虫，因为轮虫密度占浮游动物总密度的 77.82%，其次是原生动物，密度占比为 18.53%，桡足类密度占比为 3.32%，枝角类密度占比仅为 0.33%（见图 3）。

浮游动物生物量在不同调查断面亦存在差异，12 个生态调查断面浮游动物生物量变化范围为 0.014 ~ 11.429 mg/L，平均生物量为 2.336 mg/L，调查断面 S39（盘溪河北海大道）浮游动物生物量最低，调查断面 S31（溴河西环路）浮游动物生物量最高，生物量大小主要取决于轮虫，因为轮虫生物量占浮游动物总生物量的 97.67%，其次是枝角类，生物量占比为 1.22%，桡足类生物量占比为 1.10%，原生动物日趋小型化，生物量占比仅为 0.2%，见图 4。

2.3　浮游动物多样性评价

济源示范区浮游动物多样性指数及生态评价结果

表 2　浮游动物优势种和优势度

纲	种	拉丁名	个体数	数量占比 /%	次数	出现频率 /%	优势度
枝角类	尖额溞属	*Alona* sp.	9	0.66	3	25.00	0.001 66
	微型裸腹溞	*Moina micrura*	48	3.55	3	25.00	0.008 86
	短尾秀体溞	*Diaphanosoma brachyurum*	51	3.77	3	25.00	0.009 42
桡足类	锯齿真剑水蚤	*Eucyclops macruroides denticulatus*	48	3.55	1	8.33	0.002 95
	锯缘真剑水蚤	*Eucyclops serrulatus serrulatus*	15	1.11	2	16.67	0.001 85
	剑水蚤幼体	*Cyclopoida larva*	264	19.50	11	91.67	0.178 73
	猛水蚤幼体	*Harpacticoida larva*	24	1.77	4	33.33	0.005 91
	无节幼体	*nauplius*	723	53.40	10	83.33	0.444 98
轮虫类	角突臂尾轮虫	*Brachionus angularis*	3	0.22	1	8.33	0.000 18
	蒲达臂尾轮虫	*Brachionus budapestiensis*	15	1.11	1	8.33	0.000 92
	萼花臂尾轮虫	*Brachionus calyciflorus*	6	0.44	1	8.33	0.000 37
	裂足臂尾轮虫	*Brachionus*（*Schizocerca*）*diversicornis*	6	0.44	1	8.33	0.000 37
	剪形臂尾轮虫	*Brachionus forficula*	12	0.89	2	16.67	0.001 48
	无棘螺形龟甲轮虫	*Keratella cochlearis*	3	0.22	1	8.33	0.000 18
	曲腿龟甲轮虫	*Keratella valga*	6	0.44	2	16.67	0.000 74
	囊形单趾轮虫	*Monostyla bulla*	6	0.44	2	16.67	0.000 74
	尖趾单趾轮虫	*Monostyla closterocerca*	3	0.22	1	8.33	0.000 18
	尖爪单趾轮虫	*Monostyla cornuta*	3	0.22	1	8.33	0.000 18
	针簇多肢轮虫	*Polyarthra trigla*	99	7.31	5	41.67	0.030 47
	暗小异尾轮虫	*Trichocerca pusilla*	6	0.44	2	16.67	0.000 74
原生动物门	钟虫属	*Vorticella* sp.	2	0.15	2	16.67	0.000 25
	急游虫属	*Strombidium* sp.	1	0.07	1	8.33	0.000 06
	王氏似铃壳虫	*Tintinnopsis wangi*	1	0.07	1	8.33	0.000 06

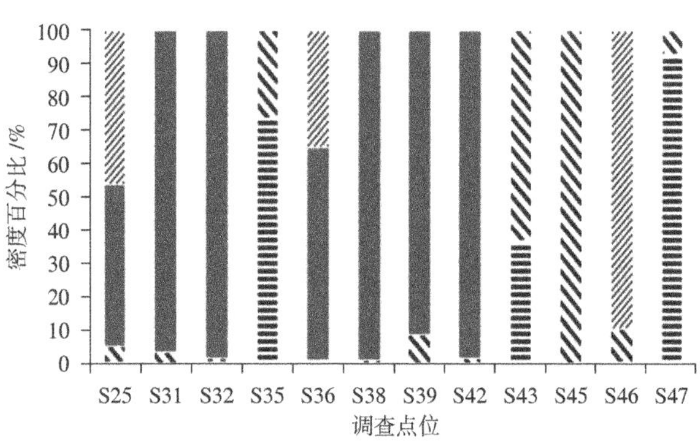

图 3　浮游动物密度空间占比

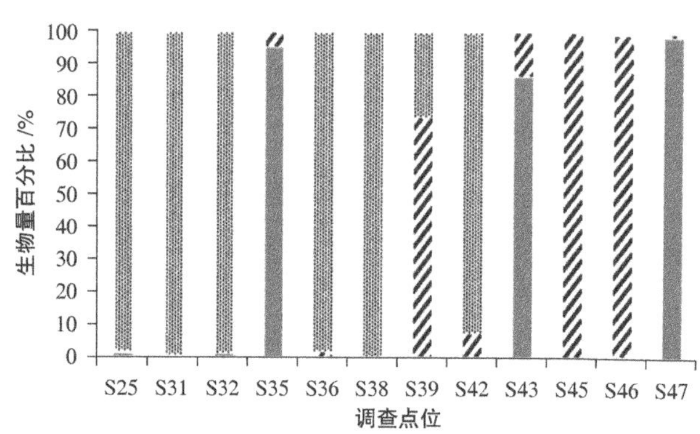

图 4　浮游动物生物量空间占比

见表 3。城区段蟒河及其支流 12 个调查断面，浮游动物 Shannon-wiener 多样性指数（H'）变化区间为 0.371 2 ~ 2.322 1，平均值为 1.478 9，最高值出现在调查断面 S32（溴河沁园路），最小值出现在调查断面 S47（桑榆河济源大道）；浮游动物 Margalef 丰富度指数（D）变化区间为 0.27 ~ 1.36，平均值为 0.98，最高值出现在调查断面 S32（溴河沁园路），最小值出现在调查断面 S47（桑榆河济源大道）；Shannon-Wiener 多样性指数和 Margalef 丰富度指数空间变化规律基本是一致的。浮游动物 Pielou 均匀度指数（J）变化区间为 0.37 ~ 0.96，平均值为 0.65，最高值出现在调查断面 S45（桑榆河黄河路），最小值出现在调查断面 S47（桑榆河济源大道）。

从表 3 可以看出，12 个城区段调查断面中有 5

表 3　浮游动物多样性指数及生态评价

调查点位编码	Shannon-wiener 多样性指数	Margalef 丰富度指数	Pielou 均匀度指数	多样性评价	水质状况评价
S25- 蟒河西环路	1.161 7	1.20	0.39	多样性较低	一般
S31- 溴河西环路	1.019 6	0.85	0.39	多样性低	污染
S32- 溴河沁园路	2.322 1	1.36	0.77	多样性较低	一般
S35- 商水河西三环	1.558 9	1.05	0.67	多样性较低	一般
S36- 蟒河 G207	1.939 0	1.66	0.65	多样性较低	一般
S38- 盘溪河文昌路	1.001 0	1.01	0.56	多样性较低	一般
S39- 盘溪河北海大道	1.532 9	0.79	0.77	多样性低	污染
S42- 苇泉河东环路	1.664 5	0.99	0.83	多样性低	污染
S43- 苇泉河河岔村	1.617 2	0.86	0.81	多样性低	污染
S45- 桑榆河黄河路	1.924 2	0.80	0.96	多样性低	污染
S46- 桑榆河南环路	1.634 9	0.97	0.63	多样性低	污染
S47- 桑榆河济源大道	0.371 2	0.27	0.37	多样性低	污染

个断面水质状况一般，7 个断面水质受到污染，生物多样性相对较差，水质状况不容乐观。结合城区段蟒河及其支流水文特征、工业厂区以及沿线村庄和农田分布等实际情况分析发现，河流上游断面较下游断面生物多样性高、水质相对较好，而工业相对集聚、沿线村落相对集中的盘溪河、苇泉河和桑榆河等断面生物多样性低、水质较差，说明人为干扰对生物多样性影响较大。

3　结语

（1）浮游动物作为水生态系统的初级消费者，在物质转化、能量流动和信息传递等生态过程中起着至关重要的作用，多样性指数、丰富度指数、均匀度指数和物种优势度指数可以用来衡量生物群落稳定性。

（2）城区段蟒河及其支流 12 个调查点位共鉴定出浮游动物 4 类 61 种，不同调查点位浮游动物种类、密度和生物量差异较大，无节幼体优势度 0.445、剑水蚤幼体优势度 0.179，轮虫密度占浮游动物总密度的 77.82%，轮虫生物量占浮游动物总生物量的 97.67%，原生动物日趋小型化，生物量占比仅为 0.2%。

（3）Shannon-Wiener 多样性指数和 Margalef 丰富度指数空间变化规律基本一致，最高值出现在调查断面 S32（溴河沁园路），最小值出现在调查断面 S47（桑榆河济源大道），Pielou 均匀度指数最高值 0.96 出现在调查断面 S45（桑榆河黄河路），发现人为干扰对水生态环境影响较大，城区段蟒河及其支流生物多样性和水质状况不容乐观。

4　参考文献

[1]　石恺，曾丹，陈琪，等. 淄博市乌河浮游动物多样性调查 [J]. 黑龙江水产，2020，42（5）：339-343。

[2]　王璐璐，董芳，李芳芳，等. 大辽河水系夏季后生浮游动物群落结构及水生态评价 [J]. 生态学杂志，2013，32（2）：389-395.

[3]　刘麟菲，徐宗学，殷旭旺，等. 济南市不同区域水生生物与水环境因子的响应关系 [J]. 湖泊科学，2019，31（4）：998-1011.

[4]　白海锋，宋进喜，龙永清，等. 红碱淖浮游动物群落结构特征及其与环境因子的关系 [J]. 生态与农村环境学报，2022，38（8）：1064-1075.

[5]　赵文. 水生生物学 [M]. 北京：中国农业出版社，2005.

[6]　王家楫. 中国淡水轮虫志 [M]. 北京：科学出版社，1961.

[7]　韩茂森，束蕴芳. 中国淡水生物图谱 [M]. 北京：海洋出版社，1995.

[8]　周萌，李裴，王忠锁. 密云水库浮游动物多样性格局 [J]. 首都师范大学学报（自然科学版），2013，34（6）：33-42.

[9]　吴东浩. 大型底栖无脊椎动物在水环境管理中的应用 [D]. 南京：南京农业大学，2010.

[10]　王智，张志勇，张君倩，等. 水葫芦修复富营养化湖泊水体区域内外底栖动物群落特征 [J]. 中国环境科学，2012，32（1）：142-149.

责任编辑　黄潇月（收到修改稿日期：2024-05-17）

基于质谱联合三维荧光法的小流域水体中有机污染物溯源

A Source Tracing Study on Organic Pollutants in Water Bodies of Small Watersheds Based on Mass Spectrometry Combined with Three-Dimensional Fluorescence Method

王恩强 * [聚光科技（杭州）股份有限公司，杭州 311300]
Wang Enqiang * (Focused Photonics Inc., Hangzhou 311300)

摘要 为了对河流污染物精准溯源，提出基于质谱联合三维荧光法的水体中有机污染物预警溯源方法，以 G 河为例，根据研究水体实际情况设置采样点，获取水体样本，确定主要污染物、污染类型及污染传输路径。研究发现，G 河存在种植、养殖和工业的复合污染，Z1 以农业种植污染为主，Z2 以生活污水污染为主，Z3 以生活污水和农业种植污染为主，Z4 以养殖废水污染为主，Z5 和 Z7 均是以农业种植废水、养殖废水和生活污水的复合污染，Z6 上的工业园区是 G 河工业废水污染的主要输入源。

关键词：河流 有机污染物 三维荧光 质谱法

Abstract In order to accurately trace pollutants in a river, an early warning traceability method for organic pollutants in water bodies was proposed based on mass spectrometry combined with three-dimensional fluorescence method, and sampling spots were set up according to the actual situation of the water bodies under study for identifying key pollutants, types of pollution and pollutant transmission paths. It has been found that there are compound pollution of cultivation, breeding and industry in the River G. It is mainly polluted by agricultural planting at Z1, by domestic wastewater at Z2, by both domestic wastewater and agricultural planting at Z3, by rearing wastewater at Z4, and by compound pollution of agricultural planting, rearing wastewater and domestic wastewater at both Z5 and Z7, whilst main source of industrial wastewater pollution is from an industrial park at Z6 of the River G.

Key words：River Organic pollutants Three-dimensional fluorescence Mass spectrometry

水资源是人类赖以生存的必需品和维持经济发展的命脉 [1]，社会的快速发展与人类活动的加剧使大量污染物排入河流，导致水体严重污染，对水生态环境造成严重破坏。找准源头、控制排放是从根本上解决水污染问题的关键 [2]。因此，大量的污染物检测与溯源分析方法的运用和创新，为针对性地找到污染物的源头提供了重要保障。

河流的污染源按照类型可分为工业源、生活源、农业源，若进入河流的污染物超出的水体的自净能力，会造成水体污染，影响生态环境。河流水体有机物污染是河流综合治理的关键，对河流有机物溯源有助于定位污染源头，针对性地采取有效治理措施。因此，对河流污染物进行溯源具有重要意义。

常规的水质指标如高锰酸盐指数（IMn）和总有机碳（TOC）能反映水体总有机污染物含量，但无法表示其组成 [3]；气相 - 质谱联用（GC-MS）等技术能表征有机物组成 [4,5]，但无法进行快速溯源。三维荧光光谱（3D-EEM）通过水质指纹分析水生环境中组分，可提供水质样品中 DOM 荧光团数量、性质和丰度信息，生成三维荧光光谱 [6]。通过算法比对污染

作者王恩强，男，1985 年生，2012 年毕业于东华大学环境科学与工程系，硕士研究生，工程师。
* 通信联系人，weq666@163.com。

源与污染水体三维荧光光谱的相似度，不仅能实现污染溯源，还具有快速、高效、准确等优点[7]。多元线性回归（APCS-MLR）应用于水体有机污染物的源解析，通过计算每个因子对水质指标的贡献率，定量表征各类型污染源对水体质量的贡献，并将回归模型预测浓度与实测浓度线性拟合，进行污染类型分析[8]。

基于研究水体实际情况设置采样点，以某地 G 河为例，获取水体样本，采用质谱结合三维荧光的技术手段监测 G 河及主要支流的主要污染因子，并通过源解析（PCA-MLR-APCS）对污染类型及其路径进行分析。

1 材料与方法

1.1 样品采集及前处理

G 河位于长江中下游，由 Z1、Z2、Z3、Z4、Z5、Z6、Z7 等支流汇流而成，流经多个乡镇，存在养殖基地和以能源、塑料、机电、循环经济为主的小型工业园区。流域内污水主要以农业、生活、工业污水为主，存在农污未收集纳管、农药化肥过量使用的问题。

结合前期工作，根据 G 河道的实际情况和污染源的空间分布特征，共布设 25 个采样点位，分别为：G 河干流 10 个断面（D12、D13、D15、D17、D18、D20、D21、D22、D24、D25），G 河支流上 11 个断面和 4 个排口（D2、D10、D11、D19）。支流及其采样口为：Z1（D1，D4）、Z2（D3）、Z3（D5 ~ D8）、Z4（D9）、Z5（D16）、Z6（D14）、Z7（D23）（见图 1）。

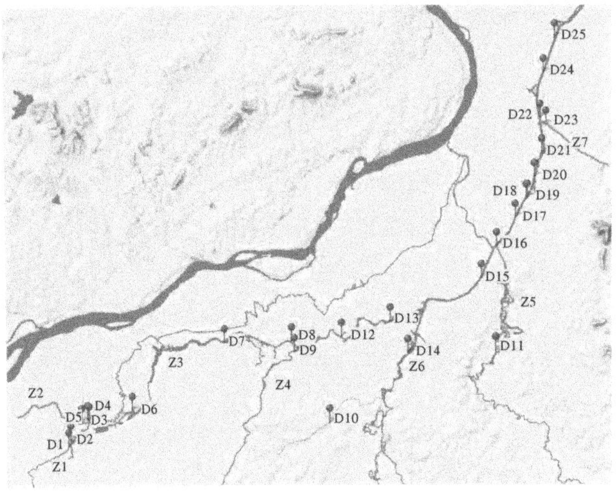

图 1 G 河道采样点位布设示意

采集到的水样首先经有机滤膜过滤去除杂质，使用全自动固相萃取仪大体积上样模式，量取 500 mL 水样至预先用 10 mL 二氯甲烷、正己烷、水活化的 HLB 固相萃取柱（500 mg/6 mL），再经 10 mL 水润洗，10 mL 正己烷洗脱，洗脱液于 40℃水浴中氮气吹至近干。正己烷定容至 1 mL 进行 GC-MS/MS 分析，乙腈定容至 1 mL 进行 LC-MS/MS 分析。

1.2 实验仪器

为分析污染物的传输路径及污染类型，采用溶解氧、高锰酸盐指数、氨氮、总磷等表征水体总量污染，三维荧光进行特征有机污染溯源，GC、LC 设备进行有机物定性定量分析确定传输路径，所用分析仪器见表 1。

表 1 分析仪器

仪器名称	厂家	型号
溶解氧分析仪	聚光科技（杭州）股份有限公司	WCS-3000
高锰酸指数分析仪	聚光科技（杭州）股份有限公司	SIA-3000
氨氮分析仪	聚光科技（杭州）股份有限公司	SIA-3000
总磷分析仪	聚光科技（杭州）股份有限公司	SIA-3000
三维荧光溯源仪	聚光科技（杭州）股份有限公司	WOT-3000
GC-MS/MS 分析仪	杭州谱育科技发展有限公司	EXPEC 5231
LC-MS/MS 分析仪	杭州谱育科技发展有限公司	EXPEC 5210

1.3 测试条件

气相色谱检测条件：恒流 1.5 mL/min，色谱柱 HP-5 MSI（30 m × 0.25 mm × 0.25 μm），进样口温度 280℃。升温程序为初始温度 50℃，保持 1 min，升温速率 10℃ /min，180℃保持 5 min，继续升温至 290℃并保持 5 min。升温速率 20 ℃ /min 至 310 ℃时保持 5 min。质谱检测条件：监测模式为 MS1 Scan，GC 接口温度 280 ℃，灯丝电流 33 μA，电离能量 70 eV。

液相色谱检测条件：流动相 A：2 mmol/L 甲酸铵 - 甲酸水溶液，B：2 mmol/L 甲酸铵 - 甲醇溶液；流速 0.3 mL/min，色谱柱 CNW Shell 核壳 C18 色谱柱（2.1 × 100），进样量 5 μL。质谱运行参数：运行模式 ESI+，毛细管高 4.8 kV，去溶剂气 6.0 L/min，反吹气流 2.0 L/min，去溶剂气 480 ℃，碰撞气流 0.45 mL/min，雾化气流 1.4 L/min。

1.4　源解析分析算法（PCA-MLR-APCS）

通过PCA分析进行污染识别，通过多元线性回归（APCS-MLR）计算每个因子对水质指标的贡献率，以定量表征污染源对水体污染的贡献。

2　结果与讨论

2.1　水质特征因子扩散路径分析

2.1.1　区域有机污染物分析

选取了33种特征有机物在25个采样点位进行质谱监测，结果可知，大部分点位包含以下18种特征有机质，对应所属行业见表2。

表2　特征有机物及所属行业指纹

特征有机质	所属行业			
	农业种植	生活污水	养殖废水	工业废水
异丙威	√			
噻菌灵	√			
多菌灵	√			
异丙甲草胺	√			
己唑醇	√			
戊唑醇	√			
多效唑	√			
咖啡因		√		
甜蜜素		√		
糖精钠		√		
对羟基苯甲酸甲酯		√		
林可霉素			√	
磺胺嘧啶			√	
磺胺甲噁唑			√	
氟苯尼考			√	
邻苯二甲酸二甲酯				√
甲苯				√
三氯甲烷				√

通常难以通过氨氮、总磷、高锰酸盐指数和溶解氧等常规指标判断河道具体污染来源，而特征有机物质谱监测可结合行业特征指纹以及污染源谱信息，查找具体污染物种来源（见图2）。

2.1.2　上游断面支流污染分析

Z3由Z1和Z2两条支流交汇而成。采样点D5相较于D4（Z1）有8种有机质含量增加，其中己唑醇、糖精钠、戊唑醇和多效唑增量显著；D5相较于D3（Z2）有6种有机质含量增加，包含己唑醇、戊唑醇、糖精钠和多效唑。两个支流的有机质浓度大多数值较接近，但是Z1有机质中的己唑醇、戊唑醇和多效唑等农业种植污染的特征因子浓度相对较高，Z2的甜蜜素、咖啡因和糖精钠等生活污水污染的特征因子浓度较高，表明两条支流均受到不同程度的污染，Z2以生活污水污染为主，Z1以农业种植污染为主。

对D12（干流）及D9（Z4支流）和D8（Z3支流）中有机质含量进行比较，发现了一些显著差异。具体而言，D12相对于D9显示有9种有机质浓度增加，其中咖啡因、甜蜜素和多菌灵浓度显著上升。在比较D12与D8断面时，发现6种有机质浓度增加，增幅较大的是咖啡因、磺胺嘧啶和氟苯尼考。咖啡因、甜蜜素和多菌灵在D8的浓度明显超过D9，同时磺胺嘧啶仅在Z4支流中检出，而此支流的氟苯尼考含量也较高。以上结果表明，主河道的养殖污水主要来源于Z4支流，而生活污水和农业污染来自Z3支流。由于咖啡因和甜蜜素的浓度在D8与D9总和低于主河道段D12断面，提示主河道有其他生活污水的入流。

2.1.3　Z6支流三维荧光溯源分析

利用三维荧光指纹技术进行水质溯源分析是有效识别污染来源的方法。在Z6支流D14的分析中共检出22种有机质，相较之下，位于该支流上游的循环园污水处理厂出水D10处共监测到17种有机质，其中11种有机质在排口处的浓度远高于同断面的水质。邻苯二甲酸二甲酯，作为一种常见的塑化剂，其在工业园区排口的浓度高达Z6支流断面浓度的90%以上，表明Z6受到的污染主要由工业园区产生的工业废水引起。

通过三维荧光光谱技术对D14以及D10的水样进行分析，结果发现两者的荧光指纹相似度高达98%，直接表明工业废水是Z6主要污染源之一（见图3）。园区内部的雨水排口与集中污水处理厂出水在三维荧光特征上的相似度达92%，证实了循环园区内部的废水治理与排放系统与外界Z6的污染水质紧密相关。同时，园区偷排口的三维荧光指纹与雨水排口和集中污水处理出水的相似度分别达到97%和90%，且与A和B塑料制造加工企业出水的相似度超过80%，以上数据进一步揭示了循环园区内存在的非法排放行为以及其对周边水体污染的影响（见图4）。

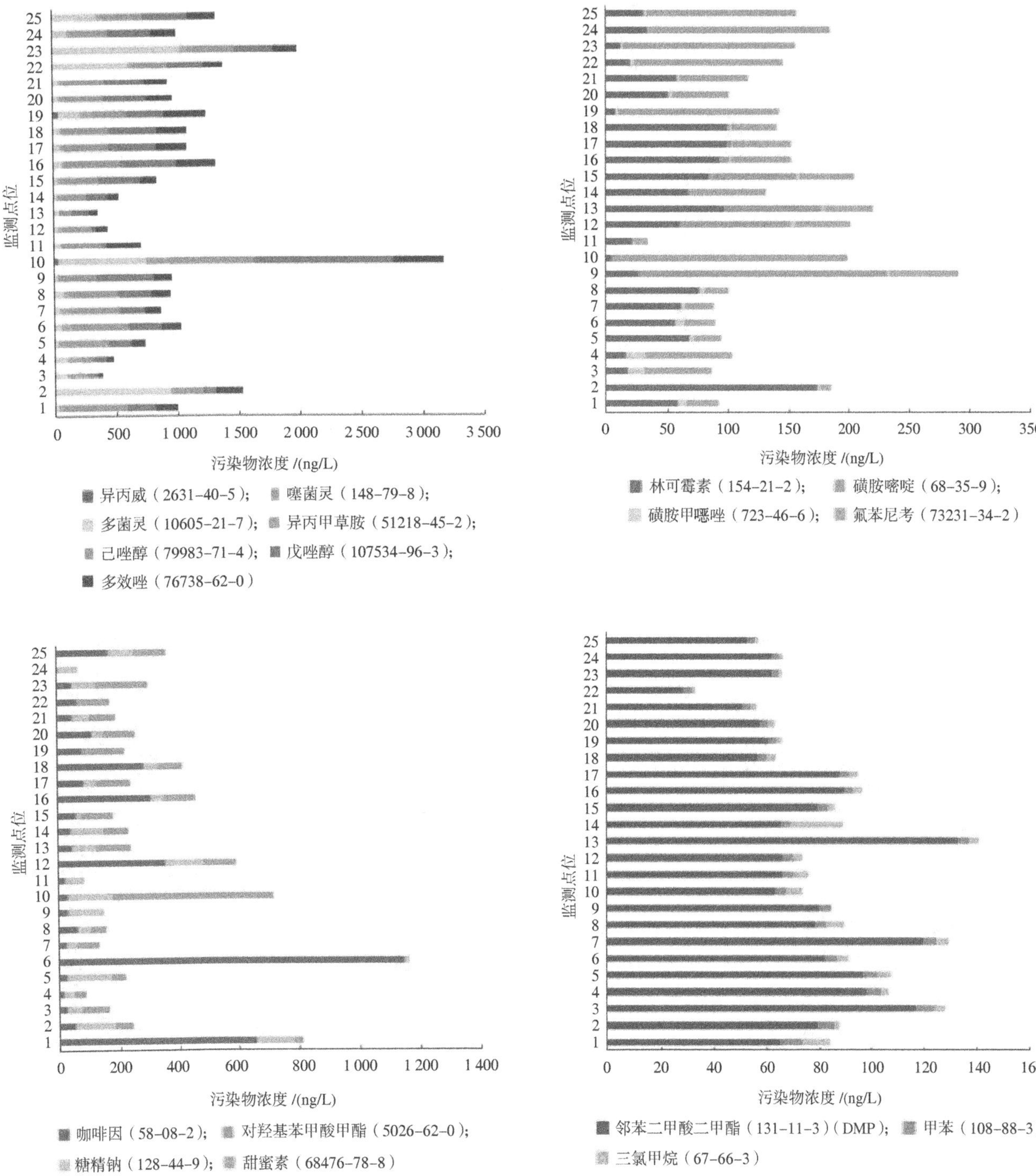

图 2　D1～D25 点位不同类型有机物分布

2.1.4　主河道有机物来源路径分析

D17 相对于 Z5 支流上的 D16，有 8 种有机质含量增加，除异丙甲草胺增加浓度较高外，其他有机质浓度增加幅度均较低；相对于上游主河道上的 D15，有 15 种有机质含量增加，增加浓度较高的有机质为多效唑、己唑醇、肉桂醛、咖啡因、糖精钠和多菌灵，浓度增长幅度 30%～115%。上述有机质在 D16 浓度均较高，说明 D17 的有机质主要来源于 Z5 支流的农业种植废水、养殖废水和生活污水的污染输入。Z5 上的排口 D11 多效唑、己唑醇、糖精钠和多菌灵浓度均较高，占 D17 有机质浓度的 70% 以上，表明农业种植污染排污是引起 Z5 水质较差的主要原因之一。

D22 相对于 Z7 支流上的 D23，有 4 种有机质含量增加，分别为咖啡因、林可霉素、磺胺甲噁唑和磺

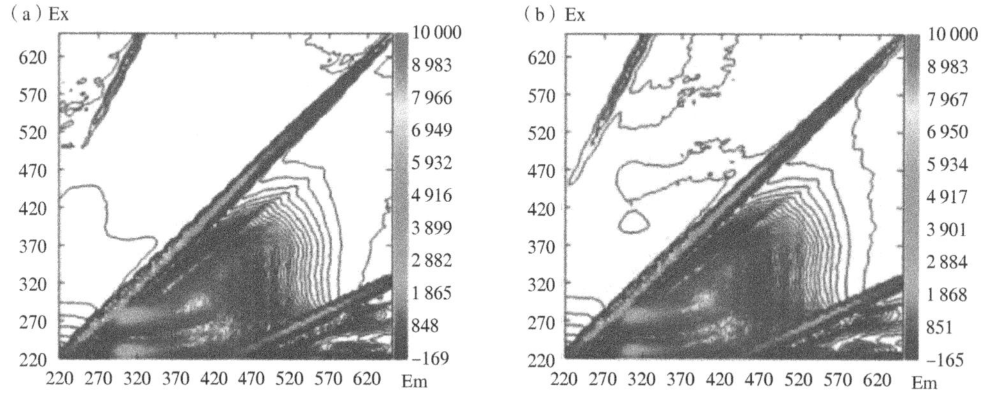

图3 D14（a）与D10（b）的三维荧光指纹（相似度98%）

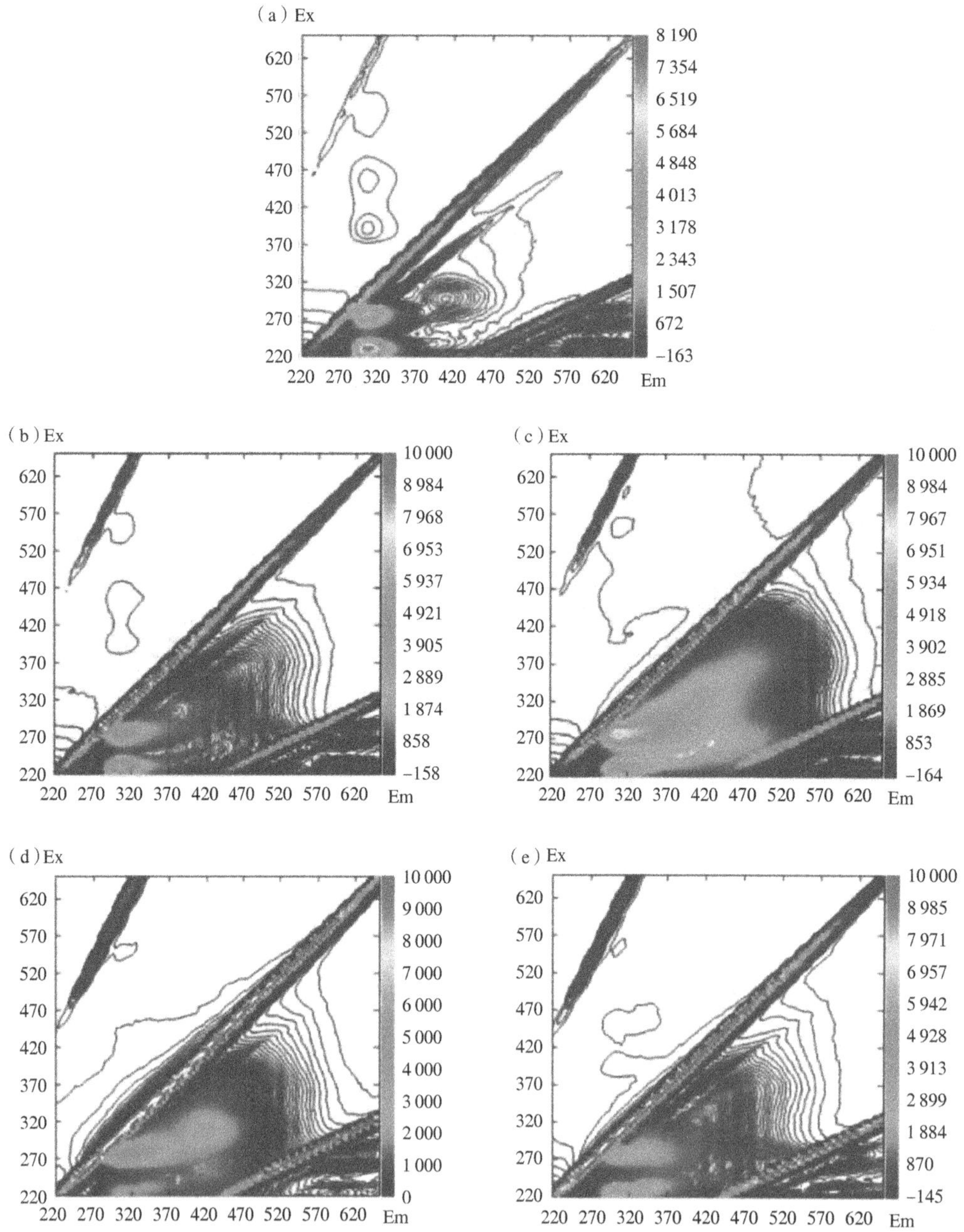

图4 不同点位样品与偷排口的三维荧光指纹［（a）偷排口；（b）雨水排口（相似度97%）；（c）集中污水处理出水（相似度90%）；（d）A企业出水口（相似度86%）；（e）B企业北排口（相似度83%）］

胺嘧啶；相对于上游 D21，有 6 种有机质含量增加，分别为多菌灵、氟苯尼考、甜蜜素、咖啡因、磺胺甲噁唑。其中，咖啡因和磺胺甲噁唑在上游和支流断面浓度相接近，说明主河道（G）上游和 Z7 支流均存在一定程度的生活污水和水产养殖污染。此外，磺胺嘧啶在 D23 未检出，林可霉素在上游 D21 浓度较高，D22 磺胺嘧啶是来源于主河道上游 D21。主河道 D17 后磺胺嘧啶浓度沿程持续下降，说明主河道（D17 ~ D23）的水产养殖污染主要来源于 Z5 的汇入。多菌灵、氟苯尼考、甜蜜素在 Z7 上的 D23 断面浓度较高，但咖啡因和磺胺嘧啶浓度要远低于 Z5 支流，说明 Z7 污染与 Z5 一致，均以农业种植废水、养殖废水和生活污水的复合污染为主，但 Z7 生活污水和水产养殖的污染程度要低于 Z5。

D25 相对于与 G 河上游 D24 断面，有 10 种有机质含量增加，增加浓度较高的有机质为多菌灵、己唑醇、糖精钠、戊唑醇和多效唑等，其余有机物浓度增长率为 4% ~ 23%。多菌灵、己唑醇、戊唑醇和多效唑均为农业种植的特征有机质，说明 D24、D25 段持续有农业面源污染排入 G 河。此外，D25 断面相对于与上游 D24 断面有 2 种新增有机质，分别为咖啡因和甜蜜素，且浓度分别为 168.9 ng/L 和 109.2 ng/L，说明 D24、D25 段有生活污水通过偷排或面源冲刷等方式进入 G 河。

综上，G 河周边持续有生活污水、农业种植污染汇入；Z1 以农业种植污染为主，Z2 以生活污水污染为主，Z3 以生活污水和农业种植污染为主；Z4 以养殖废水污染汇入为主，污染程度较轻；Z5 和 Z7 均是以农业种植废水、养殖废水和生活污水的复合污染输入为主；Z6 上的工业园区是 G 河工业废水污染的主要输入源（见图 5）。

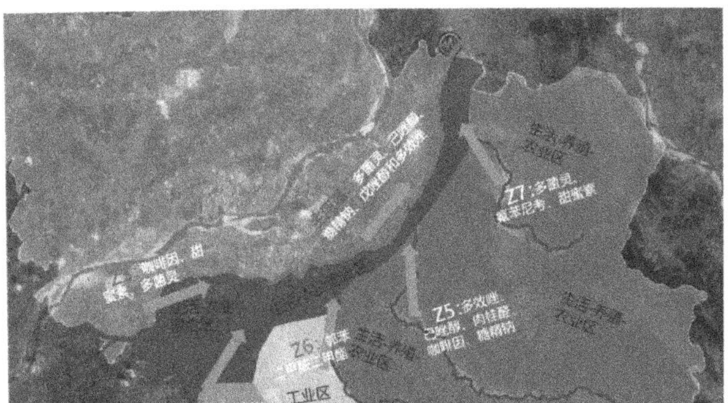

图 5　G 河有机质来源路径解析

2.2　区域污染贡献分析

基于多组分有机质监测数据和氨氮、总磷、高锰酸盐指数和溶解氧等常规指标加测数据，结合源解析算法（PCA-APCS-MLR），对 G 河水体整体状况进行污染来源识别，并量化各指标的污染来源贡献，确定首要污染因子。

2.2.1　污染源识别

使用 PCA 模型识别目标区域内的主要污染类型。确定水体水质主要成分有 4 个，累积方差贡献率达到 91.123%，表明 4 个因子能够提取流域水质指标数据的大部分信息。

第一主成分（F1）特征值为 8.308，方差贡献率为 37.763%，主要的贡献因子包括噻菌灵、多菌灵和异丙甲草胺等，大部分有机物主要为农业种植的特征因子。因此，认定第一主成分主要为农业种植污染。

第二主成分（F2）特征值为 5.398，方差贡献率为 24.538%，主要的贡献因子为邻苯二甲酸二甲酯、三氯甲烷和溶解氧等。其中，邻苯二甲酸二甲酯为特征因子；三氯甲烷为金属加工、印刷和油漆等加工行业的特征因子。因此，认定第二主成分主要为工业废水污染。

第三主成分（F3）特征值为 3.792，方差贡献率为 17.237%，主要的贡献因子为咖啡因、糖精钠和对羟基苯甲酸甲酯等。咖啡因和糖精钠为食品和饮料中常见的特征因子，对羟基苯甲酸甲酯在化妆品、个人护理产品和药品中较为常见，这些有机物均为生活废水的特征因子。因此，认定第三主成分主要为生活污水污染。

第四主成分（F4）特征值为 2.549，方差贡献率为 11.858%，主要的贡献因子为总磷、氨氮、林可霉素、氟苯尼考和戊唑醇等。其中总磷和氨氮为常见的污染指标，不作为特征因子；林可霉素和氟苯尼考为广谱抗生素和广谱抗菌药物，常见于动物养殖和人类医疗领域，多被认为是养殖废水的特征因子；戊唑醇主要常见于农业种植内的杀虫剂，被认为农业种植的特征因子之一。这些特征有机物的特征值总体相接近，林可霉素和氟苯尼考的特征值要略高于戊唑醇，因此，认定第四主成分是以养殖废水污染为主，农业种植为辅的复合型污染（见表 3 ~ 表 4）。

2.2.2　氨氮、总磷等污染贡献分析

采用 APCS-MLR 受体模型量化不同污染源对氨氮、总磷、高锰酸盐指数和溶解氧浓度变化的贡献率。基于该模型得到上述 4 个污染源与氨氮、总磷、

表 3　主成分总方差

主成分	特征值总计	初始特征值方差百分比 /%	累计百分比 /%
F1	8.308	37.763	37.763
F2	5.398	24.538	62.301
F3	3.792	17.237	79.538
F4	2.549	11.585	91.123

表 4　主成分分析因子的荷载矩阵

水质因子	污染因子成分			
	F1	F2	F3	F4
咖啡因	−0.307	0.061	0.763	−0.483
林可霉素	−0.814	0.236	−0.156	0.386
磺胺嘧啶	−0.371	0.584	0.529	0.158
磺胺甲噁唑	0.979	0.023	0.093	0.143
氟苯尼考	0.619	−0.474	0.474	0.374
异丙威	−0.396	−0.885	0.106	−0.073
噻菌灵	0.949	−0.226	−0.128	0.128
多菌灵	0.944	−0.066	−0.078	0.210
异丙甲草胺	0.824	−0.202	−0.209	−0.382
己唑醇	−0.495	−0.430	−0.548	−0.502
戊唑醇	−0.437	−0.683	−0.512	0.271
多效唑	−0.530	−0.742	−0.204	−0.107
对羟基苯甲酸甲酯	0.056	0.162	0.668	−0.330
糖精钠	−0.216	0.432	0.750	−0.288
甜蜜素	−0.901	0.035	0.324	0.200
邻苯二甲酸二甲酯	0.172	0.817	−0.408	0.261
甲苯	0.833	0.496	−0.120	−0.134
三氯甲烷	−0.156	0.754	−0.558	−0.206
氨氮	0.698	−0.329	0.207	0.489
总磷	−0.299	0.587	0.073	0.702
高指	−0.642	0.397	−0.398	0.200
溶解氧	0.364	0.620	−0.422	−0.549

高锰酸盐指数和溶解氧浓度的函数关系，由这一函数关系计算各水质参数的预测值，并将预测值与实测值相比较，两者的比率值越接近于 1，说明多元线性回归拟合度越好 [9]。区域内氨氮、总磷、高锰酸盐指数和溶解氧的预测浓度与实际浓度线性拟合的 R^2 值分别为 0.960、0.967、0.945 和 0.999，表明预测值和实际值接近，APCS–MLR 受体模型适用于该区域污染源的分析（见图 6）。

对于氨氮，农业种植、工业废水、生活废水和养殖 – 农业种植复合废水污染的贡献率分别占 51%、26%、10% 和 13%，因此，农业种植是导致该河段氨氮浓度较高的主要污染源。对于总磷，农业种植、工业废水、生活废水和养殖 - 农业种植复合废水污染的贡献率分别占 32%、25%、6% 和 37%，农业种植、工业废水和养殖 - 农业种植复合废水污染贡献率较为接近，因此，导致该河段总磷浓度较高的主要原因是农业种植、工业废水和养殖废水的综合污染。对于高锰酸盐指数，农业种植、工业废水、生活废水和养殖 - 农业种植复合废水污染的贡献率分别占 49%、26%、19% 和 613%，因此，农业种植和工业废水是导致该河段高锰酸盐指数浓度较高的主要原因，其中农业种植是最为主要的污染源。

对于溶解氧，农业种植、工业废水、生活废水和养殖 – 农业种植复合废水污染的贡献率分别占 12%、71%、5% 和 12%，因此，工业废水是导致该河段溶解氧浓度较低的主要污染源（见图 7）。

但溶解氧与氨氮、总磷和高指等指代具体物质类别的水质指标不同，溶解氧主要是指在水中的空气中的分子态氧，水中的溶解氧的含量与气压、温度都有密切关系。故工业废水虽是导致该河段溶解氧浓度较低的主要污染源，但河段溶解氧的污染成因不仅只是因为河道中有废水污染，其与环境因素如水温、大气压、河道流动性等因素也是密不可分的。

3　结语

（1）G 河周边持续有生活污水、农业种植污染汇入；Z1 以农业种植污染为主，Z2 以生活污水污染为主，Z3 以生活污水和农业种植污染为主；Z4 以养殖废水污染汇入为主，污染程度较轻；Z5 和 Z7 均是以农业种植废水、养殖废水和生活污水的复合污染输入为主；Z6 上的工业园区是 G 河工业废水污染的主要输入源。

（2）利用三维荧光指纹技术进行水质溯源分析是有效识别污染来源的方法。通过三维荧光光谱技术对 D14 以及 D10 的水样进行分析，结果发现两者的荧光指纹相似度高达 98%，直接表明工业废水是 Z6 主要污染源之一。

（3）主河道周边持续有生活污水和农业种植污染汇入，经源解析算法，确定了 4 个主要的污染类型，方差贡献率由高到低依次为农业种植污染（37.763%）、工业废水污染（24.538%）、生活污水污染（17.237%）、养殖种植复合型污染（11.858%）。

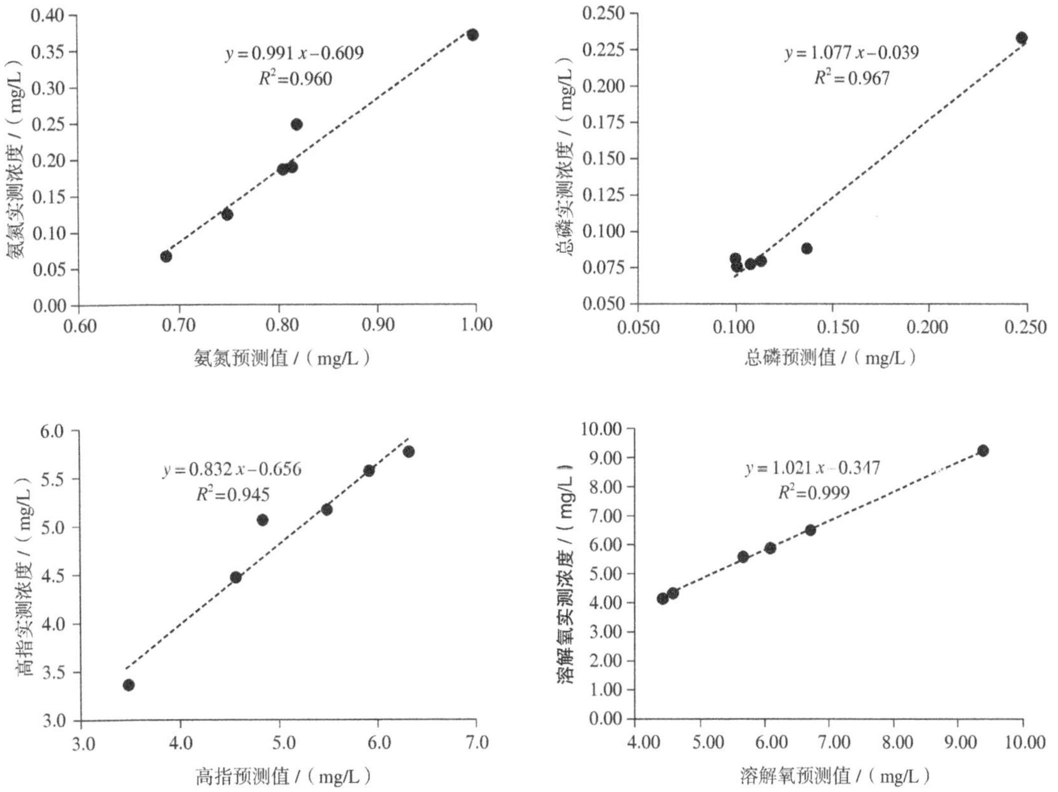

图 6　G 河各水质指标浓度预测值与实测值线性拟合

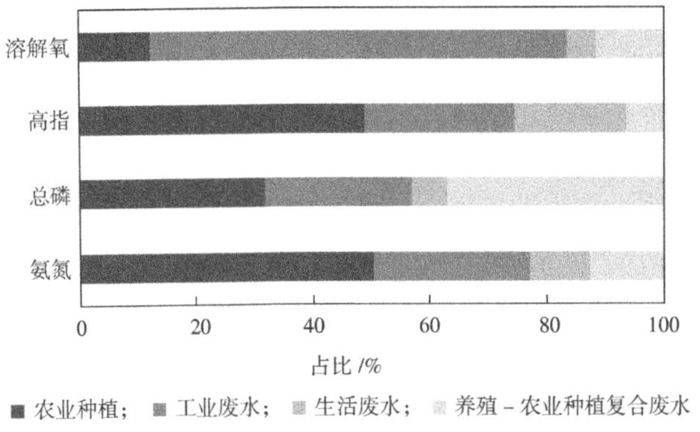

图 7　不同污染源对水质指标浓度变化的贡献占比

（4）农业种植是导致该河段氨氮浓度较高的主要污染源；农业种植、工业废水和养殖废水的综合污染是导致该河段总磷浓度较高的主要原因；农业种植和工业废水是导致该河段高锰酸盐指数浓度较高的主要原因，其中农业种植影响最为显著。

4　参考文献

[1] KZAR A, JAFRI M, MUTTER K, et al. A modified hopfield neural network algorithm (MHNNA) using ALOS image for water quality mapping[J]. International Journal of Environmental Research and Public Health，2016，13（1）：92.

[2] 毕麦红. 水污染环保综合治理思路及解决方案研究 [J]. 资源节约与环保，2022，17（9）：43–46.

[3] YANG L, MEI K, LIU X, et al. Spatial Distribution and Source Apportionment of Water Pollution in Different Administrative Zones of Wen–Rui–Tang(WRT) River Watershed,China [J]. Environmental Science and Pollution Research International, 2013，20（8）：5341–5352.

[4] 陈亚平，马莉. 基于气相色谱–质谱法的水体中挥发性有机污染物实时监测方法研究 [J]. 环境科学与管理，2023，48（10）：144–149.

[5] 梁月清，刘会来，崔康平，等. 基于三维荧光光谱–平行因子分析法的工业园区污水溶解性有机物溯源与归趋 [J]. 环境工程学报，2022，16（4）：1238–1247.

[6] 付嘉琦，桂双林，易其臻，等. 基于三维荧光及平行因子分析的南昌市某河可溶性有机物溯源及治理策略 [J]. 环境工程学报，2023，17（11）：3487–3496.

[7] 戴源，谢继征，袁静，等. 紫外光诱导荧光分析仪结合多元线性回归算法在城市河流常规污染指标监测中的应用 [J]. 环境监控与预警，2021，13（2）：29–34.

[8] 陈锋，孟凡生，王业耀，等. 多元统计模型在水环境污染物源解析中的应用 [J]. 人民黄河，2016，38（1）：79–84.

[9] 张婉萍，樊敏，杨远坤，等. 基于多元统计的沱江支流釜溪城镇河流污染特征解析 [J]. 生态学杂志，2023，42（6）：1517–1526.

责任编辑　于佳雪（收到修改稿日期：2024–05–17）

应用环境 DNA 技术评估浦东机场生物群落多样性

An Assessment on the Diversity of Biotic Community at Pudong Airport by Using eDNA Technique

蔡园园　孙财千*　邹宏硕　马小竞　吴育夷（上海机场集团有限公司，上海 201207）

Cai Yuanyuan　Sun Caiqian*　Zou Hongshuo　Ma Xiaojing　Wu Yuyi　(Shanghai Airport Group Co., Ltd., Shanghai 201207)

摘要　为验证在机场利用eDNA监测生物物种多样性的可能性，分别于2022年1月、3月、7月在浦东机场开展了3次eDNA监测。共监测到植被20科58属74种，其中主要优势种为禾本科和菊科，含常见植被物种12种；监测到昆虫14目40科67种，其中优势种为鞘翅目（34%）、双翅目（16%）、直翅目（15%）、鳞翅目（13%），其余科属占比较低，均不到5%。相比于传统生态监测方式，eDNA样本收集简便，受外界因素影响相对较小，对采样员分类鉴定专业能力要求较低，监测结果检出率远高于传统生态监测，且检出结果分类较细，物种丰富度高。但eDNA环境监测目前只能定性，不能定量，无法判断数量优势种。将eDNA技术用于机场及周边生态环境监测，具有采样效率高、监测全面、早期预警能力强等优点，可为降低鸟击事件、提升飞行安全提供科学依据。

关键词：机场　环境 DNA　多样性监测　鸟击防范

Abstract　To explore the feasibility of using environmental DNA (eDNA) for monitoring biodiversity at airports, three surveys were conducted at Pudong Airport of Shanghai individually in January, March and July of 2022. In those surveys, 74 species across 58 genera in 20 families of vegetation were identified with *Poaceae* and *Asteraceae* being dominant families including 12 common plant species herein. Besides, 67 species covering 40 families in 14 orders of insects were detected with *Coleoptera* (34%), *Diptera* (16%), *Orthoptera* (15%) and *Lepidoptera* (13%) as dominant orders whilst the rest ones accounting for all less than 5% each. Compared to conventional ecological monitoring modes, eDNA could offer several operational advantages such as simplified sample collection, less affected by external factors, and not higher professional skills required for sample identification. eDNA monitoring also could bring out a far higher detection rate than conventional modes, and its findings could give refined categorisation and higher richness of species. The environmental monitoring by eDNA is, however, only qualitative rather than quantitative up to now, and still unable to judge the abundance of dominant species. The eDNA technique initially applied to eco-environmental monitoring at airports and their surroundings has shown its strong applicability for specific ecosystems with the merits of enhanced sampling efficiency, comprehensive monitoring and powerful early warning capabilities, so as to provide a scientific basis for lessening the risk of bird strike and improving the air safety.

Key words: Airports　Environmental DNA (eDNA)　Diversity monitoring　Bird strike prevention

第一作者蔡园园，男，1986 年生，2012 年毕业于上海大学生命科学学院，硕士研究生，工程师。

* 通信联系人，basel@163.com。

鸟击是指飞机在起飞、爬升、巡航或降落过程中被鸟类（或蝙蝠等飞行物种）撞击而发生的飞行安全事故或事故征候[1]。据统计，超过 90% 的鸟击发生在机场和机场附近空域[2]，其中飞机爬升或进近降落时极易发生鸟击事件或鸟击征候，二者飞行相对速度较大，避障不及，会造成极大的破坏。鸟击事件不仅会对航空器的机械结构造成破坏[3]，还可能影响飞机的操作系统，甚至导致发动机故障。在一些极端情况下，鸟击可能引发更为严重的航空事故，给航空公司造成巨大的经济损失及不良的社会影响。目前，国际航空联合会已将鸟击升级为“A”类（极易发生）航空灾难。因此，鸟击管理和缓解措施的研究和实施成了航空业的一个重要课题[4]。为应对鸟击带来的挑战，航空业已采取多种预防措施，例如采用雷达等技术监测机场及其周边的鸟类活动、改善机场环境以减少鸟类吸引等[5]。

浦东机场位于上海市浦东新区长江入海口南岸的滨海区域，由于附近适宜鸟类栖息的滩涂湿地、森林等生境类型多样，自然度较高，为鸟类提供了良好的营巢和觅食活动生态位，吸引、栖息的鸟类种类多、数量大，形成多样性指数高的鸟类群落[6]。这些鸟类喜欢到食物丰富的机场区活动觅食，成为鸟类输入机场对应分区的重要鸟源地。鸟类大体可分为植物食性和动物食性（食虫、食肉、食鱼）两类，还有许多中间类型，很多种类的食性还会随着季节、食物多少、栖息地特点及其他条件的变化而变化，其中昆虫和大型土壤动物是许多鸟类最重要的直接或间接食源[7]。

eDNA 技术，作为一种从环境样本中直接提取并分析 DNA 片段的现代方法，近年来在生物多样性监测、物种分布研究以及生物保护等领域显现出极大的应用潜力[8-9]。这项技术能够侦测来自皮肤、黏液、唾液等多种生物来源的 DNA 材料，无需直接观察或捕获个体，便能获取关于生物种群和生态系统的重要信息[10]。随着航空业对飞行安全要求的不断提高，eDNA 监测技术可作为一种新型技术引入以预防鸟击事件，其可检测特定环境中存在的 DNA 片段，从而准确了解该区域内鸟类、植物和昆虫的种类及数量。通过这种方式，可以更精准地预测鸟类的活动、觅食等模式，并据此采取针对性的措施以降低鸟击风险，为航空安全提供了创新而有效的解决策略，显著提升了飞行安全性。相较于传统的监测方法，该技术无需大量人力资源投入，具有高效率和优异的时效性。通过分析机场及其周边区域的土壤、水体和空气样本中的 eDNA，可以快速识别可能参与鸟击事件的物种多样性和生物群落的变化，为风险评估与管理措施的实施提供坚实的数据支持。

通过野外采样，对土壤、植被、昆虫等进行分析，提取虫类和植物的 DNA，分析鉴定吸引鸟类进场的种类，进行针对防范。通过管理和改造机场附近的栖息地，可以减少对危险野生生物的吸引力，从而将减少碰撞的发生。

1 材料与方法

1.1 研究区域概况

上海浦东机场位于长江三角洲平原地带，机场及周边地区地形平坦，辅以精心规划的绿化带和水系，包括河流、人工湖泊、广阔的草坪以及多种多样的植被区，以保持生态平衡和减少航空噪音对周边环境的影响。尽管由于安全和维护的需要，机场跑道附近的植被种植相对谨慎，但通过科学规划，仍然保证了生态多样性。

1.2 样点设置

监测站点主要分布于浦东机场一三跑道北、中、南，二四跑道北、中、南（见图 1）。2022 年 4 月 1 日、15 日和 30 日分别进行了 3 次监测采样，所得样品经充分混合进行 eDNA 检测分析。

1.3 样品采集

通过采集土壤虫类、土壤植被、昆虫残体、植物碎片、鸟类羽毛、鸟类肌肉、鸟类胃含物等环境样本中 DNA，分析机场草坪区吸引鸟类活动的原因，主要采集内容及方法如下。（1）土壤：取土壤样品时使用土钻、锹、铲等工具，去除覆盖植被、凋落物等以

图 1 样品采集地点位示意

及表层土壤的植物根系，同一片样方/样地/区域，选取不少于5个样点采集土壤样品，每个取样点样品量约1 cm^3，混合均匀后装入无酶无RNA的15 mL离心管中。采集3个以上重复混合样品进行测试。采集完成后立即放入干冰、超低温冰箱或液氮冻存。（2）昆虫：采集单位时间内诱虫灯网内收集的所有昆虫（建议收集时长不超过48 h，收集前清空网内昆虫，如种类过少可适当延长收集时间），装入无酶无RNA的15 mL离心管中，标记采样信息。采集3个以上重复样品，可以是同一收集期的不同诱虫灯样品，或同一诱虫灯连续多个收集期样品。样品立即放入干冰、超低温冰箱或液氮冻存。（3）鸟类：将鸟击残体样品、鸟的嗉囊/胃容物样品（含有较完整残留物需要剪碎）混匀后装入无酶无RNA的15 mL离心管中，标记采样信息，样品立即放入干冰、超低温冰箱或液氮冻存。（4）植物：取不同植物的新鲜叶片/茎尖/侧芽等部分，长度不超过1 cm，混合后装入无酶无RNA的15 mL离心管中，标记采样信息，取3个以上重复样品。样品立即放入干冰、超低温冰箱或液氮冻存。

1.4 DNA提取、PCR检测和高通量测序

样本类型分为诱捕的昆虫混合组织样本和土壤样本。昆虫样本使用Qiagen DNeasy Blood & Tissue Kit进行DNA提取。由于部分昆虫体积较大，将提取过程进行了修改，将组织样本研磨混匀后称取2 g用于后续提取，根据说明书使用了更大量的Buffer ACL和蛋白酶K，将样本在旋转器中摇动3 h进行裂解，在纯化DNA之前加入了10 μL RNase A。土壤样品使用MoBio PowerSoil Extraction Kit进行DNA提取。

研究选择针对陆生昆虫的BF3/BR2引物（F：CCHGAYATRGCHTTYCCHCG，R：TCDGGRTGNCCRAARAAYCA）对细胞色素c氧化酶Ⅰ（COI）中～414 bp长的区域进行PCR扩增[11]。每个DNA样本进行3次PCR重复，反应在50 μL反应体系中进行，包括44 μL混合物（Tsingke，GoldenStar T6 Super PCR Mix），2 μL的每个引物（10 μM）和2 μL的模板DNA。使用以下温度程序进行扩增：初始变性在95℃下进行5 min，29个循环，每个循环包括95℃下30 s，50℃下30 s和72℃下50 s，最后在72℃下延伸5 min。使用2%浓度的琼脂糖凝胶来检查每个PCR扩增产物。将3次PCR重复混合后测量浓度，然后使用Qiagen Gel Extraction Kit对混合PCR产物进行纯化。最后，使用NEBNext Ultra™ Ⅱ DNA Library Prep Kit for Illumina分别构建2个扩增子文库，使用Qubit 2.0荧光仪（Thermo Scientific）和Agilent Bioanalyzer 2100系统评估文库质量，并进行MiSeq平台（2×300 bp读数）测序。

1.5 生物信息学和数据分析

使用Cutadapt ver. 1.18[12]去除raw reads中正向和反向引物，使用Fastp（版本0.20.0）对raw reads进行质量过滤，使用DADA2进行错误校正、合并和拼接检查。从数据集中删除所有长度＜300 bp，以及含有模糊的碱基或整个长度中存在2个以上预期错误的序列，并在遇到第一个Phred质量评分＜20的碱基时截断序列。将正向和反向reads合并，最小重叠长度为20 bp，并使用De novo共识方法去除嵌合序列。使用BLAST（Basic Local Alignment Search Tool）将Amplicon Sequence Variants (ASVs) 序列与National Centre for Biotechnology Information（NCBI）的nt数据库进行比对，设置相似度90%及覆盖度70%。将注释为同一物种的ASVs进行合并后保留物种进行后续统计和后续分析。

2 结果与讨论

2.1 eDNA在鸟类监测中的应用

近年来，eDNA在鸟类研究中的应用迅速扩大，显示出其在鸟类生态学各个方面的应用价值。通过对环境样本，如土壤、水或空气中的微粒进行分析，eDNA技术能够非侵入性地监测特定物种的存在和分布。以往研究利用eDNA来检测森林[13]、湿地[14]、城市环境[15]等不同栖息地的鸟类物种。eDNA元条形码技术能够从复杂的环境样本中同时检测多种鸟类，为鸟类群落组成和动态提供了见解。然而，eDNA技术用于机场设施内和周围存在的各种鸟类物种的检测却极少。通过对这些环境中的eDNA样本进行分析，能够检测到一系列鸟类物种，这一点在飞行路径复杂且物种多样的区域尤其有价值[16]。例如，机场及其周边区域的eDNA样本分析揭示了多种鸟类的存在，从水禽到猛禽、再到雀鸟，包括多种候鸟和留鸟。这些数据能够准确定位鸟击的高风险区域，对于制定有效的鸟类管理策略和减少与航空器相关的鸟击事件至关重要。eDNA分析的这一应用可以显著提高风险评估的准确性，从而允许机场管理部门采取更有针对性的措施。机场可以改善鸟类数据收集，增强风险评估能力，并实施有针对性的鸟类管理策略，以降低鸟击风险。eDNA技术的持续研究和创新将进一步提高其在

全球机场鸟类监测和野生动物管理中的适用性和有效性。

eDNA 环境监测通过测定胃容物直接鉴定机场鸟类食物链，监测白鹭胃容物时发现存在禾本科植物 DNA[17]，由于白鹭通常以动物性饵料为主，因此可以判断白鹭取食过以禾本科植物为食的虫类或水生动物。然而，在使用 eDNA 技术进行鸟类监测时，也遇到了一些实际挑战。在 eDNA 样本收集中，仅能监测到白鹭（*Egretta garzetta*）的鸟羽、鸟肌和鸟胃内容物，样本分析揭示了禾本科植物的 DNA，未检测到昆虫 DNA，可能是由于季节性因素或采样方法导致的偏差。这一发现突显了采样方案标准化的重要性，是 eDNA 研究中需要解决的一个挑战。与传统监测方法相比，eDNA 技术监测能提高灵敏度、减少采样偏差和成本效益，通过提供鸟类种类存在的全面和实时数据，提高了机场减少鸟击工作的有效性。然而，采样方案的标准化、DNA 提取方法的优化以及 eDNA 数据的解释等挑战仍有待解决，必须优化 DNA 的提取方法和数据解释策略。

2.2　eDNA 在植被监测中的应用

eDNA 技术能够在不破坏生境的前提下，快速且全面地监测机场及周边地区的植物群落，这一点对于机场这种需要保持运营安全同时又要保护周边环境的特殊区域来说极为重要。eDNA 技术在检测低密度或难以观察到的物种方面也显示出了非凡的灵敏度，可以尽早检测到某些植物的存在，从而采取相应的管理措施，减少鸟类与飞机碰撞的安全隐患。此外，通过分析在不同时间点收集的样本，能够追踪植被的变化趋势，从而评其对鸟类的长期影响。

本研究中，传统调研方法与 eDNA 技术在物种检测上存在差异。传统方法通过直接观察和样本收集，共发现 8 科 13 属 13 种植物，具体为：飞蓬属、葎草属、狗牙根属、老鹳草属、大戟属、一枝黄花属、黑麦草属、三叶草属、鬼针草属、狗尾草属、拉拉藤属、婆婆纳属、稗属等。其中禾本科、菊科等植物为优势类群，尤其白车轴草、狗尾草覆盖面积较大（见图 2）。这种方法依赖于研究人员的专业知识和物种识别能力，且通常较为耗时和劳力密集。相比之下，通过 eDNA 技术，研究人员从同一地点的环境样本中检测到了 20 科 58 属 74 种植物，种类数明显多于传统调研方法，其中主要优势种为禾本科和菊科，常见植被物种为白车轴草、野豌豆、马唐、老鹳草、婆婆纳、狗牙根、苦苣菜、铁苋菜、沙紫菀、大狗尾草、狗尾草、宝盖草 12 种（见图 3）。eDNA 技术能够捕捉到那些可能由于季节性变化、稀有性或是微小体积而在传统调查中被忽视的物种的 DNA 痕迹，从而检测到更多的物种。此外，eDNA 可以通过从多种类型的样本中提取 DNA，如土壤中的枯落物、空气样本中微小的植物碎片等，提供更全面的生物多样性快照。禾本科和菊科植物在 eDNA 监测中被鉴定为优势种群，表明这两个科的植物在该环境中较为常见或具有较高的生物量。菊科在 eDNA 监测中占 27%，高于其他科，禾本科以 22% 的比例紧随其后，显示了两者在该地区植物群落结构中的重要性。不同种类的植被对鸟类的招引度不同，如白车轴草、狗尾草招引度较高，泽漆、一枝黄花等次之，通过分析不同植被区域所吸引的特定鸟类种群，可以更精准地预测鸟类的活动模式，故基于 eDNA 数据，管理部门能够采取更为针对性的措施，如调整植被种类和分布，或实施其他生态干预措施，有效减少鸟击事件的发生，提升航班的安全性和准时性。

eDNA 技术的实施需要专业的设备和技术人员，初期投资较高，数据解读，尤其是在种类辨认和数量估计方面，需要高度的专业知识和经验。因此，在推广和优化该技术的过程中，还需要克服成本、技术培训和数据处理等方面的挑战。

2.3　eDNA 在昆虫监测中的应用

机场内的草坪、灌木等绿色空间，不仅为昆虫提供了栖息地，也吸引鸟类觅食，形成了一条复杂的食物链，这种生态平衡带来了鸟击事件的风险，对航空安全构成了严重威胁。因此，对机场生态系统中的昆虫群落进行有效监测，成了预防和管理航空安全风险的关键一环。eDNA 技术可作为机场昆虫监测的一种创新方法，无需直接捕捉昆虫样本，实现对机场草坪、灌木等区域昆虫种群结构和丰度的快速、准确评估，不仅提高了监测的效率和范围，同时非侵入性的监测方式最大限度地减少了对环境的干扰。此外，传统的昆虫多样性监测方法，如视觉识别、诱捕器和样本收集，往往劳力密集、时间消耗大，并可能受限于物种的季节性活动和昼夜活动模式。相比之下，eDNA 技术通过分析土壤、水体或空气样本中的 DNA，能够有效地监测和鉴定特定地区的昆虫物种，甚至是隐蔽或少见的种类。另外，eDNA 技术还被用于跟踪入侵物种的扩散，这对于及时采取管理措施，防止入侵种对本土生物多样性造成破坏具有重要意义。

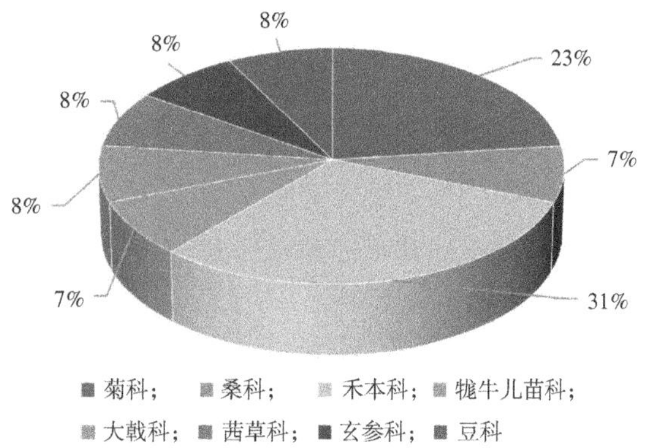

图 2　浦东机场传统植被监测结果

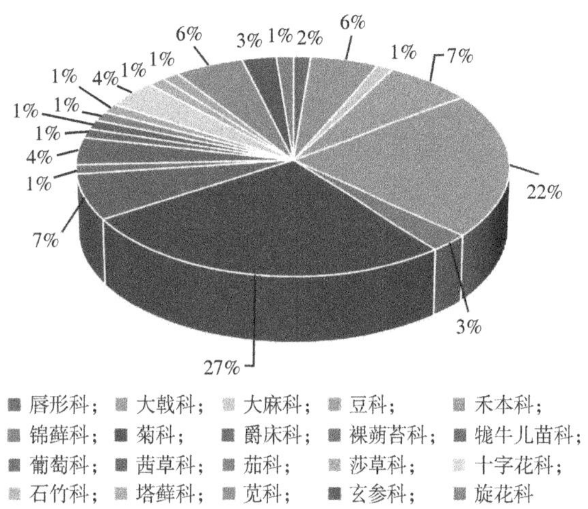

图 3　浦东机场 eDNA 植被监测结果

本研究中，传统调研方法共在浦东机场发现 3 门 5 纲 11 目 18 科虫类，从种类角度来看，双翅目、鳞翅目、鞘翅目种类较多，为优势物种，均高于 10%（见图 4）。通过 eDNA 技术监测到的昆虫多样性明显高于传统监测方法，共识别出 14 目 40 科 67 种昆虫，这一显著的差异强调了 eDNA 技术在昆虫多样性快速

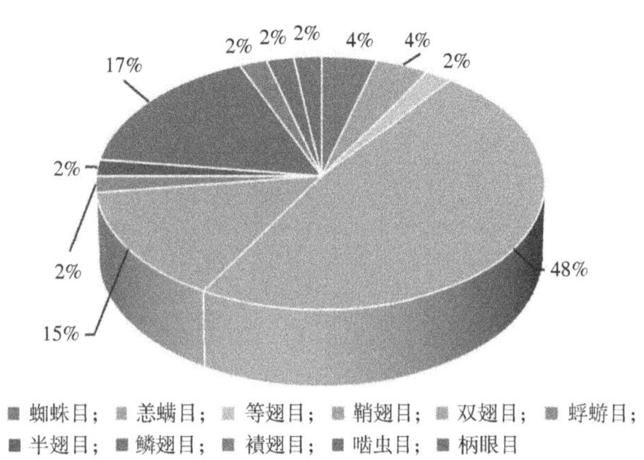

图 4　浦东机场传统虫情监测结果

评估中的优势，尤其是在能够捕获到那些用传统方法难以观察到的物种。eDNA 结果显示鞘翅目昆虫是浦东机场昆虫群落中的优势种群，占总检测到昆虫种类的 34%，其次是双翅目（16%）、直翅目（15%）和鳞翅目（13%）（见图 5），揭示了鞘翅目在该地区生态系统中的主导地位。通过对比分析 eDNA 和传统监测结果，可以进一步了解特定昆虫群落的组成和生态偏好，以及不同监测方法在生物多样性研究中的应用范围和限制。更重要的是，通过 eDNA 技术对机场内昆虫种群进行精准监测，分析特定区域的昆虫 DNA 信息，可以识别哪些昆虫种类是吸引鸟类觅食的主要“磁铁”，通过管理昆虫种群减少鸟类聚集，降低鸟击风险。此外，eDNA 监测还能帮助识别和控制入侵昆虫种群，保护机场生态系统的健康和稳定。

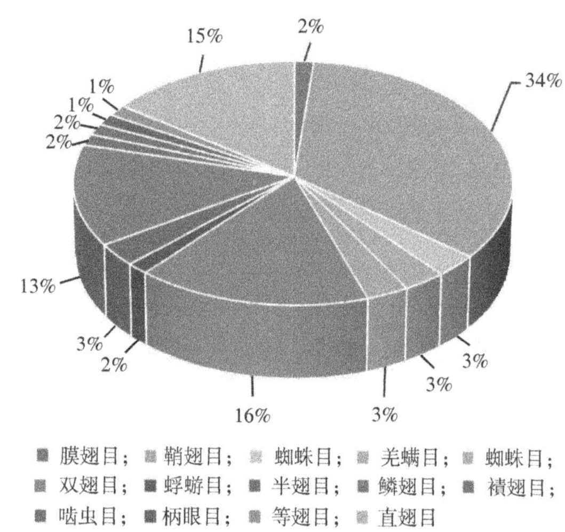

图 5　浦东机场 eDNA 虫情监测结果

尽管 eDNA 在昆虫监测中的应用前景广阔，但也存在一些技术和方法学上的挑战需要克服。首先，环境样本中的 DNA 往往高度降解，这要求使用高度敏感和特异性的分子技术进行检测。其次，如何从复杂的环境样本中准确地区分并量化各种昆虫的 DNA，还需要进一步的方法学开发和验证。此外，环境因素对 eDNA 稳定性和可检测性的影响也需要进一步的研究。

3　结语

与传统的监测方法相比，eDNA 在机场环境中的应用具有几个优势。通过利用生物在其周围环境中释放的遗传物质，eDNA 可以在对野生动物种群干扰最小的情况下进行全面的生物多样性评估。此外，eDNA 采样的非侵入性降低了人工成本，并允许重复采样，而不会中断机场运营。从结果来看，eDNA 环境监测可通过测定胃容物直接鉴定机场鸟类食物链，比如通过监测白鹭胃容物，发现体内存在禾本科植物 DNA，由于白鹭通常以动物性饵料为主，因此可以判断白鹭取食过以禾本科植物为食的虫类或水生动物。传统生态监测到虫类 11 目 18 科 18 种，植被 8 科 13 属 13 种，而经 eDNA 环境监测到虫类 14 目 40 科 67 种，植被 20 科 58 属 74 种，eDNA 监测结果检出率远高于传统生态监测，且检出结果分类较细，物种丰富度高。

然而，eDNA 环境监测只能定性，不能定量，无法判断数量优势种；传统生态检测可定性定量，分析区域优势度种类及相关数量变化。此外，还需要跨学科合作，将生态学、遗传学、航空安全等领域的专业知识集成，制定出既科学又实用的机场生态监测和管理策略。基于生态监测结果，可以通过管理和改造机场附近的栖息地，如调整植被组成，减少对鸟类有吸引力的植物种植，以及通过生态工程手段控制昆虫种群，减少机场及其周边的鸟类活动，减少鸟击事件的发生。此外，建议机场管理部门定期监测环境变化，并根据监测结果调整管理策略，以持续有效地降低鸟击风险。本研究提高了对机场及其周边生态系统的了解，为降低鸟击事件和提升飞行安全提供了科学依据和实际指导，后续研究将进一步探讨不同环境因素对鸟类行为的影响，以及如何通过环境管理实现与野生生物共存的长期目标。

DNA 技术在鸟击防撞管理中的应用，展示了现代分子生物学技术在非传统领域的潜力。通过对机场及其周边生态系统的深入了解，该技术为航空安全管理提供了强有力的科学支撑。未来，随着样本处理技术的改进、数据解析方法的发展以及物种数据库的完善，eDNA 技术有望在航空业中发挥更大的作用，为防止鸟击事件提供更有效的策略和措施。

4 参考文献

[1] RANDALL I. Blue lights could prevent bird strikes[J]. Science, 2015：aab2480.

[2] 崔振新，陆正，郑江萍. 关于鸟击主要发生在“机场附近”的讨论 [J]. 中国民航飞行学院学报，2015（5）：57–59.

[3] ANDREWS R, BEVRANI B, COLIN B, et al. Three novel bird strike likelihood modelling techniques: The case of Brisbane Airport, Australia[J]. Plos One, 2022，17（12）：e0277794.

[4] 张俊，张洁，高云，等. 武汉天河国际机场鸟类多样性时空分布特征及鸟击防范策略 [J/OL]. 生态学杂志，（2024–03–18）[2024–05–23]，https://link.cnki.net/urlid/21.1148.q.20240314.1933.014.

[5] 戎彦宇，王春意，邓雯，等. 机场鸟击防治的景观生态学途径 [J]. 生态学报，2021，41（22）：8939–8952.

[6] JEFFERY R F, BUSCHKE F T. Urbanization around an airfield alters bird community composition, but not the hazard of bird–Aircraft collision[J]. Environmental Conservation, 2018，46（2）：124–131.

[7] PEN-MOURATOV S, DAYAN T. Effect of piscivorous and omnivorous colonial birds’ activity on structure, abundance and diversity of soil free–living nematodes. Preliminary results from a study of the impact of avifauna on soil biota in Israel’s Mediterranean Coastal Plain[J]. Ecological Indicators, 2019，107：105211.

[8] ARIZA M, FOUKS B, MAUVISSEAU Q, et al. Plant biodiversity assessment through soil eDNA reflects temporal and local diversity[J]. Methods in Ecology and Evolution, 2022，14(2)：415–430.

[9] MANEL S, MATHON L, MOUILLOT D, et al. Benchmarking fish biodiversity of seaports with eDNA and nearby marine reserves[J]. Conservation Letters, 2024，17（2）：e13001.

[10] CHAUHAN A, KAMBOJ K, KAUR H. EDNA from feathers–a valuable tool and unique source for identification of birds[J]. 2019，22（1）：347–353.

[11] KIM M J, KIM S Y, JUNG S K, et al. Development and validation of ultrafast PCR assays to detect six species of edible insects[J]. Food Control, 2019，103：21–26.

[12] BRINKMANN A, ANDRUSCH A, BELKA A, et al. Proficiency testing of virus diagnostics based on bioinformatics analysis of simulated in silico high–Throughput sequencing data sets[J]. Journal of Clinical Microbiology, 2019，57（8）：e00466–19.

[13] LYNGGAARD C, TOBIAS G F, JOHNSON M S, et al. Airborne environmental DNA captures terrestrial vertebrate diversity in nature[J]. Molecular Ecology Resources, 2024，24（1）：e13840 .

[14] STOKSTAD E. DNA plucked from air identifies nearby animals[J]. Science, 2021，373（6553）：376.

[15] KIM W M, LEE H J, SONG W. Environmental DNA metabarcoding effectively monitors terrestrial species by using urban green spaces[J]. Urban Forestry & Urban Greening, 2022，78：127782.

[16] WAUGH J, EVANS M W, MILLAR C D, et al. Birdstrikes and barcoding: can DNA methods help make the airways safer? [J] Molecular Ecology Resources, 2010，11（1）：38–45.

[17] PANDIYAN J, ZACHARIAH A, CHANDRAMOHAN B, et al. DNA barcoding of waterbirds: A novel technique in environmental conservation biology[J]. Journal of King Saud University– Science, 2022，34（2）：101750.

责任编辑 黄潇月（收到修改稿日期：2024–05–23）

低温 SCR 脱硝催化剂的研究现状与挑战

The Research Status and Challenges of Low Temperature SCR Catalysts for Denitrification

解 玉[1] 王 彪[1*] 韩金峰[2] 张胜东[1] 周喜宝[1] （1. 山东省淄博市生态环境局周村分局，淄博 255300；2. 金日成综合大学地球环境科学系，平壤 999093）

Xie Yu[1] Wang Biao[1*] Han Geumbong[2] Zhang Shengdong[1] Zhou Xibao[1] (1. Zhoucun Branch of Zibo Municipal Bureau of Ecology and Environment, Zibo 255300; 2. Department of Geo-environmental Science, Kim Il-sung University, Pyongyang 999093)

摘要 综述了贵金属、分子筛、碳基和金属氧化物 SCR 催化剂的研究进展，全面阐述了影响低温催化剂活性的因素，包括前驱体引入方法、制备条件、载体预处理和催化剂结构，分析了 SO_2 和 / 或 H_2O 导致低温 SCR 催化剂中毒 / 失活的机理及缓解方式，总结了提高 SCR 催化剂抗毒化能力的方法并指出了未来研究的发展方向。

关键词：选择性催化还原 SO_2 和 / 或 H_2O 中毒 NO_X 低温脱硝

Abstract An overview of the research progress is presented on selective catalytic reduction (SCR) catalysts of noble metals, molecular sieves, carbon-based and metallic oxides. Factors influencing the activity of low-temperature catalysts are comprehensively discussed including precursor introduction methods, preparation conditions, carrier pretreatment and catalyst structure. Additionally, the mechanism and the ways to mitigate the sulphur dioxide and/or water poisoning/inactivation of low-temperature SCR catalysts are analysed. Methods for enhancing the anti-poisoning power of SCR catalysts are summarised whilst indicating a development orientation for the future research.

Key words: Selective catalytic reduction (SCR) Sulphur dioxide and/or water poisoning Nitrogen oxides Low-temperature denitrification

选择性催化还原（SCR）已被证明是一种可以有效治理工业锅炉和窑炉烟气中氮氧化物（NO_x）的脱硝工艺。目前广泛应用的 SCR 催化剂通常需要在温度高于 300℃时，位于脱硫和除尘工艺后。此操作条件下，烟气中含有的大量灰尘、金属氧化物杂质（如 K_2O、CaO 和 As_2O_3）和 SO_2，使催化剂极易发生失活、中毒、堵塞和磨损等，增加运行成本[1-4]。为了避免中毒，需要开发适合在静电除尘器（操作温度 100 ~ 160℃）或脱硫（操作温度 80 ~ 100℃）后使用的低温 SCR 高活性催化剂。低温 SCR 可使催化剂免受 SO_2 和细颗粒物污染，还可以简化操作系统设计，减少换热器数量，节省燃料用量，显著降低运行费用[5-8]。

近年来，低温 SCR 催化剂的研究已引起工业界和国内外科研人员的广泛关注，现阶段催化剂不同载体上的活性成分是主要研究方向。此外，制备方法、载体预处理和催化剂活性成分的结构等亦是关注重点。SO_2 和 H_2O 的毒化作用仍然是限制低温 SCR 应

朝鲜民主主义人民共和国自然科学和社会科学基金项目（编号：1125025）、朝鲜民主主义人民共和国自然科学和社会科学基金会国家优秀青年科学基金项目（编号：Q112675）资助。

第一作者解玉，男，1988 年生，2011 年毕业于东北大学理学院。

* 通信联系人，17860735879@126.com。

用的重要因素。因此，提高催化剂对 SO_2 和 H_2O 的抵抗力已成为热门研究领域。本文将详细比较低温 SCR 催化剂的研究进展，重点分析 SO_2、H_2O 以及二者共存对催化剂活性的影响，并对可能的催化机理和提高对 SO_2 和 H_2O 毒化抵抗力的方法进行讨论。

1 常见低温 SCR 催化剂

SCR 的反应机理非常复杂。目前应用最广泛的工艺是在过量氧气（O_2）中利用氨（NH_3）或尿素等还原烟气中的 NO_x，生成氮气（N_2）和水。在过去几十年中，对高活性、高 SO_2 抗性、高机械强度、高耐腐蚀性的低温 SCR 催化剂以及与贵金属、金属氧化物、分子筛和基于碳的低温催化剂进行了广泛研究。

贵金属催化剂因具有高活性，适用于低温 SCR 反应。Zhang 等比较了负载有 0.5 wt% 贵金属（铂、钯、铑和钌）的 TiO_2 催化剂在低温（120 ~ 300 ℃）下对丙烯（C_3H_6）和 NO_x 的催化转化效率，发现 Pt/TiO_2 催化剂在 140℃时活性最高，可以使 C_3H_6 完全转化并同时将 NO_x 减少 63%[9]。Parres-Esclapez 等制备了一系列负载于 γ-Al_2O_3 上的 Pt、Pd 和 Rh 的催化剂，其中 Rh/γ-Al_2O_3 催化 N_2O 分解的活性最高[10]。Shimokawabe 等研究了各种负载于 Al_2O_3 载体上的贵金属催化剂催化二甲醚还原 NO 的 SCR 反应，结果表明 Ag/Al_2O_3 比 Rh/Al_2O_3、Pd/Al_2O_3、Pt/Al_2O_3 催化活性更高[11]。为了进一步增强 Ag/Al_2O_3 催化剂 200 ~ 300 ℃的低温催化性能，尝试添加了不同量的钡（Ba）。作为最早应用于 SCR 反应的贵金属催化剂，Ba 具有运行温度低和催化活性高的优点，但有对 SO_2 敏感和运行成本高等缺点[12]。

为了平衡运行成本，研究人员试图开发包括过渡金属氧化物催化剂、碳基催化剂、沸石催化剂等其他催化剂。离子交换沸石被认为是有应用前景的 NH_3-SCR 催化剂，因其具有较高活性和选择性，其中铜、铁等金属离子交换沸石被广泛研究。Fedeyko 等研究发现 200 ℃下 Cu 和 Fe 离子交换沸石催化 NH_3 还原 NO_x 的过程中，NO 的氧化和 NO_x 吸附复合物的形成是关键反应步骤，硝酸盐或亚硝酸盐都具有与 NH_3 的高反应性[13]。Ochońska 等研究表明，超稳定化铜离子交换沸石 Cu-USY 具有很高的催化活性和更好的耐水热性能，催化剂活性与其拥有的 Lewis 位点的丰度和分布有关。需要进一步研究改进此催化剂沉积到载体上的方法和动力学参数[14]。此外，金属交换沸石对硫中毒特别敏感。Cheng 等首次表征了 SO_2 和 SO_3 之间中毒机制的差异，SO_3 比 SO_2 更容易在催化剂表面形成硫酸盐导致催化剂中毒，SO_3 中毒也是催化剂失活的主要原因[15]。

许多过渡金属氧化物催化剂因其良好的低温 SCR 活性而受到广泛研究，主要包括 3 种形式：单金属氧化物、多金属复合氧化物和负载金属氧化物。单金属氧化物不同的结晶度、比表面积以及氧化态在一定程度上影响其催化性能。多金属复合氧化物催化剂中的一个金属元素可以改变另一个金属的催化性能，是由电子和结构影响所导致的[16]。许多载体材料（如 Al_2O_3 和 TiO_2）已经被用于低温 SCR 反应的研究，因其可以提供巨大的表面积以分散活性相，并防止大晶粒颗粒的形成，为催化反应提供空间[17-19]。

Li 等比较了单一氧化物（MnO_x、CoO_x、CeO_x、LaO_x）和混合氧化物（Mn-Co-Ce-O_x、Mn-Co-La-O_x）的催化活性，并研究了 O_2 存在时 NO 的低温（< 200 ℃）催化氧化反应。结果显示，Mn-Co-（20）Ce-O_x 催化剂，在 35 000 /h 的空速下，150℃时对 NO 转化率达到 80%。高活性与非晶态的稳定性、孔隙结构的复杂性和高比表面积有关。但当 SO_2 和 H_2O 同时存在时，由于形成了硝酸盐和硫酸盐，Mn-Co-（20）Ce-O_x 催化剂的活性会受到抑制[20]。Irfan 等认为，Co_3O_4-WO_3 催化剂对 NO_x 的催化转化率比其他金属氧化物催化剂更高，可能是由于形成了 Co-W 纳米复合物，提高了催化剂活性。此外，SO_2 对该催化剂活性的影响几乎可以忽略不计，可能是由于 WO_3 的存在抵抗了 SO_2 的氧化作用[21]。Thirupathi 等研究了锰与共掺杂镍阳离子的相互作用，其 XPS 结果显示 MnO_2 相相对于 Mn_2O_3 相占主导地位，从而提高了催化剂的活性和稳定性。在 0.4 Ni/Mn 原子比的 Mn-Ni/TiO_2 催化剂中，Mn^{4+} 活性物种在 TiO_2 载体表面的分散度较高。同时，通过 Ni 阳离子的掺杂增强了 Mn/TiO_2 上 Lewis 酸位点的浓度和酸性，进一步增强了催化活性。目前，金属催化剂的应用障碍是其抵抗 SO_2 和 H_2O 的性能较差，因此成了今后研究的一大重点。此外，掺杂金属对电子分散度和晶体结构的影响尚不清楚，需要未来进一步研究[22]。

许多年来，活性炭（AC）和活性炭纤维（ACF）等碳材料作为吸附剂广泛应用于空气净化和工业废气的处理。去除 NO_x 时，其不仅可以作为吸附剂使用，还可以作为催化剂的载体（因其主要是非晶态材料，具有大孔容和大表面积）。通常情况下，需要通过负载一些活性成分或进行预处理来提高其催化活性。研究表明，基于碳的催化剂，如V-Mn/AC/C（AC/C，Activated Carbon/Ceramic，活性炭陶瓷复合催化剂载体）[23-24]，Ce_2O_5/ACF[25]，V_2O_5/TiO_2-CNTs[26]和Mn-Ce/AC/C[27]在低温SCR反应中表现出良好的活性。Wang等研究表明，经过400℃煅烧的多壁碳纳米管（MWCNTs，直径60～100 nm）上负载10 wt%通过氧等离子体改性的锰氧化物对SCR反应表现出极高的催化活性。该催化剂的结构参数受到MnO_x分散性大小的影响，MWCNTs的直径变化也会影响其活性。尽管有许多研究证明碳材料作为催化剂载体具有优异的性能，但要对其催化机理以及SO_2和H_2O中毒的机制有清晰而深入的认识仍然很困难。因此，进一步对碳基催化剂进行研究是必要的[28]。

2 低温SCR催化剂活性的影响因素

以往的研究主要通过改变活性组分或使用不同的载体来影响催化活性。相对而言，前驱体引入方法、制备方法、载体预处理方法和催化剂结构等因素很少得到研究，却是提高低温SCR活性的关键。

前驱体和煅烧气氛对价态有重要影响，活性组分的不同价态在SCR反应中发挥着不同作用。MnO_x/TiO_2催化剂的低温活性和稳定性较低，掺杂其他金属是增强活性的主要途径，但对价态的研究较少。Li等研究表明，硝酸锰（MN）前驱体主要产生MnO_2，而醋酸锰（MA）主要产生Mn_2O_3，由于可以形成较高的表面锰浓度和Mn_2O_3活性物种，MA-MnO_2/TiO_2具有更高的低温活性[19]。Xie等通过选择MN、MA和MC（锰碳酸盐）作为前驱体，N_2、O_2或空气作为煅烧气氛合成了MnO_x/TiO_2催化剂。结果表明，不同MnO_x的形成不仅与前驱体有关，还与煅烧气氛有关，用MN通过浸渍法制备，并在773 K的氮气中煅烧的低温催化剂，具有最高的NO_x转化率；MnO_2、Mn_2O_3和Mn_3O_4的混合物催化剂显示出比单一MnO_x催化剂更高的活性[29]。Ko等利用在超临界水中通过水热合成得到的$Ce_{0.65}Zr_{0.35}O_2$（CZO）作为载体，比较了MA和MN前驱物合成的催化剂在催化NO_x转化性能上的差异，发现晶相和活性物种表面浓度的差异导致MA-CZO催化剂的催化效率比MN-CZO更高[30]。

制备方法也是影响催化活性的关键因素，主要影响不同相中的活性物种结构和表面浓度。低温SCR催化剂的制备方法主要有沉淀法、浸渍法或溶胶－凝胶法。为使其获得更广泛的最适催化温度，Kumar等采用Na_2CO_3和NaOH作为沉淀剂，通过沉淀法制备了铜铝催化剂，该催化剂具有层状双氢氧化物（LDH）结构，此结构和高度分散的Cu^{2+}相和$CuAl_2O_4$相对催化活性产生了显著影响[31]。不同的制备方法会导致样品中存在不同的相。相比于浸渍法和共沉淀法，利用溶胶－凝胶法制备的MnO_2/TiO_2催化剂拥有更好的纳米结构，活性物种颗粒能够很好分散，且在面高浓度的非晶态Mn有利于低温SCR催化NO_x与NH_3。同时，利用溶胶－凝胶法制备的催化剂在抗SO_2方面的性能也更佳[32]。

通过对载体进行不同预处理，也可以增强催化剂脱硝活性。表面化学处理，如用硝酸或硫酸对载体进行预处理，可以在载体表面产生氧表面活性基团，也可以在碳材料表面产生氮功能活性基团。其他预处理方法（如水蒸气活化），也可以影响载体的表面性质和孔隙结构，从而促进催化活性[28]。Pasel[30]使用浓硝酸氧化活性炭，得到活化表面能够增强金属组分的分散性且具有比在空气中氧化更多的含氧基团，比如醚、酐或羧基等[33]。活性炭纤维（ACF）由于其特殊性能而被广泛用作催化剂载体。Zhu等分别用低温氧等离子体和硝酸对ACF进行预处理，结果表明，两种预处理都可以使CeO_2颗粒很好地分散在载体表面，且含氧功能基团的增加更有利于氨基吸附，催化活性显著提高[34]。

催化剂结构受载体结构和活性组分结构共同制约，催化剂的氧化/还原性能与金属和载体关系十分密切。例如，负载在不同TiO_2载体上的不同量的锰由于三维结构不同对于低温SCR反应拥有不同的活性。低锰负载量下，锰氧化物表现为孤立的活性物种；中等锰负载量下，表现为高度分散的二维单层；高锰负载量下，形成了多聚物或微晶体。结构差异是由不同量的锰氧化物与载体之间相互作用导致的[35]。Seo等研究了钛酸盐的理化特性与非化学计量物种形成对低温钒钛SCR催化剂活性的影响，结果表明钛酸盐载体和催化剂中钒的晶格氧是决定催化活性的重要因素，通过钒和钛之间的晶格氧转移，SCR反应可以继续进行并形成氧桥。钛酸盐可以提高催化剂的还原性，当钛酸盐的O/Ti为1.8～2.0时，NO_x转化效率更高[36]。综上可知，氧化物的形成与催化剂结构、载体或负载材料的理化特性相关，并影响了低温SCR反应的活化过程。

3 低温 SCR 催化剂的中毒 / 失活

3.1 SO_2 引发的中毒 / 失活

SO_2 对低温 SCR 催化剂活性的影响主要通过在其表面形成某些含硫物种，以提高表面酸性，有利于 NO_x 的转化。Zhu 等认为，在 V_2O_5/AC 催化剂上 NH_4HSO_4 的发挥了新的酸性位点作用，有利于 NH_3 的吸附；NH_4^+ 与 NO 反应，避免过量铵硫酸盐沉积和催化剂毒化。另一个可能的机理是，SO_2 在钒表面被氧化为 SO_3 转移到碳表面并转化为硫酸盐物种，硫酸盐物种连接到碳表面而非钒或矿物表面，从而促进了氧化还原过程[37]。

包括金属硫酸盐和铵硫酸盐在内的硫酸盐覆盖活性位点被认为是低温 SCR 催化剂失活的主要原因。SO_2 引发的失活可以分为可逆和不可逆两种，可逆的催化剂失活可以通过水和酸溶液洗涤来再生。Chang 等使用 H_2 热处理再生硫化的催化剂，由于催化剂中 Ge 和 $Ce_3W_2O_x$ 的协同效应，使得部分不稳定的硫酸盐物种可以在 300℃下被 H_2 分解。对于不可逆的催化剂失活，随着暴露时间的增加，硫酸盐的数量和颗粒大小也增加，表面形成的硫酸盐非常稳定，导致催化中心的不可逆损坏[38]。催化剂的不可逆失活与反应温度之间存在关系，以 Mn-Ce/TiO_2 催化剂为例，200℃时失活的主要原因是严重的活性位点硫酸化和 Lewis 酸性位点的丧失。

Chen 等研究了 SO_2 对钴（Co）活性位点的影响，不同种类的 Co 活性物种对 SO_2 的毒化机制不同。SO_2 导致 Co 位点的不可逆转换是由于在交换位点上 Co^{2+} 离子的不可逆毒化；多核或纳米尺寸的 Co 离子被 SO_2 毒化是完全可逆的，与表面 Co 氧化物物种的高氧化还原性有关[39]。Sandra Mosconi 比较了 Cu/Al_2O_3、KNO_3/Al_2O_3 和 Cu-KNO_3/Al_2O_3 催化剂的 SO_2 毒化情况，被毒化的催化剂活性下降与氧化还原位点 NO^{3-}/NO^{2-} 的丧失以及铵离子被硫酸盐离子取代有关。含游离硝酸钾的催化剂比不含硝酸钾的催化剂更容易发生失活[40]。

3.2 H_2O 引发的中毒 / 失活与缓解方法

H_2O 不仅存在于烟气中，且是 NH_3-SCR 反应中的产物之一。水蒸气会部分破坏酸性位点，减少可用活性位点的数量，且会与反应物（NH_3 和 NO）产生竞争吸附。一般情况下，当去除 H_2O 后，可逆的抑制作用会消失，但表面的 H_2O 化学吸附和分解会也可能导致不可逆的失活。此外，H_2O 和 SO_2 的共存明显导致了催化剂活性的降低。表面上铵硫酸盐的数量决定了其对 SCR 活性的影响，H_2O 促进铵硫酸盐的沉积是通过增加铵硫酸盐的形成速率和降低 NO 的反应速率来实现的，较高的 H_2O 含量会导致催化剂的失活速率增加[41]。Yao 等研究了 MnO_x^- 钛纳米管在低温 SCR 反应中的催化性能，当反应物中加入 4% 的 H_2O 时，催化剂在 180℃时会发生失活；去除 H_2O 后，催化活性几乎可以完全恢复。然而，随着温度降低，催化剂上吸附的 H_2O 数量增加，有效的活性位点减少，催化活性显著降低。SO_2 对催化性能的影响在于 SO_2 和 NH_3、NO 之间的竞争吸附，因此在添加 SO_2 后，NO 的转化速率迅速下降。此外，催化剂在有 H_2O 存在时对 SO_2 表现出更好的抵抗力，但在切断 H_2O 和 SO_2 供应后，催化剂的活性无法恢复到原来的水平。有必要进一步改进催化剂在低温 SCR 反应中对 H_2O 和 SO_2 的抵抗力。近年来，研究人员一直致力提高低温下催化剂对 SO_2 和 H_2O 中毒的耐受能力，并取得了一些成果。Hu 等的研究结果表明，在 H_2O 存在的情况下，荷兰石锰氧化物（HMO）的催化活性比 β-MnO_2 高。特殊的半隧道结构使 HMO 具有很强的疏水能力，其通过与吸附的 NH_4^+ 和气态 NO 反应的 Eley-Rideal 机制发生催化作用。此外，H_2O 的存在成功实现了从 Lewis 酸位点向 Bronsted 酸位点的转化，从而提高了催化活性。杜等的研究揭示了铜的添加将大大提高 Ce-Ti 催化剂的 SO_2 抵抗能力，铜改性的机理是铜优先与 SO_2 相互作用，避免了 Ce^{4+} 被还原为 Ce^{3+}[42]。

4 结语

尽管低温 SCR 催化剂的研究已取得较大进展，但仍存在包括如何增强催化剂对 H_2O 和 SO_2 等有毒物质的抵抗能力、如何增宽催化剂的反应温度窗口以及如何实现高选择性和稳定性等问题。其中，水蒸气和硫酸盐的影响是低温应用中的重要挑战之一，需要对硫酸盐中毒和水蒸气抑制效应的机制做进一步研究。此外，碳氢化合物的影响、添加金属的反应途径以及复合氧化物的协同效应等均是未来的研究热点。

5 参考文献

[1] BOSCH H, JANSSEN F J J G, VAN DEN KERKHOF F M G, et al. The activity of supported vanadium oxide catalysts for the selective reduction of NO with ammonia[J]. Applied Catalysis, 1986, 25 (1): 239-248.

[2] BORILLO G C, TADANO Y S. Polycyclic Aromatic Hydrocarbons (PAHs) and nitrated analogs associated to

particulate matter emission from a Euro V-SCR engine fuelled with diesel/biodiesel blends[J]. Science of The Total Environment, 2018, 644: 675-682.

[3] ALVES L, HOLZ L I V, FERNANDES C, et al. A comprehensive review of NO_x and N_2O mitigation from industrial streams[J]. Renewable and Sustainable Energy Reviews, 2022, 155: 111916.

[4] CHEN Z, YANG Q, LI H, et al. Cr-MnO_x mixed-oxide catalysts for selective catalytic reduction of NO_x with NH_3 at low temperature[J]. Journal of Catalysis, 2010, 276 (1): 56-65.

[5] CHENG X, BI X T. A review of recent advances in selective catalytic NO_x reduction reactor technologies[J]. Particuology, 2014, 16: 1-18.

[6] SHEN B, GUO B, SHI Z, et al. Low temperature SCR of NO in flue gas on CeO_2/ACF[J]. Journal of Fuel Chemistry and Technology, 2007, 35 (1): 125.

[7] ZU G, TONG H, TONG Z, et al. Catalytic reduction of NO over Mn-V-Ce/TiO_2 catalysts at low reaction temperature[J]. Journal of Fuel Chemistry and Technology. 2010, 38 (3): 343.

[8] VAN DER GRIFT C J G, WOLDHUIS A F, MAASKANT O L. The shell DENOX system for low temperature NO_x removal[J]. Catalysis Today, 1996, 27 (1): 23-27.

[9] ZHANG Z, CHEN M, SHANGGUAN W. Low-temperature SCR of NO with propylene in excess oxygen over the Pt/TiO_2 catalyst[J]. Catalysis Communications, 2009, 10 (9): 1330-1333.

[10] PARRES E, ILLáN G, DE LECEA C S, et al. On the importance of the catalyst redox properties in the N_2O decomposition over alumina and ceria supported Rh, Pd and Pt[J]. Applied Catalysis B: Environmental, 2010, 96 (3): 370-378.

[11] SHIMOKAWABE M, KUWANA A, OKU S, et al. SCR of NO by DME over Al_2O_3 based catalysts: Influence of noble metals and Ba additive on low-temperature activity[J]. Catalysis Today, 2011, 164 (1): 480-483.

[12] FORZATTI P. Present status and perspectives in de-NO_x SCR catalysis[J]. Applied Catalysis A: General, 2001, 222 (1): 221-236.

[13] FEDEYKO J M, CHEN B, CHEN H Y. Mechanistic study of the low temperature activity of transition metal exchanged zeolite SCR catalysts[J]. Catalysis Today, 2010, 151 (3): 231-236.

[14] OCHOŃSKA J, MCCLYMONT D, JODŁOWSKI P J, et al. Copper exchanged ultrastable zeolite Y-A catalyst for NH_3-SCR of NO_x from stationary biogas engines[J]. Catalysis Today, 2012, 191 (1): 6-11.

[15] CHENG Y, LAMBERT C, KIM D H, et al. The different impacts of SO_2 and SO_3 on Cu/zeolite SCR catalysts[J]. Catalysis Today, 2010, 151 (3): 266-270.

[16] LI J, CHANG H, MA L, et al. Low-temperature selective catalytic reduction of NO_x with NH_3 over metal oxide and zeolite catalysts-A review[J]. Catalysis Today, 2011, 175 (1): 147-156.

[17] PEñA D A, UPHADE B S, REDDY E P, et al. Identification of Surface Species on Titania-Supported Manganese, Chromium, and Copper Oxide Low-Temperature SCR Catalysts[J]. The Journal of Physical Chemistry B, 2004, 108 (28): 9927-9936.

[18] MORENO T, CASTELLóN E R, JIMéNEZ L A. Cobalt-iridium impregnated zirconium-doped mesoporous silica as catalysts for the selective catalytic reduction of NO with ammonia[J]. Journal of Molecular Catalysis A: Chemical, 2006, 248 (1): 126-134.

[19] LI J, CHEN J, KE R, et al. Effects of precursors on the surface Mn species and the activities for NO reduction over MnO_x/TiO_2 catalysts[J]. Catalysis Communications, 2007, 8 (12): 1896-1900.

[20] LI K, TANG X, YI H, et al. Low-temperature catalytic oxidation of NO over Mn-Co-Ce-O_x catalyst[J]. Chemical Engineering Journal, 2012, 192: 99-104.

[21] IRFAN M F, GOO J H, KIM S D. Co_3O_4 based catalysts for NO oxidation and NO_x reduction in fast SCR process[J]. Applied Catalysis B: Environmental, 2008, 78 (3): 267-274.

[22] THIRUPATHI B, SMIRNIOTIS P G. Nickel-doped Mn/TiO_2 as an efficient catalyst for the low-temperature SCR of NO with NH_3: Catalytic evaluation and characterizations[J]. Journal of Catalysis, 2012, 288: 74-83.

[23] VALDéS S, X, S T, et al. Low-temperature SCR of NO_x with NH_3 over carbon-ceramic supported catalysts[J]. Applied Catalysis B: Environmental, 2003, 46 (2): 261-271.

[24] CALIFANO F, MAURI R. Drop Size Evolution during the Phase Separation of Liquid Mixtures[J]. Industrial & Engineering Chemistry Research, 2004, 43 (2): 349-353.

[25] LU P, LI C, ZENG G, et al. Low temperature selective catalytic reduction of NO by activated carbon fiber loading lanthanum oxide and ceria[J]. Applied Catalysis B: Environmental, 2010, 96 (1): 157-161.

[26] LI Q, YANG H, QIU F, et al. Promotional effects of carbon nanotubes on V_2O_5/TiO_2 for NO_x removal[J]. Journal of Hazardous Materials, 2011, 192 (2): 915-921.

[27] TANG X, HAO J, YI H, et al. Low-temperature SCR of NO with NH_3 over AC/C supported manganese-based monolithic catalysts[J]. Catalysis Today, 2007, 126 (3): 406-411.

[28] WANG L, HUANG B, SU Y, et al. Manganese oxides supported on multi-walled carbon nanotubes for selective catalytic reduction of NO with NH_3: Catalytic activity and characterization[J]. Chemical Engineering Journal, 2012, 192: 232-241.

[29] XIE J, FANG D, HE F, et al. Performance and mechanism about MnO_x species included in MnO_x/TiO_2 catalysts for SCR at low temperature[J]. Catalysis Communications, 2012, 28: 77-81.

[30] KO J H, PARK S H, JEON J-K, et al. Low temperature selective catalytic reduction of NO with NH_3 over Mn supported on Ce0.65Zr0.35O_2 prepared by supercritical method: Effect of Mn precursors on NO reduction[J]. Catalysis Today, 2012, 185 (1): 290-295.

[31] KUMAR P A, REDDY M P, JU L K, et al. Low temperature

propylene SCR of NO by copper alumina catalyst[J]. Journal of Molecular Catalysis A: Chemical, 2008, 291 (1): 66–74.

[32] JIANG B, LIU Y, WU Z. Low-temperature selective catalytic reduction of NO on MnO_x/TiO_2 prepared by different methods[J]. Journal of Hazardous Materials, 2009, 162 (2): 1249–1254.

[33] PASEL J, KäßNER P, MONTANARI B, et al. Transition metal oxides supported on active carbons as low temperature catalysts for the selective catalytic reduction (SCR) of NO with NH_3[J]. Applied Catalysis B: Environmental, 1998, 18 (3): 199–213.

[34] ZHU L, HUANG B, WANG W, et al. Low-temperature SCR of NO with NH_3 over CeO_2 supported on modified activated carbon fibers[J]. Catalysis Communications, 2011, 12 (6): 394–398.

[35] ETTIREDDY P R, ETTIREDDY N, MAMEDOV S, et al. Surface characterization studies of TiO_2 supported manganese oxide catalysts for low temperature SCR of NO with NH_3[J]. Applied Catalysis B: Environmental, 2007, 76 (1): 123–134.

[36] SEO P W, CHO S P, HONG S H, et al. The influence of lattice oxygen in titania on selective catalytic reduction in the low temperature region[J]. Applied Catalysis A: General, 2010, 380 (1): 21–27.

[37] ZHU Z, LIU Z, NIU H, et al. Mechanism of SO_2 Promotion for NO Reduction with NH_3 over Activated Carbon-Supported Vanadium Oxide Catalyst[J]. Journal of Catalysis, 2001, 197 (1): 6–16.

[38] CHANG H, LI J, YUAN J, et al. Ge, Mn-doped CeO_2–WO_3 catalysts for NH_3–SCR of NO_x: Effects of SO_2 and H_2 regeneration[J]. Catalysis Today, 2013, 201: 139–144.

[39] CHEN S, YAN X, WANG Y, et al. Effect of SO_2 on Co sites for NO-SCR by CH_4 over Co-Beta[J]. Catalysis Today, 2011, 175 (1): 12–17.

[40] MOSCONI S, LICK I D, CARRASCULL A, et al. Catalytic combustion of diesel soot: Deactivation by SO_2 of copper and potassium nitrate catalysts supported on alumina[J]. Catalysis Communications, 2007, 8 (11): 1755–1758.

[41] HUANG Z, ZHU Z, LIU Z, et al. Formation and reaction of ammonium sulfate salts on V_2O_5/AC catalyst during selective catalytic reduction of nitric oxide by ammonia at low temperatures[J]. Journal of Catalysis, 2003, 214 (2): 213–219.

[42] DU X, GAO X, CUI L, et al. Investigation of the effect of Cu addition on the SO_2-resistance of a CeTi oxide catalyst for selective catalytic reduction of NO with NH_3[J]. Fuel, 2012, 92 (1): 49–55.

责任编辑　于佳雪　（收到修改稿日期：2024-05-23）

生物生态技术处理农村生活污水案例分析

A Case Study on the Treatment of Rural Domestic Sewage by a Bio-Ecological Process

沈 媛[1] 柏义生[2*] 高 玮[3]（1. 三门峡市卢氏生态环境监测与安全技术中心，三门峡 472000；2. 郑州大学环境技术咨询工程有限公司，郑州 450002；3. 河南省三门峡生态环境监测中心，三门峡 472000）

Shen Yuan[1] Bo Yisheng[2*] Gao Wei[3] (1. Sanmenxia Lushi Ecological Environment Monitoring and Safety Technology Centre, Sanmenxia 472000; 2. Zhengzhou University Environmental Technology and Consulting Co., Ltd., Zhengzhou 450002; 3. Sanmenxia Ecological Environment Monitoring Centre of Henan Province, Sanmenxia 472000)

摘要 采用生物生态技术处理农村生活污水，将“化粪池 + 调节池 + 跌水复氧 + 水平潜流人工湿地 + 稳定塘”组合工艺应用于河南省灵宝市某村生活污水处理。连续运行中发现，该工艺具有较好的处理效果，COD、NH_3-N、TP 等主要指标的平均去除率分别为 72.8%、58.2%、55.1%，出水水质满足《河南省农村生活污水处理设施水污染物排放标准》(DB 41/1820—2019) 二级标准，经处理的污水进入稳定塘暂存，并进行资源化利用不外排。本工程可为相似区域农村生活污水处理的技术选择和运行提供参考。

关键词：生物生态技术 生活污水 水平潜流人工湿地 跌水复氧 稳定塘

Abstract Bio-ecological technology is used to treat rural domestic sewage and applied to a village in Lingbao City, Henan Province. A combined process of “septic tank+regulating tank + falling water reaeration + horizontal subsurface constructed wetland + stabilisation pond” is adopted. The practice shows that the process has good treatment effect in 90 days of consecutive operation, and the average removal rates of COD, ammonia-nitrogen and total phosphorus are 72.8%, 58.2% and 55.1%, respectively, whilst the system effluent meets the requirement of Class II specified in Henan Provincial local standard:《Standard for water pollutant discharge from rural domestic sewage treatment facilities》(DB 41/1820-2019). After treatment, the effluent will enter the stabilisation pond for temporary storage and be resourcefully utilised afterwards. This project could provide a reference for the technical choice and operation of rural domestic sewage treatment in similar areas.

Key words: Bio-ecological technology Domestic sewage Horizontal subsurface constructed wetland Falling water reaeration Stabilisation pond

改善农村人居环境，是实施乡村振兴战略的重点任务，事关广大农民根本福祉、群众健康和美丽中国建设[1-2]。农村生活污水具有水量小、水质波动大，排放不连续、有机物含量高、可生化性好等特点[3-4]。农村生活污水治理一般可分为预处理、生化处理、深度处理三个阶段，预处理设施包括化粪池、净化沼气池等，生化处理包括 A/O、A^2/O、SBR、生物接触氧化、MBR 等，深度处理包括人工湿地、稳定塘、土地渗滤等[5-6]，目前常用的处理方法为一体化生化处理设备 + 人工湿地、一体化生化处理设备 + 深度处

第一作者沈媛，女，1986 年生，2010 年毕业于华中农业大学资源与环境学院，工程师。

* 通信联系人，422517257@qq.com。

理等组合工艺[7-8]，但由于运行要求较高，很多都处于闲置状态。生物生态组合工艺具有较好的处理效果，同时能够做到资源化利用，应用前景良好[9-10]。本文以河南省灵宝市某村 40 t/d 农村生活污水为研究对象，采用“化粪池 + 调节池 + 跌水复氧 + 水平潜流人工湿地 + 稳定塘”的生物生态组合工艺进行处理，结果可为类似区域农村生活污水处理提供参考和依据。

1　工程概况

1.1　项目概况

河南省灵宝市某村（174 户，698 人）经户厕改造后，产生的生活污水通过 HDPE 管网集中收集至污水处理系统处理。通过人口数量预测，结合现状情况，灵宝市某村居民生活用水量取 70 L/（人 · d），经污水量预测，该村污水处理系统设计规模为 40 m^3/d。经现场勘察，农村污水处理设施选址位于村北侧的荒地，占地面积 1 100 m^2。

1.2　设计水质

灵宝市某村排放生活污水悬浮物较高，呈浑浊状，并具有刺激性气味。现场取样后对常规水质指标进行检测，将检测结果作为设计进水水质，出水执行《河南省农村生活污水处理设施水污染物排放标准》（DB 41/1820—2019）二级标准（见表 1）。

表 1　设计进、出水水质 / (mg/L)

项目	设计进水	设计出水
COD_{Cr}	235.7	80
NH_3-N	26.5	15（20）
TP	3.07	2
SS	105	30
pH	6 ~ 9	6 ~ 9

2　工艺流程及主要构筑物

2.1　工艺流程及说明

采用“化粪池 + 调节池 + 跌水复氧 + 水平潜流人工湿地 + 稳定塘”作为主体工艺（见图 1）。村民生活污水通过管网收集进入化粪池，经发酵、分解、分离后，污水中的污染物可得到不同程度降解。化粪池出水经过格栅、调节池后，进入三级跌水坝，跌水复氧后，进入水平潜流人工湿地。污水在水平潜流人工湿地单元内以水平流态流动，氧可通过大气扩散和植物传输进入系统，污染物在植物、基质及微生物的协调作用下，通过物理、化学和生物过程被去除和转化，达到较好的处理效果。人工湿地出水进入稳定塘，进一步提高了污染物去除效率，在稳定塘内设置有取水井，附近农户可利用尾水进行农田灌溉或其他补水，不进行外排。

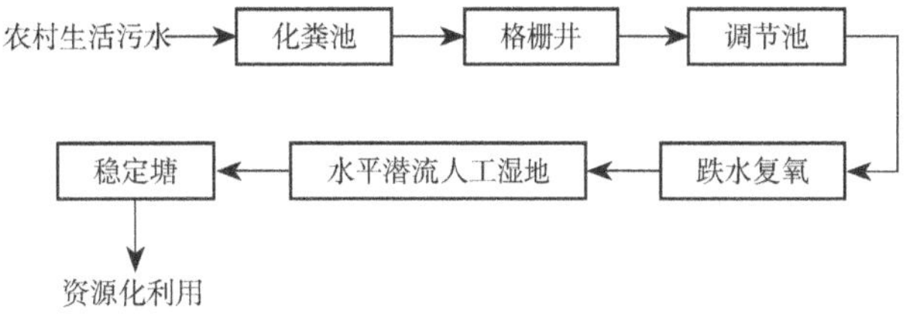

图 1　工艺流程示意

2.2　主要构筑物设计

本案例设计处理规模为 40 m^3/d，采用生物生态组合工艺，主要构筑物为化粪池、跌水复氧单元、水平潜流人工湿地及稳定塘。

（1）化粪池。采用玻璃钢材质（地埋式），单体结构尺寸为（Φ × L）3.2 m × 7.5 m（2 座），有效容积为 60 m^3。

（2）跌水复氧单元。经过化粪池、调节池后，进入跌水复氧单元，采用 S 型河道形式，设计跌水坝，土石堆砌（根据地面高程设计），有效高度为 0.3 ~ 0.4 m，宽度 0.5 m，数量 3 座。

（3）水平潜流人工湿地。采用钢混结构（半地埋式），单体结构尺寸为 15 m × 10 m × 1.2 m（1 座），有效深度为 1.0 m，水力负荷 0.27 m^3/（m^2 · d），水力停留时间 36 h，占地面积 150 m^2。湿地内部水流为水平流动，并设有均匀布水器，基质填充孔隙率为 40%，植物种植间距 25 cm × 25 cm。湿地中基质自下而上分为 5 层，分别为导水层（基质为砾石，厚度为 20 cm，粒径为 30 ~ 80 mm）、填料层 3（基质为砾石，厚度为 30 cm，粒径为 20 ~ 30 mm）、填料层 2（基质为沸石，厚度为 20 cm，粒径为 15 ~ 20 mm）、填料层 1（基质为碎砖块，厚度为 20 cm，粒径为 10 ~ 20 mm）、表层（基质为米石，厚度为 10 cm，粒径为 5 ~ 10 mm）；湿地中植物包括西伯利亚鸢尾、黄花鸢尾、菖蒲、芦苇等，每种植物种植密度为 9 ~ 25 株 /m^2，种植面积为 37.5 m^2。

（4）稳定塘。土石结构（根据地形设计），有效深度为 0.5 ~ 0.8 m，水力停留时间 72 h，占地面积 200 m^2，取水井尺寸为 1.2 m × 1.2 m × 2.5 m（1 座）。稳定塘驳岸采用抛石护岸，根据稳定塘内部不同高程选择不同水生植物，其中挺水植物包括芦苇、香蒲、水葱、西伯利亚鸢尾，每种植物种植密度为9～25株/m²，种植面积为37.5 m²；沉水植物包括金鱼藻、苦草，每种植物种植密度为16～36株/m²，种植面积为50 m²；浮叶植物为睡莲，种植密度为1～2株/m²，种植面积为20 m²。

3 污染物去除效果

试运行阶段共连续运行90 d，每间隔10 d对进水和出水分别取样检测水质，分析污水处理效果，水质分析主要指标为COD_{Cr}、NH_3-N、TP。

3.1 COD_{Cr}去除效果

COD_{Cr}进水浓度227.1～248.3 mg/L，平均值为235.7 mg/L。系统运行至第30 d后，COD_{Cr}出水浓度稳定在65.6～76.8 mg/L，平均值为70.2 mg/L，达《河南省农村生活污水处理设施水污染物排放标准》（DB 41/1820—2019）二级标准。系统稳定运行后，COD_{Cr}去除率为66.4%～73.1%，平均去除率可达到69.9%（见图2）。

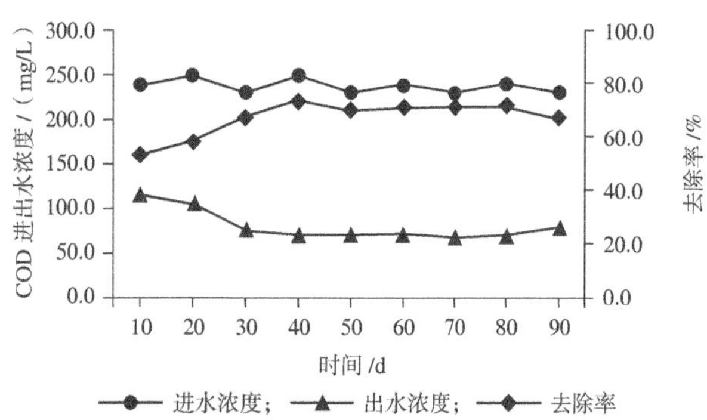

图2 COD_{Cr}去除效果

3.2 氨氮去除效果

氨氮进水浓度23.8～28.2 mg/L，平均值为26.5 mg/L。系统运行至第30 d后，氨氮出水浓度为12.8～14.3 mg/L，平均值为13.6 mg/L，满足系统出水设计要求。系统中氨氮去除率受溶解氧的影响较大，故在水平潜流人工湿地前增加三级跌水复氧，增加水体溶解氧，促进水平潜流人工湿地中硝化菌的硝化作用。系统运行的第30～90 d，氨氮去除率为42.4%～51.5%，平均去除率47.8%，基本保持稳定（见图3）。

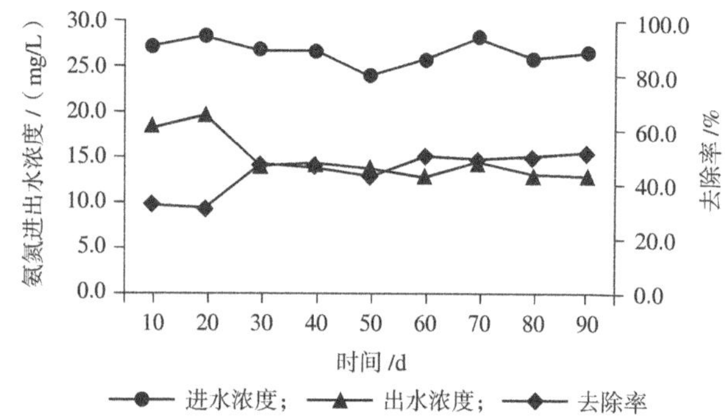

图3 氨氮去除效果

3.3 总磷去除效果

本案例总磷进水浓度2.8～3.5 mg/L，平均值为3.07 mg/L。系统运行至第30 d后，总磷出水浓度为1.44～2.0 mg/L，平均值为1.78 mg/L，满足系统出水设计要求。主要去除过程包括：预处理中聚磷菌将磷充分释放，出水进入水平潜流人工湿地，湿地内碎砖块能够产生游离态铁离子与磷酸盐形成磷酸铁沉淀，同时湿地中其他基质如砾石、沸石等能够吸附除磷，以及植物根系能够吸收除磷，最终保证出水TP能够稳定达标排放（见图4）。

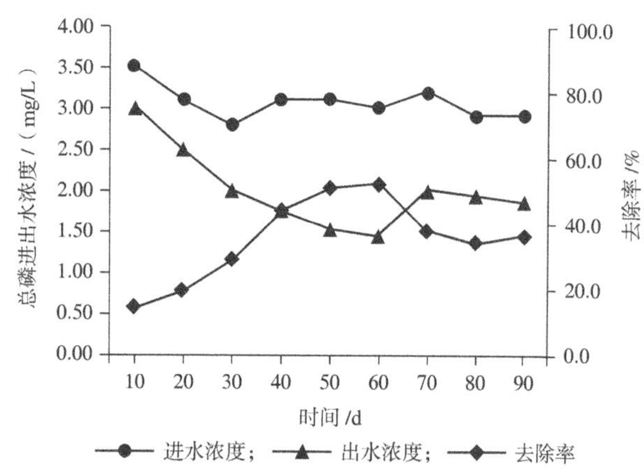

图4 总磷去除效果

4 经济性分析

本案例工程建设费为119.35万元，吨水建设费用约为581元（不含土建施工费用），远低于原有A^2O工艺一体化设备（约4 200元/t）。在系统运行费用方面，工艺系统吨水运行费用为0.79元，低于原有A^2O工艺（0.9～1.2元/t），这主要得益于本案例采用的是生物生态技术，稳定运行所需能耗远低于其他工艺，仅为提升泵能耗所需费用。同时，本案例系统尽可能地发挥了生物除磷作用，无需混凝剂和助凝剂的投加量，进而大大降低了运行成本。

5 结语

本案例将“化粪池＋调节池＋跌水复氧＋水平潜

流人工湿地＋稳定塘”组合工艺应用于河南省灵宝市某农村生活治理中，COD_{Cr}、氨氮、总磷等污染物去除效果良好，系统出水水质满足《河南省农村生活污水处理设施水污染物排放标准》（DB 41/1820—2019）二级标准，吨水建设费用和吨水运行费用均低于原有A^2O工艺，具有良好的经济性。本案例采用的生物生态组合方式，充分利用村内荒地处理生活污水，处理后的污水可进行农田灌溉或其他补水，不进行外排，可为类似区域农村生活污水处理提供借鉴。

6　参考文献

[1] 李发站，朱帅．我国农村生活污水治理发展现状和技术分析 [J]．华北水利水电大学学报（自然科学版），2020，41(3)：74–77.

[2] 孔德芳，李锋，柏义生，等．山区农村生活污水净化工程实例分析 [J]．环境生态学，2021，3（9）：41–44.

[3] 牛丽萍，刘祥，柏义生，等．人工湿地技术在农村生活污水中的应用 [J]．安徽农业科学，2023，51（22）：224–226.

[4] 张曼雪，邓玉，倪福全．农村生活污水处理技术研究进展 [J]．水处理技术，2017，43（6）：5–10.

[5] 丁文杰，张瑞华．北方平原地区农村生活污水治理模式选择分析 [J]．临沂大学学报，2019，41（6）：99–103.

[6] 谢敏，熊仁，冯传禄，等．新型接触氧化工艺处理农村污水的研究 [J]．给水排水，2018，54（9）：56–61.

[7] 乔宏儒，孙力平，吴振华，等．倒置A^2O工艺和UCT工艺脱氮除磷效能比较 [J]．水处理技术，2015，41（12）：118–121.

[8] 王维红，葛光毅，彭维．分散生活污水处理在西北寒冷地区的应用探讨 [J]．广州化工，2015（16）：154–156.

[9] 张天益，王琬．农村分散生活污水一体化处理工程实例 [J]．水处理技术，2020，46（11）：129–132.

[10] 周文强，贾冰．长三角地区农村生活污水处理设施水污染物排放标准比较研究 [J]．再生资源与循环经济，2020，13（4）：35–38.

责任编辑　黄潇月（收到修改稿日期：2024-05-17）

二氧化碳阴离子自由基还原降解水溶液中全氟辛烷磺酸盐动力学模型构建与模拟

The Construction and Simulation of a Kinetic Model for Reductive Degradation of Perfluorooctane Sulphonate by Carbon Dioxide Anion Radical in Aqueous Solution

胡晓钧[1]　尹伶格[1]　朱　江[2]　李炳智[1*]　（1. 上海应用技术大学，上海 201418；2. 上海市环境科学研究院，上海 200233）

Hu Xiaojun[1]　Yin Lingge[1]　Zhu Jiang[2]　Li Bingzhi[1*]　(1. Shanghai Institute of Technology, Shanghai 201418; 2. Shanghai Academy of Environmental Sciences, Shanghai 200233)

摘要　针对全氟辛烷磺酸盐（PFOS）去除，构建了热活化过硫酸盐 / 甲酸盐还原体系。建立了包含 16 个化学反应方程式的 PFOS 降解动力学模型，模拟了过硫酸盐浓度、活化温度和 PFOS 浓度对污染物还原降解的影响。结果表明：在溶液 pH 为 8.0，温度 85 ℃，PFOS 约 18.6 μmol/L，过硫酸盐和甲酸盐浓度均为 1.86 mmol/L 时，反应 6 h 后二氧化碳阴离子自由基还原体系 PFOS 的脱氟效率达 98%。一定范围内增加过硫酸盐和活化温度可提高 PFOS 的脱氟效率。该模型能够较好地模拟过硫酸盐浓度、PFOS 浓度和活化温度变化对 PFOS 降解动力学的影响。

关键词：二氧化碳阴离子自由基　全氟辛烷磺酸盐　热活化过硫酸盐　甲酸盐　动力学模型

Abstract　A thermally activated persulphate/formate reduction system was constructed for perfluorooctane sulphonate (PFOS) removal. A PFOS degradation kinetic model including 16 chemical reaction equations has been established to simulate the effects of persulphate concentration, activation temperature and PFOS concentration on the reductive degradation of pollutants. The results indicated that under the conditions of pH value at 8.0, temperature at 85 ℃, 18.6 μmol/L of PFOS content, and 1.86 mmol/L of both persulphate and formate concentrations, the PFOS defluorination efficiency in a carbon dioxide anion radical reductive system reached 98% after six hour reaction. Within a certain range, increasing persulphate content and raising activation temperature could further improve the PFOS defluorination efficiency. The model could better simulate the effects of persulphate concentration, PFOS content and activation temperature on the kinetics of PFOS degradation.

Key words: Carbon dioxide anion radical　Perfluorooctane sulphonate　Thermally activated persulphate　Formate　Kinetic model

全氟化合物（PFCs）作为一种重要的有机氟化物，因其特殊的疏水疏油特性广泛用于民用和工业领域。多种 PFCs 进入环境后，最终会转变为全氟辛酸（PFOA）和全氟辛烷磺酸（PFOS）[1]，导致环境中尤

国家自然科学基金项目（编号：41303095），上海市自然科学基金项目（编号：17ZR1424000）资助。

第一作者胡晓钧，男，1977 年生，2004 年毕业于同济大学化学系，博士，教授。

* 通信联系人，libingzhi2000@zju.edu.cn。

其是水体中的检出率高[2-3]。因此，亟须建立水体中PFCs的处理方法以消除其对环境的不利影响。

由于PFOA和PFOS一般能承受热、酸、碱、还原剂、氧化剂以及光解、微生物和代谢的降解过程，采用常规技术很难将其降解。因此，国内外学者开始关注PFOA和PFOS的治理问题，并针对其开发出许多新型去除技术。

在这些新型技术中，有较好处理效果和较高应用价值的为电化学氧化降解、超声降解法和水合电子还原。3类方法各有优劣：电化学氧化降解速率快，脱氟率高，多高浓度废水处理效果好，但需解决电极损耗、高能耗以及需要额外添加高浓度电解质等问题。超声降解法操作简便，降解效率高，但对仪器防护要求高，并且脱氟率相对较低，而PFOS的主要降解难度就在脱氟上，说明单独使用超声法不能完全解决问题，未来的研究应当在相关工艺的协同配合上寻求突破。水合电子还原法利用水合电子的极强还原性，进攻高键能的C—F键，逐步实现PFOS的脱氟降解。由于采用还原途径脱氟，该方法脱氟彻底，产物为小分子链烃和有机酸，出水毒性减少，可生化性强，对PFCs有极强的针对性，但水合电子还原途径机理方面的相关探索研究还不够深入，尤其是表征实验和基础理论架构方面，是未来研究的重中之重。

二氧化碳阴离子自由基（$CO_2^{\cdot-}$）作为替代的一种强还原性自由基，其氧化还原电位为 -2.0 V，能够迅速转移电子使目标污染物结构和价态发生转变[4]，受到越来越多研究者的青睐。产生$CO_2^{\cdot-}$的方法是向高级氧化体系［如硫酸根自由基（$SO_4^{\cdot-}$）、羟基自由基（·OH）和H·］中添加甲酸或甲酸盐，即可将氧化气氛转化为还原气氛。当前，国内外学者对于$CO_2^{\cdot-}$还原处理污染物的研究尚处于起步阶段，还原降解的有机和无机污染物主要包括苯系物[4]、甲基紫精[5]、马来酸盐[6]、富马酸盐[7]、三氯乙酸[7-8]、二价汞[9-10]、4-硝基苯胺[11]、四氯化碳[12]及六价铬[13-14]等。$CO_2^{\cdot-}$对于上述污染物均表现出良好的还原性能；更为重要的是，$CO_2^{\cdot-}$反应的直接产物为CO_2，可直接排放至大气中，可真正实现无有害残留，减少二次污染的可能性。

通过构建产生$CO_2^{\cdot-}$的还原降解体系，成功实现了PFOS的快速脱氟[15]。该还原体系获得简单、高效且环境友好，有较好的应用价值。文献检索表明，$CO_2^{\cdot-}$还原降解污染物的研究较少，还原动力学和机理等方面研究探索也不够深入。且以往研究一般通常采用准一级反应动力学模型或者指数衰减模型等模拟全氟化合物的降解[16-17]。尽管此类模型模拟结果与实验数据拟合良好，但仅从数学视角而不是化学反应角度对其机理进行了阐释。实际上，鲜有研究在模型构建中考虑活性自由基的作用[18]。因此，很有必要从以上两个角度全面地构建新模型，来描述热活化过硫酸盐/甲酸盐体系还原反应动力学。

本文从化学反应和数学角度尝试构建一个新的热活化过硫酸盐/甲酸盐体系还原模型进而模拟全氟化合物（以PFOS降解为例）在还原体系中的降解。考虑将过硫酸盐浓度和PFOS浓度两个变量纳入此模型。此外，还评估了过硫酸盐浓度、热活化温度、PFOS浓度对污染物降解的影响，并与结果拟合，以期更好地阐明PFOS在还原体系中的降解机理。

1　材料和方法

1.1　实验试剂和仪器

实验试剂：全氟辛烷磺酸钾（纯度≥98%）、甲酸钾（纯度99%）、过硫酸钠（纯度≥98%）、磷酸二氢钠（纯度99%）和无水磷酸氢二钠（纯度≥99%）均购自上海泰坦科技股份有限公司；醋酸铵（98%）、甲醇（≥99.9%）、硝酸（HNO_3）和氢氧化钠（NaOH）、乙腈（≥99.9%）均为分析纯试剂，实验用水均采用屈臣氏蒸馏水。HLB（Oasis）固相萃取柱（200 mg/6 mL）购自美国Suplco公司。如无特殊说明，实验中所用化学试剂均为分析纯，未作进一步纯化处理。

实验仪器：三重四极杆型液质联用仪（Shimadzu LC/MS-8050）、SDC-6型温控系统（江苏佳美仪器制造有限公司）、精密pH计（Mettler-Toledo DELTA320）和WS100型便携式氟离子浓度计（上海三信仪表厂）等。

1.2　实验方法

实验在SDC-6型温控（-5～100℃）系统、通用标准螺纹口样品瓶（有效容积40 mL，瓶盖内衬聚四氟乙烯/硅胶隔垫）内进行。由于室温下过硫酸盐和甲酸盐反应较慢，因此实验前先将一定体积的过硫酸盐和PFOS母液注入反应瓶内，随后迅速用氮气脱氧过的蒸馏水充满反应瓶，涡旋震荡、混合均匀，置于温控系统内开始反应。每隔一定时间取样分析水溶液中氟离子浓度等指标。实验过程使用的蒸馏水均预先添加0.2 mol/L的磷酸缓冲溶液pH控制在（7.0±0.1），过硫酸盐母液现配现用。

1.3　分析方法

PFOS分析采用固相萃取前处理–超高效液相–质谱（Agilent 6460，配1260液相系统及工作站）分析。色谱柱ACQUITY UPLC BEH C18 column（1.7 μm×2.1 mm×50 mm），流动相2 mmol/L乙酸铵5%甲醇溶液（A）和甲醇（B）的混合液，采用梯度洗脱模式：0～0.5 min，25%B；5.0 min，85%B；5.1～7.0 min，99%B；7.0～9.0 min，99%B匀速下降至25%B；9.0～12.0 min，25%B。流速0.4～0.55 mL/min，柱温50 ℃，进样量10 μL，电离源为电喷雾电离源负源（ESI），毛细管电压2.5 kV，离子源温度120 ℃，脱气溶剂温度350 ℃，扫描模式MRM，碰撞能量7.0～45.0 eV，锥孔电压15.0～70.0 V。PFOS直接进样检测，PFOS直接进样检测线性范围为0.1 μg/L～10 mg/L，最低检测限为0.1 μg/L。而PFOS的分析采用固相萃取前处理后再进样。净化程序如下：分别以5 mL甲醇和超纯水活化HLB固相萃取小柱；取100 mL水样调pH为6，以1.0 mL/min流经活化后的小柱；用5 mL 20%甲醇水做淋洗液，氮吹，定容至1 mL。本方法对11种全氟化合物水样的最低检测限介于0.011～0.089 pg/mL，固相萃取的平均加标回收率范围为72.6%～144.7%，相对标准偏差1.2%～9.2%。

活性自由基捕捉程序：以DMPO为自由基诱捕剂，采用德国Bruker EMX-8/2.7型电子顺磁波谱仪半定量分析反应体系产生DMPO-自由基加合物信号。测试条件为：共振频率9.77 GHz，微波功率20.02 mW，调制频率100 kHz，调制振幅1.0 G，扫描宽度200 G，时间常数40.96 ms，扫描时间83.87 s，接收增益为10 000。

氟离子采用上海三信仪表厂生产的WS100型便携式氟离子浓度计进行测定，准确度±0.01 pF。以脱氟效率来评价不同体系降解PFOS的效果，脱氟效率定义见式（1）。

$$\text{脱氟效率}(\%)=C_{F^-}/([PFOS]\times 18)\times 100\% \quad (1)$$

式中，C_{F^-}——PFOS降解过程中产生的氟离子摩尔浓度；[PFOS]——溶液中PFOS的初始摩尔浓度。

1.4　还原体系动力学模型构建

1.4.1　模型涉及的主要反应

在指定温度下，过硫酸盐在水中活化后产生的$SO_4^{\cdot -}$会引发一系列链式反应，特别是甲酸盐或甲酸存在的情况下生成许多其他类型的自由基和氧化剂，其中一些是潜在的活性自由基，如·OH、$SO_5^{\cdot -}$、HSO_5^-、$S_2O_8^{\cdot -}$、$CO_2^{\cdot -}$等。

动力学实验是在已设定的实验条件下进行的。通常，典型的添加甲酸盐或甲酸的热活化过硫酸盐体系在整个反应过程中涉及的主要化学反应及其反应速率常数如表1所示。

$CO_2^{\cdot -}$是该高级还原体系中具有较低氧化还原电位的自由基，且是PFOS还原脱氟的主要自由基，按照式（17）将1个电子转移给PFOS后，$CO_2^{\cdot -}$最终以

表1　方程式及反应速率常数

反应方程式		反应速率常数 / （$M^{-1}\cdot s^{-1}$）	参考文献
$S_2O_8^{2-}\xrightarrow{heat}2SO_4^{\cdot -}$ at 80℃	（2）	0.000 07 ～ 0.000 1	[19]
$SO_4^{\cdot -}+H_2O\rightarrow HO^{\cdot}+SO_4^{2-}+H^+$	（3）	＜60	[20]
$SO_4^{\cdot -}+HCOO^-\rightarrow CO_2^{\cdot -}+SO_4^{2-}+H^+$	（4）	1.7×10^8	[21]
$SO_4^{\cdot -}+OH^-\rightarrow SO_4^{2-}+HO^{\cdot}$	（5）	$(5.5\sim 7.3)\times 10^7$	[21-22]
$HO^{\cdot}+HCOO^-\rightarrow CO_2^{\cdot -}+H_2O$	（6）	3.2×10^9	[23]
$S_2O_8^{2-}+SO_4^{\cdot -}\rightarrow SO_4^{2-}+S_2O_8^{\cdot -}$	（7）	$6.1\times 10^5\sim 1.2\times 10^6$	[24-25]
$S_2O_8^{2-}+HO^{\cdot}\rightarrow S_2O_8^{\cdot -}+OH^-$	（8）	1.2×10^7	[26]
$S_2O_8^{2-}+CO_2^{\cdot -}\rightarrow SO_4^{2-}+SO_4^{\cdot -}+CO_2$	（9）	1.2×10^6	[24]
$SO_4^{\cdot -}+SO_4^{\cdot -}\rightarrow S_2O_8^{2-}$	（10）	$(3.8\sim 8.1)\times 10^8$	[26-27]
$HO^{\cdot}+HO^{\cdot}\rightarrow H_2O_2$	（11）	$5.5\times 10^9\sim 3.18\times 10^{11}$	[28-29]
$SO_4^{\cdot -}+HO^{\cdot}\rightarrow HSO_5^-$	（12）	1.0×10^{10}	[30-31]
$SO_4^{\cdot -}+HSO_5^-\rightarrow SO_5^{\cdot -}+HSO_4^-$	（13）	1.0×10^5	[31-32]
$HO^{\cdot}+HSO_5^-\rightarrow SO_5^{\cdot -}+H_2O$	（14）	1.7×10^7	[31-32]
$SO_5^{\cdot -}+SO_5^{\cdot -}\rightarrow S_2O_8^{2-}+O_2$	（15）	1.0×10^8	[31-32]
$CO_2^{\cdot -}+CO_2^{\cdot -}\rightarrow C_2O_4^{2-}$	（16）	$(3.8\sim 7.5)\times 10^8$	[33-34]
$PFOS+CO_2^{\cdot -}\rightarrow product+CO_2$	（17）	$\sim 1.7\times 10^7$	[35]

CO_2 的形式逸出反应体系。

1.4.2　模型构建方法及求解

为建立 PFOS 还原降解动力学模型，假定 PFOS 主要被反应体系中强还原性自由基 $CO_2^{\cdot-}$ 降解，PFOS 的降解可以表达为：

$$-\frac{d[PFOS]}{dt}=k_{16}[CO_2^{\cdot-}][PFOS] \quad (18)$$

由反应方程式（4）、（5）、（9）、（16）和（17），$CO_2^{\cdot-}$ 浓度的变化取决于其生成（FA 与 $SO_4^{\cdot-}$、$HO^{\cdot}$ 的生成）速率和消耗（与 PS、自身和 PFOS 反应的消耗）速率，其浓度表达式如下：

$$\frac{d[CO_2^{\cdot-}]}{dt}=k_3[SO_4^{\cdot-}][FA]+k_5[HO^{\cdot}][FA]-k_8[PS][CO_2^{\cdot-}]-k_{15}[CO_2^{\cdot-}]^2-k_{16}[PFOS][CO_2^{\cdot-}] \quad (19)$$

同样地，由反应方程式（2）、（3）、（4）、（5）、（7）、（10）、（12）和（13），$SO_4^{\cdot-}$ 浓度的变化也取决于其生成（热活化过硫酸盐的生成）速率和消耗（与 $HCOO^-$、H_2O、OH^-、$S_2O_8^{2-}$、$HO^{\cdot}$、HSO_5^- 和自身反应的消耗）速率，浓度表达式为：

$$\frac{d[SO_4^{\cdot-}]}{dt}=k_1[PS]-k_2[SO_4^{\cdot-}][H_2O]-k_3[SO_4^{\cdot-}][FA]-k_4[SO_4^{\cdot-}][OH^-]-k_6[PS][SO_4^{\cdot-}]-k_9[SO_4^{\cdot-}]^2-k_{11}[SO_4^{\cdot-}][HO^{\cdot}]-k_{12}[SO_4^{\cdot-}][HSO_5^-] \quad (20)$$

如表 1 所示，k_2、k_6、k_8 和 k_{12} 速率常数值远低于其他反应，可以忽略。且（5）主要发生在碱性条件下，因此 $HO^{\cdot}$ 浓度处于极低的水平（EPR 结果和 Fang 等的研究[36]也支持此结论），k_4 和 k_5 同样可以忽略。由于 $CO_2^{\cdot-}$ 和 $SO_4^{\cdot-}$ 浓度远低于 PFOS、甲酸盐和过硫酸盐浓度，所以 $k_{15}[CO_2^{\cdot-}][CO_2^{\cdot-}]$、$k_9[SO_4^{\cdot-}][SO_4^{\cdot-}]$ 和 $k_{11}[SO_4^{\cdot-}][HO^{\cdot}]$ 亦可以忽略。因此，式（19）和式（20）可分别简化为：

$$\frac{d[CO_2^{\cdot-}]}{dt}=k_3[SO_4^{\cdot-}][FA]-k_8[PS][CO_2^{\cdot-}]-k_{16}[PFOS][CO_2^{\cdot-}] \quad (21)$$

$$\frac{d[SO_4^{\cdot-}]}{dt}=k_1[PS]-k_3[FA][SO_4^{\cdot-}] \quad (22)$$

基于反应在某时刻达到稳态的假设[37]，$[CO_2^{\cdot-}]$ 和 $[SO_4^{\cdot-}]$ 是恒定的，不随反应时间而改变，即：

$$\frac{d[CO_2^{\cdot-}]}{dt}=0 \quad (23)$$

$$\frac{d[SO_4^{\cdot-}]}{dt}=0 \quad (24)$$

由式（23）、（24），式（18）简化为：

$$-\frac{d[PFOS]}{dt}=\frac{k_1k_{16}[PS]}{k_8[PS]+k_{16}[PFOS]}[PFOS]=k_{app}[PFOS] \quad (25)$$

其中，k_{app} 代表 PFOS 还原的表观速率常数，这个一级速率常数是其他二级速率常数的总和，其积分形式为：

$$\ln\left(\frac{[PFOS]}{[PFOS]_0}\right)=-k_{app}t \quad (26)$$

因此，PFOS 还原是符合准一级反应动力学模型的，后将对此模型进行验证并分析还原反应。

2　结果与讨论

2.1　过硫酸盐投量对 PFOS 的影响及其模型模拟结果

过硫酸盐的投量直接影响体系 $SO_4^{\cdot-}$ 的浓度，而硫酸根自由基又是与甲酸盐反应产生二氧化碳自由基的主要来源，故过硫酸盐的投量是本高级还原体系的重要影响因素。实验考察了不同过硫酸盐投量（0.37 mmol/L、0.93 mmol/L、1.86 mmol/L、3.72 mmol/L、9.30 mmol/L）下 PFOS 浓度的消减情况。

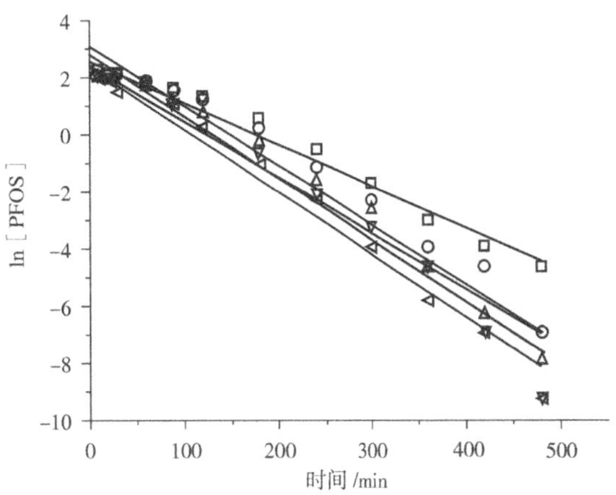

图 1　不同过硫酸盐投量下 PFOS 消减与模型模拟结果

随过硫酸盐浓度由 0.37 mmol/L 逐渐增加至 9.30 mmol/L 时，其 PFOS 准一级反应去除速率常数由 0.014 4/min 增至 0.021 6/min，且与建立的动力学模型拟合良好（$R^2>0.96$）。提高过硫酸盐浓度对 PFOS 有利，但较高浓度后对 PFOS 去除的提升有限（见

图1）。结果表明，增大过硫酸盐浓度能强化PFOS脱氟效率，但过量会使反应后体系硫酸根离子总量过高。因此，从经济性、脱氟效率和环境影响综合考量，应优化过硫酸盐投加量，以达最佳费效比。

2.2 活化温度对PFOS降解的影响及其模型模拟结果

反应温度作为热活化过硫酸盐系统的主要参数，可以影响过硫酸盐活化的程度，并最终决定硫酸根自由基的总量。在PFOS浓度约为10 mg/L，过硫酸盐、甲酸盐与PFOS摩尔比均为100∶1，投加磷酸盐缓冲溶液使体系pH维持8.0，反应前经脱氧处理的条件下，探究反应温度（65℃、75℃、85℃）对PFOS浓度消减的影响。

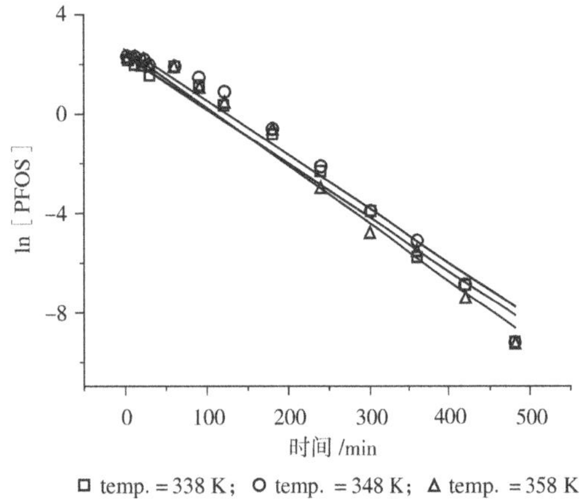

图2 不同过硫酸盐活化温度下PFOS消减与模型模拟结果

随着反应温度从65℃提升至85℃，反应近500 min时，体系PFOS准一级反应速率常数从0.021 6/min提高至0.023 2/min，提升非常有限（见图2）。可能的原因是增加反应温度一方面使溶液挥发损失过大，另一方面使PFOS去除速率增加幅度变缓。3个温度下PFOS的去除与所建立的PFOS动力学模型拟合度均较高。

2.3 污染物浓度对PFOS降解的影响及其模型模拟结果

采用65℃、过硫酸盐与PFOS摩尔比为50∶1，初始pH为7.0，空化气体为氩气的较佳反应条件，设定PFOS起始浓度10 μg/L以模拟环境中真实水体的PFOS浓度，模拟值和实测值对比见图3。

由式（25）可知，当PFOS浓度远小于过硫酸盐浓度时，k_{16}与PFOS项可忽略不计，此时PFOS降解的表观速率常数（k_{app}）可简化为k_1k_{16}/k_8，查表1，$k_{app}\approx 0.025$/min。

实验结果PFOS去除的准一级反应常数为0.034 7/min，略高于PFOS动力学模型的速率常数。

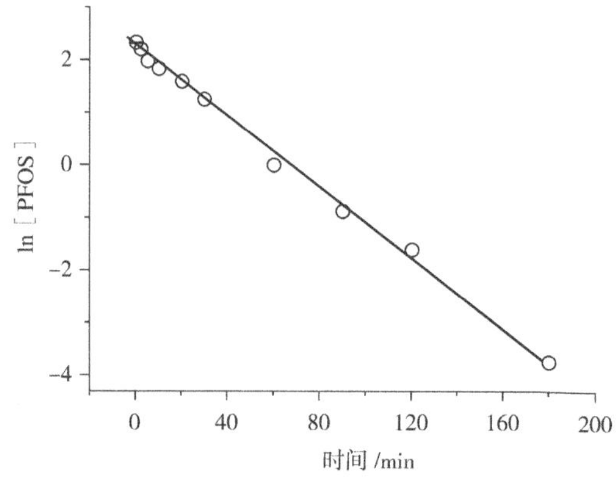

图3 起始浓度为10 μg/L的PFOS降解模型模拟值和实测值比较

推测出现偏差可能的原因为：（1）建立的动力学模型是忽略了许多其他反应的简化模型；（2）动力学模型中许多方程式的反应速率常数非固定值，而是介于一定的变动范围内；（3）模型中几个方程式的反应速率常数引自以往的研究报道，但其得出的实验条件与本实验条件接近而不完全相同。

已有文献报道了世界上其他国家和地区水环境中PFOS的浓度值，在地表水、污水处理厂出水、饮用水中浓度分别为1～7 μg/L、7～50 ng/L、1～100 ng/L[38]，基本与我国水环境中PFOS的检测浓度相当。某些国家已制定饮用水中全氟化合物健康指导值为0.04～0.5 μg/L[39]。10 μg/L较接近水体环境中PFOS赋存浓度，在该还原体系反应条件下，约经过85.2 min PFOS最终浓度下降至0.5 μg/L，符合部分国家饮用水相应指导值。

3 结语

（1）建立的基于16个反应方程式的热活化过硫酸盐/甲酸盐体系还原降解PFOS的准一级反应动力学简化模型与实验结果拟合良好，能够模拟过硫酸盐投量和活化温度变化对PFOS降解动力学的影响。

（2）模型模拟自然水体中较低PFOS浓度降解时准一级反应动力学常数略低于实验数据，可能原因为生成二氧化碳阴离子自由基体系在降解低PFOS浓度时效率更高。

4 参考文献

［1］ OLSEN G W, BURRIS J M, MANDEL J H, et al. Serum perfluorooctane sulfonate and hepatic and lipid clinical chemistry tests in fluorochemical production employees[J]. Journal of Occupational and Environmental Medicine, 1994, 41（9）: 799-806.

[2] YANG L, HE L, XUE J, et al. Persulfate-based degradation of perfluorooctanoic acid (PFOA) and perfluorooctane sulfonate (PFOS) in aqueous solution: review on influences, mechanisms and prospective[J]. Journal of Hazardous Materials, 2020, 393: 122405.

[3] CHEN S, JIAO X, GAI N, et al. Perfluorinated compounds in soil, surface water, and groundwater from rural areas in eatern china[J]. Environmental Pollution, 2016: 211: 124–131.

[4] ROSSO J A, BERTOLOTTI S G, BRAUN A M, et al. Reactions of carbon dioxide radical anion with substituted benzenes[J]. Journal of Physical Organic Chemistry, 2001, 14 (5): 300–309.

[5] TACHIKAWA T, TOJO S, FUJITSUKA M, et al. Direct observation of the one-electron reduction of methyl viologen mediated by the CO_2 radical anionduring TiO_2 photocatalytic reactions[J]. Langmuir, 2004, 20 (22): 9441–9444.

[6] SCHUTZ O, MEYERSTEIN D. Reduction of maleate and fumarate by the anion radical[J]. Tetrahedron Letters, 2006, 47 (7): 1093–1096.

[7] MORA V C, ROSS J A, CARRILLO LE ROUX G, et al. Thermally activated peroxydisulfate in the presence of additives: a clean method for the degradation of pollutants[J]. Chemosphere, 2009, 75 (10): 1405–1409.

[8] LIU X, FANG L, WANG L, et al. Trichloroacetic acid reduction by an advanced reduction process based on carboxyl anion radical[J]. Chemical Engineering Journal, 2016, 303: 56–63.

[9] BERKOVIC A M, BERTOLOTTI S G, VILLATA L S, et al. Photoinduced reduction of divalent mercury by quinines in the presence of formic acid under anaerobic conditions[J]. Chemosphere, 2012, 89 (10): 1189–1194.

[10] BERKOVIC A M, GONZALEZ M C, RUSSO N, et al. Reduction of mercury (Ⅱ) by the carbon dioxide radical anion: a theoretical and experimental investigation[J]. The Journal of Physical Chemistry A, 2010, 114 (49): 12845–12850.

[11] WU W, LIU G, LIANG S, et al. Efficient visible-light-induced photocatalytic reduction of 4-nitroaniline to p-phenylenediamine over nanocrystalline $PbBi_2Nb_2O_9$[J]. Journal of Catalysis, 2012, 290: 13–17.

[12] 高磊，顾小刚，吕树光，等. 热活化过硫酸钠耦合甲酸技术研究－处理水溶液中四氯化碳与六价铬污染 [J]. 中国环境科学，2016，36 (9): 2645–2649.

[13] GAO L, GU X, LV SHU G, et al. The removal performance of carbon tetrachloride and Cr(Ⅵ) in aqueous solution by the thermally-activated persulfate/formic acid process[J]. China Environmental Science, 2016, 36 (9): 2645–2649.

[14] REN H, HOU Z, HAN X, et al. Highly reduction radical $CO_2^{\cdot -}$ deriving from a system with $SO_4^{\cdot -}$ and formate anion: implication for reduction of Cr(Ⅵ) from wastewater[J]. Chemical Engineering Journal, 2017, 309: 638–645.

[15] 秦宝雨，唐海，李强，等. 紫外活化甲酸产二氧化碳阴离子自由基还原 Cr(Ⅵ) 的研究 [J]. 中国环境科学，2018，38 (7): 2505–2511.

[16] QIN B, TANG H, LI Q, et al. Reduction performance of Cr(Ⅵ) by carbon dioxide anion radical based on activated formic acid[J]. China Environmental Science, 2018, 38(7): 2505–2511.

[17] 李炳智. 二氧化碳阴离子自由基还原降解水溶液中全氟辛烷磺酸盐研究 [J]. 上海环境科学，2019，38 (2): 47–52.

[18] LI B. A research upon reductive degradation of perfluorooctane sulphonate in aqueous solution by carbon dioxide anion radical based on thermally activated persulfate/formate process[J]. Shanghai Environmental Sciences, 2019, 38 (2): 47–52.

[19] MERINO N, QU Y, DEEB R A, et al. Degradation and removal methods for perfluoroalkyl and polyfluoroalkyl substances in water[J]. Environmental Engineering Science, 2016, 33 (9): 615–649.

[20] TROJANOWICZ M, BOJANOWSKA CZAJKA A, BARTOSIEWICZ I, et al. Advanced oxidation/reduction processestreatment for Aqueous Perfluorooctanoate (PFOA) and Perflurorooctanesulfonate (PFOS)- a review of recent advances[J]. Chemical Engineering Journal, 2018, 336: 170–199.

[21] WU Y, ZHOU S, QIN F, et al. Modeling the oxidation kinetics of fenton's process on the degradation of humic acid[J]. Journal of Hazardous Materials, 2010, 179 (1): 533–539.

[22] MORA V C, ROSSO J A, LE ROUX G C, et al. Thermally activated peroxydisulfate in the presence of additives: a clean method for the degradation of pollutants[J]. Chemosphere, 2009, 75 (10): 1405–1409.

[23] HAYON E, TREININ A, WILF J. Electronic spectra, photochemistry, and autoxidation mechanism of the sulfite-bisulfite-pyrosulfite systems. The SO_2^-, SO_3^-, SO_4^-, and SO_5^- radicals[J]. Journal of the American Chemistry society, 1972, 94 (1): 47–57.

[24] REDPATH J, WILLSON R. Chain reactions and radiosensitization: model enzyme studies[J]. International Journal of Radiation Biology, 1975, 27 (4): 389–398.

[25] CHAWLA O P, FESSENDEN. Electron spin resonance and pulse radiolysis studies of some reactions of $SO_4^{\cdot -}$[J]. The Journal of Physical Chemistry, 1975, 79 (24): 2693–2700.

[26] ROSSO J A, BERTOLOTTI S G, BRAUN A M, et al. Reactions of carbon dioxide radical anion with substituted benzenes[J]. Journal of Physical Organic Chemistry, 2001, 14 (5): 300–309.

[27] SCHUCHMANN H P, DEEBLE D J, OLBRICH G, et al. The $SO_4^{\cdot -}$-induced chain reaction of 1,3-Dimethyluracil with Peroxodisulphate[J]. International Journal of Radiation Biology, 1987, 51 (3): 441–453.

[28] BUXTON G V, BYDDER M, SALMON G A. The reactivity of chlorine atoms in aqueous solution. part ii. the equilibrium $SO_4^{\cdot -}$+Cl- = $Cl^{\cdot}$ + SO_4^{2-}[J]. Physical Chemistry Chemical Physics, 1999, 1 (2): 269–273.

[29] LIANG C, HUANG S. Kinetic model for sulfate/hydroxyl radical oxidation of methylene blue in a thermally-activated persulfate system at various pH and temperatures[J]. Sustainable Environment Research, 2012, 22 (4): 199–208.

[30] DOGLIOTTI L, HAYON E. Flash photolysis of per[oxydi]. sulfate ions in aqueous solutions. the sulfate and ozonide radical anions[J]. The Journal of Physical Chemistry, 1967, 71（8）: 2511–2516.

[31] SUBHANI M S, KAUSER Z. Flash photolysis decomposition of sulfate and sulfite anions in aqueous solution[J]. Revue Roumaine De Chimie, 1978, 23（7）: 1129–1137.

[32] BELTRÁN F J. "Ozone-UV radiation-hydrogen peroxide oxidation technologies". chemical degradation methods for wastes and pollutants environmental and industrial applications[M]. Marcel Dekker Inc., New York, 2003: 1–77.

[33] BUXTON G V, GREENSTOCK C L, HELMAN W P, et al. Critical review of rate constants for reactions of hydrated electrons, hydrogen atoms and hydroxyl radicals（$^{\cdot}OH/^{\cdot}O^{-}$）inaqueous solution[J]. Journal of Physical and Chemical Reference Data, 1988, 17（2）: 513–886.

[34] KLANING U K, SEHESTED K, APPELMAN E H. Laser flash photolysis and pulse radiolysis of aqueous solutions of the fluoxysulfate ion, SO_4F^-[J]. Inorganic Chemistry, 1991, 30（18）: 3582–3584.

[35] LI B, LI L, LIN K, et al. Removal of 1,1,1-Trichloroethane from aqueous solution by a sono-activated persuflate process[J]. Ultrasonics Sonochemistry, 2013, 20（3）: 855–863.

[36] BUXTON G, SELLERS R. Acid dissociation constant of the carboxyl radical. pulse radiolysis studies of aqueous solutions of formic acid and sodium formate[J]. Journal of the Chemical Society, Faraday Transactions 1: Physical Chemistry in Condensed Phases, 1973, 69: 555–559.

[37] HUANG L, DONG W, HOU H. Investigation of the reactivity of hydrated electron toward persluorinated carboxylates by laser flash photolysis[J]. Journal of Physical Chemistry Letters, 2007, 436（3）: 124–128.

[38] FANG G, DIONYSIOY D, ZHOU D, et al. Transformation of polychlorinated biphyls by persulfate at ambient temperature[J]. Chemosphere, 2013, 90（5）: 1573–1580.

[39] FRUCHTER J. In-situ treatment of chromium-contaminated groundwater[J]. Environmental Science & Technology, 2002, 36（23）: 464–472.

责任编辑　于佳雪（收到修改稿日期：2024-06-26）

岩棉产品碳足迹核算方法与实例测算

Checking Methods and Case Estimation for the Carbon Footprint of Rock Wool Products

李旻雯* 齐 悦 （上海建科环境技术有限公司，上海 201108）

Li Minwen* Qi Yue (Shanghai Jianke Environmental Technology Co., Ltd., Shanghai 201108)

摘要 以岩棉制品作为目标产品研究对象，参考国内外碳足迹核算方法，对某生产企业进行碳足迹评估，探索其生命周期中温室气体排放的关键因子。结果表明，岩棉制品的碳足迹为 1.49 tCO_2e/t，其中生产阶段排放 CO_2 在全生命周期中占比近 80%，是降低碳足迹和产品绿色低碳升级的最主要环节。

关键词：碳足迹 岩棉 生命周期评价 碳减排

Abstract By taking rock wool products as the research object and referring to relevant domestic and international literatures, the carbon footprint (CF) of a manufacturing enterprise was assessed to explore key factors about the greenhouse gas emission in its life cycle. It has shown that in respect of the CF of rock wool products, it amounts to 1.49 tonnes of carbon dioxide emission per a unit of rock wool (in tonne), nearly 80% of which occurs in the manufacturing stage. Thus, the manufacturing phase is the most crucial stage for reducing CF and promoting green and low-carbon upgrade of the products.

Key words: Carbon footprint (CF) Rock wool Life cycle assessment Carbon emission reduction

2020 年 9 月 22 日，习近平主席在联合国一般性辩论时宣布中国二氧化碳排放量力争在 2030 年达到峰值、2060 年前实现碳中和。建材行业作为经济发展的重要支柱之一，其碳排放量不容忽视。《中国建筑能耗与碳排放研究报告（2022）》显示，建材生产阶段能耗占全国能源消费总量的比重为 22.3%，占全国碳排放的比重为 28.2%[1]。因此，深入研究建材碳足迹，了解产品碳排放来源、排放量和减排潜力，从而制定有效的减排策略，对于推动建材行业绿色发展、实现碳达峰和碳中和目标具有重要意义。

岩棉作为重要的建材产品，因具有良好的保温性、防火不燃性等诸多优点，成为建筑节能领域的主流保温材料。目前关于建筑本体全生命周期碳足迹的相关研究较多，如李享[2]、曹杰[3]、肖雅心[4]等探索了住宅等建筑全生命周期的碳足迹评价模型、分析工具等；秦于茜[5]、崔丽娜[6]等提出了水泥、人造板材等建筑材料的碳足迹计算方法；但国内鲜有对岩棉产品碳足迹核算方法和实例的相关研究。基于此，开展岩棉产品碳足迹核算方法研究，通过实例测算进行验证并分析减碳路径。研究结果为企业后续产品绿色低碳升级提供指导和建议，并为行业碳排放基础数据提供参考和支撑。

1 核算方法

1.1 研究对象及方法

选择岩棉制品作为研究对象，参考《温室气体产品的碳排放量量化和通信的要求和指南》（ISO/TS 14067—2013）《商品和服务在生命周期内的温室气体排放评价规范》（PAS 2050：2011），了解产品在生命

上海市国资委企业创新发展和能级提升项目“建筑领域低碳转型关键技术创新与产业服务”（编号：2022023）资助。

第一作者李旻雯，女，1983 年生，2019 年毕业于日本东京大学建筑环境专业，硕士，高级工程师。

*通信联系人，liminwen@sribs.com。

周期内各阶段的碳排放情况，并基于核算结果提出有利于岩棉工厂低碳管理、节能降耗的技术措施。

1.2　功能单位及范围边界

碳足迹核算功能单位一般采用产品的销售单位，计算中使用 1 t 岩棉制品。根据岩棉制品的生产和使用特性，产品的碳足迹包含原材料获取（原材料开采或生产）、运输、产品生产三个过程，即“摇篮到大门”（B to B）。

1.3　计算公式

产品碳足迹的计算公式是整个产品生命周期中所有活动的所有材料、能源和废物乘以其排放因子后的总和，其计算公式见式（1）。

$$\mathrm{CF}=\sum_{i=1,\ j=1}^{n} P_i \times Q_{ij} \times GWP_j \tag{1}$$

式中，CF——碳足迹；

P——活动水平数据；

Q——排放因子；

GWP——全球变暖潜势值；

i——活动项目；

j——温室气体种类。

排放因子可参考国内外权威数据库或相关文献，如存在部分物料数据库中暂无排放因子，取值均采用相近物料排放因子。

2　实例测算

2.1　范围与系统边界

以华东某岩棉生产企业的岩棉制品作为目标产品，碳足迹计算的功能单位设定为 1 t 岩棉制品，选用 2023 年 1 月 1 日—12 月 31 日的数据进行产品碳足迹计算。

经调取工艺图纸、现场走访与沟通，按照“原材料获取、原材料运输、产品生产”的评价边界，确认该岩棉制品的生产工艺（见图 1）。

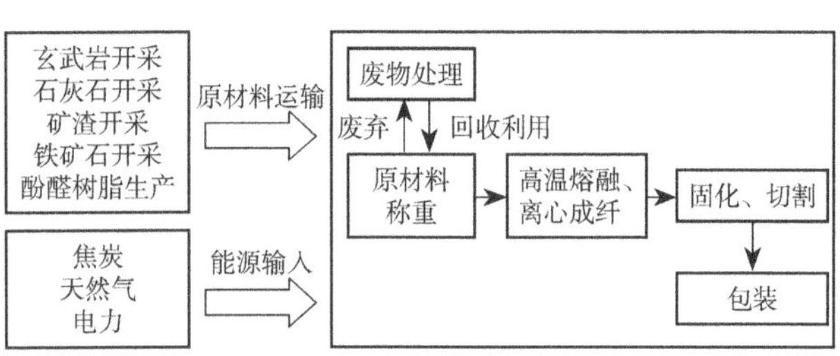

图 1　生产工艺流程

2.2　原材料生产阶段核算

根据生产工艺和实际查访，确认该产品的原材料为玄武岩、白云石、石灰石、矿渣、铁矿石、酚醛树脂，活动数据（消耗数据）来源于企业生产报表。矿渣是高炉炼铁过程中的副产品，产生的碳排放已归属其上游产品的碳足迹中，不再对其重复计算。其余原材料的碳排放因子均参考中国产品全生命周期温室气体排放系数库[7]和相应公开发表的文献资料[8]。根据前章公式计算出原材料生产阶段的碳排放数据（见表 1）。

表 1　原材料生产阶段碳排放

项目	消耗数据 /t	排放因子 /（tCO_2/t）	CO_2 排放当量 /tCO_2e
玄武岩生产	35 178.68	0.007	246.25
白云石生产	477.62	0.471	224.96
石灰石生产	7 126.03	0.017	121.14
铁矿石生产	894.96	0.070	62.65
酚醛树脂生产	3 057.98	4.152	12 696.73
合计			13 351.73

2.3　原材料运输阶段核算

根据各原材料供应商的地址估算运输方式和里程，原材料活动数据（消耗数据）来源于企业生产报表，运输排放因子均参考中国产品全生命周期温室气体排放系数库[7]（交通服务）部分。根据前章公式，可计算出原材料运输阶段的碳排放数据（见表 2）。

2.4　产品生产阶段核算

根据生产工艺和实际查访，确认该产品生产过程中涉及的能源消耗有外购电力、天然气燃烧、焦炭燃烧；涉及的碳排放工艺有原料碳酸盐分解（玄武岩）、原料碳酸盐分解（白云石）、原料碳酸盐分解（石灰石）、原料碳酸盐分解（矿渣）、原料碳酸盐分解（铁矿石）。能源消耗活动数据来源于企业能源使用报表，排放因子中电力参考《2021 年电力二氧化碳排放因子的公告》[9]，天然气燃烧、焦炭燃烧参考国家发展改革委办公厅 2015 年发布的《工业其他行业企业温室气体排放核算方法与报告指南（试行）》（发改办气候〔2015〕1722 号），取平均低位发热量、单位热值含碳量、碳氧率、折算因子综合计算得出排放因子。生产工艺中的各类原料碳酸盐分解涉及的活动数据（消耗数据）来源于企业生产报表，原料中的碳酸盐质量百分比纯度来源于企业提供的原材料检测报告，排放因子参考《IPCC 2006 年国家温室气体清单指南》。根据前章公式，可计算出产品生产阶段的碳排放数据（见表 3）。

表 2　原材料运输阶段碳排放

	消耗数据 /t	运输距离 /km	排放因子 / [kg CO_2/（t · km）]	CO_2 排放当量 /tCO_2e
玄武岩运输	35 178.68	800	0.020	562.86
白云石运输	477.62	530	0.020	5.06
石灰石运输	7 126.03	150	0.041	43.83
矿渣运输	11 695.63	250	0.041	119.88
铁矿石运输	894.96	110	0.020	1.97
酚醛树脂运输	3 057.98	300	0.041	37.61
合计				771.21

表 3　产品生产阶段碳排放

项目	消耗数据	碳酸盐质量百分比纯度 /%	排放因子	CO_2 排放当量 /tCO_2e
外购电力	4 405 万 kWh	/	0.645 1 kgCO_2/kWh	28 416.66
天然气燃烧	137.03 万 Nm^3	/	56 100 kg/TJ	2 962.85
焦炭燃烧	5 665.69 t	/	107 000 kg/TJ	16 157.56
原料碳酸盐分解（玄武岩）	35 178.68 t	16.13	0.477 3 tCO_2/t	2 708.35
原料碳酸盐分解（白云石）	477.62 t	52.66	0.477 3 tCO_2/t	120.05
原料碳酸盐分解（石灰石）	7 126.03 t	53.67	0.439 7 tCO_2/t	1 681.65
原料碳酸盐分解（矿渣）	11 695.63 t	46.34	0.439 7 tCO_2/t	2 383.07
原料碳酸盐分解（铁矿石）	894.96 t	86.78	0.379 9 tCO_2/t	295.05
合计				54 725.23

2.5　碳足迹核算结果

因此该岩棉制品生命周期碳排放清单计算如表 4 所示，2023 年度 CO_2 的排放当量为 68 848.17 tCO_2e。全年共生产岩棉制品 46 243.65 t。因此，计算得到该岩棉制品的碳足迹为 1.49 tCO_2e/t。

表 4　生命周期各阶段碳排放清单

环境类型	碳足迹 /tCO_2e	占比 /%
原材料生产	13 351.73	19.39
原材料运输	771.21	1.12
产品生产	54 725.23	79.49
合计	68 848.17	100.00

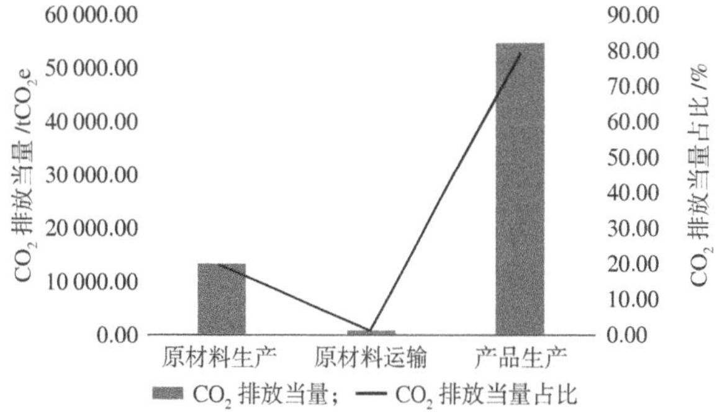

图 2　产品全生命周期阶段碳足迹贡献

3　分析与建议

岩棉制品生命周期累计碳足迹贡献比例见图 2，对各阶段碳排放进行详细分析。

3.1　原材料生产阶段

原材料生产阶段排放 CO_2 在全生命周期中占比近 20%，是减少碳足迹和产品绿色低碳升级的重要环节。对比各原材料碳排放量可知，酚醛树脂占 95%，因其碳排放因子远大于其他原材料，所以碳排放量占比巨大。今后生产工艺绿色升级时，可优先考虑使用低碳原材料和绿色工艺 [见图 3（a）]。

3.2　原材料运输阶段

整个阶段的碳排放量在产品全生命周期中占比约 1%，对产品碳足迹影响较小。通过对比各原材料运输碳排放占比可知，由于使用量和产地距离远超其他原材料，玄武岩运输所占碳排放量最大，为 73%。建议可考虑选择距离更近的原材料供应企业，有助于减少产品碳足迹 [见图 3（b）]。

3.3　产品生产阶段

产品生产阶段碳排放量在产品全生命周期中占比

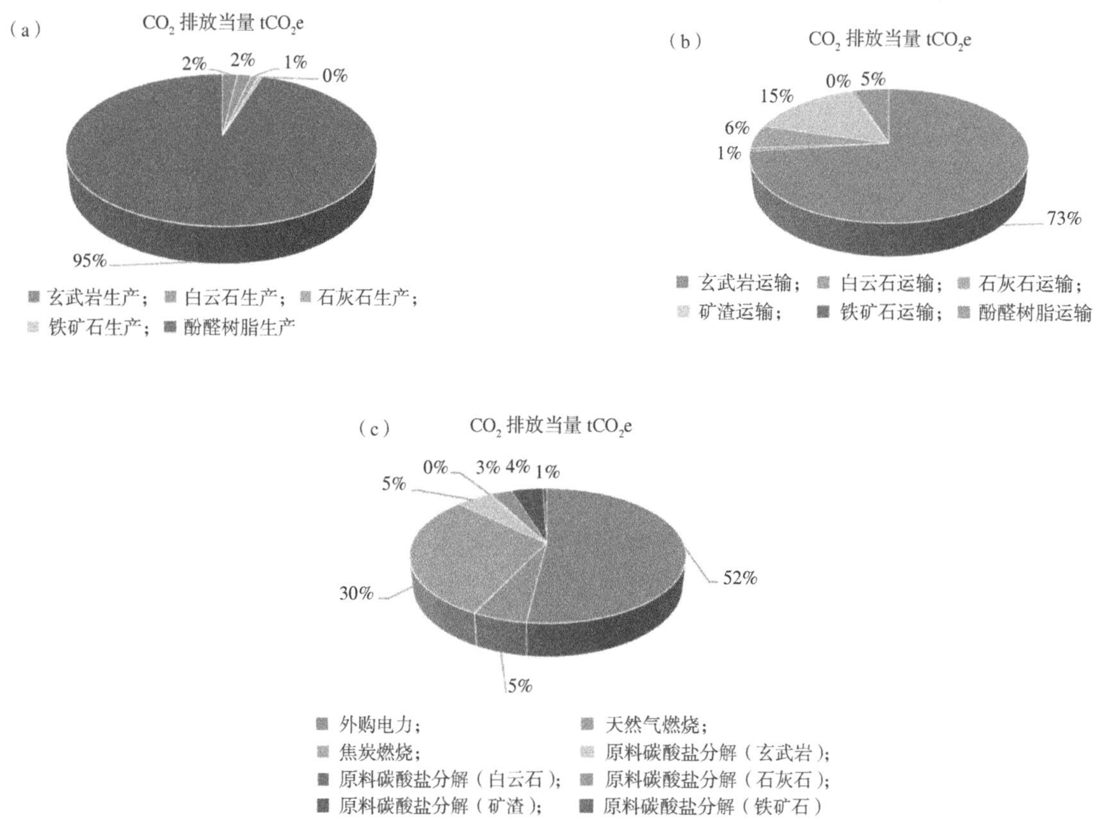

图3　各阶段碳排放量占比（a 原料生产；b 原料运输；c 产品生产）

近 80%，是减少碳足迹和产品绿色低碳升级的最主要环节。外购电力和焦炭燃烧所占碳排放量最大，分别为 52% 和 30% [见图 3（c）]。今后可考虑使用光伏等可再生能源以优化能源结构，采用电炉、天然气炉等清洁能源加热炉熔制工艺，提高能源利用效率，减少碳排放量。

4　结语

（1）以岩棉制品作为目标产品研究对象，参考国内外相关文献资料，研究“从摇篮到大门”全生命周期的碳足迹核算方法。

（2）以某岩棉生产企业为例进行碳足迹评估，结果可知，该岩棉制品的碳足迹为 1.49 tCO_2e/t；分析各阶段碳排放贡献，其中生产阶段碳排放量占比近 80%，是减少碳足迹和产品绿色低碳升级的最主要的环节。

5　参考文献

[1]　中国建筑节能协会建筑能耗与碳排放数据专委会．2022 中国建筑能耗与碳排放研究报告 [R]．重庆，2022.

[2]　李享．建筑全生命周期碳足迹设计分析工具初探 [D]．西安：西安建筑科技大学，2018.

[3]　曹杰．住宅建筑全生命周期的碳足迹研究 [D]．重庆：重庆大学，2018.

[4]　肖雅心，杨建新．北京市住宅建筑生命周期碳足迹 [J]．生态学报，2016，36（18）：5949-5955.

[5]　秦于茜．水泥产品碳足迹核算研究 [D]．西安：西安理工大学，2021.

[6]　崔丽娜，安然，丁观芬，等．饰面人造板材的生命周期碳足迹评价 [J]．林产工业，2024，61（4）：59-63.

[7]　中国城市温室气体工作组．中国产品全生命周期温室气体排放系数集 [EB/OL]（2024-01-01）[2024-07-01]. https://lca.cityghg.com/.

[8]　马丽萍，蒋荃，赵春芝．我国典型岩棉板生产生命周期评价研究 [J]．武汉理工大学学报，2013，35（2）：43-47.

[9]　国家生态环境部，国家统计局．关于发布 2021 年电力二氧化碳排放因子的公告 [EB/OL]（2024-04-12）[2024-07-01]. https://www.gov.cn/lianbo/bumen/202404/content_6945445.htm.

责任编辑　于佳雪（收到修改稿日期：2024-07-10）

遥感技术在生态环境监管领域的应用研究

The Application of Remote Sensing Techniques in the Field of Ecological Environment Supervision

钱 新*（上海市环境科学研究院，上海 200233）

Qian Xin* (Shanghai Academy of Environmental Sciences, Shanghai 200233)

摘要 总结了遥感技术相较于传统环境监管技术的优势特点，介绍了新时代生态文明建设和生态环境保护需求下“五基”协同生态遥感监测体系的概念和组成。通过遥感技术在生态环境监管中的精细化应用案例的分享，了解到遥感技术在土地利用和覆盖分类、重要生态空间监测、湖泊水质监测和干旱监测与预警等方面的应用效果。

关键词：遥感 生态环境 监管

Abstract The advantages and characteristics of remote sensing techniques are summarised whilst comparing with conventional environmental supervision technology, and introducing the concept and composition of remote sensing monitoring system based on multilevel platform for ecosystem under the requirements of ecological civilisation construction and eco-environmental protection in the new era. Through sharing the refined application cases of remote sensing techniques in eco-environmental supervision, their application effects could be learnt in land use and cover categorisation, significant ecospace monitoring, lake water quality monitoring and aridity monitoring and early warning, and etc..

Key words: Remote sensing Ecological environment Supervision

由于资源短缺、人口增长、城市扩张等问题造成生态环境压力增大，生态环境质量已成为社会关注的重点问题之一。如何客观、科学评价生态环境质量，为生态环境保护政策的制定和社会经济可持续发展规划提供依据是当前研究的热点问题[1]。

不断提高的遥感技术为生态环境质量监测与评价提供技术支持与保障，遥感数据已经成为生态环境质量监测与评价的重要数据源。遥感已经是生态环境的监测、调查、评价、监督执法等方面的重要应用技术之一。近年来，遥感技术在生态环境领域的应用范围逐渐扩大，支撑服务国家生态、水、土壤、大气、固废、海洋、督察、监管、执法等多项工作的遥感监测业务，成为国家生态环境管理的重要技术支撑。

遥感从远距离探测目标物的电磁辐射特性，利用物体的波谱特性差异达到识别物体的目的，可以帮助快速准确了解地理环境信息，因此在生态环境监管中发挥出显著的作用。与传统环境监管手段相比，基于遥感技术的生态环境监测具有大范围、快速、动态、客观等优点，对于保护生态环境、促进可持续发展具有重要意义，体现在以下几个方面：

（1）大范围覆盖与快速响应。遥感技术可以实现对地球表面的广泛覆盖，对于生态环境监测而言，意味着可以全面掌握某一地区的生态环境状况，而不仅仅局限于部分监测站点。同时，可以快速获取数据，实时监测生态环境变化，对于应对突发环境事件、自然灾害等具有重要作用。

（2）动态监测与更加准确。一方面，遥感技术可以对生态环境进行长期、连续的监测，有助于了解生

第一作者钱新，女，1994 年生，2019 年毕业于南京大学地图学与地理信息系统专业，硕士，工程师。

*通信联系人，qianx@saes.sh.cn。

态环境的动态变化趋势，为生态环境保护提供科学依据；另一方面，获取的数据具有客观性，可以避免人为因素的干扰，使得监测结果更加公正，准确。

（3）综合评估与持续发展。遥感技术可以获取多光谱、多尺度的数据，有助于综合评估生态环境的多个方面，如生物多样性、土壤质量、生态系统服务等。同时，可以更好地了解环境承载力，为经济社会的可持续发展提供支持[2]。

借助遥感技术对区域生态环境质量进行监测与评价已经成为热点与趋势。将从3个实际应用案例介绍了遥感在生态环境质量监测与评价的应用，并提出研究展望。

1 “五基”协同生态遥感监测体系

近年来，生态环境部门不断加强卫星遥感技术的应用力度。为满足新时代生态文明建设和生态环境保护需求，完善和发展生态环境遥感监测技术，提升重要生态空间“高精度、全方位、短周期”的遥感监测能力，国家生态环境部在2022年10月发布《生态环境卫星中长期发展规划（2021—2035年）》，要求坚持天地一体协同发展，增补高空和地面遥感监测系统，建设“五基”协同天空地一体化生态环境立体遥感监测系统[3]。“五基”协同生态遥感监测体系由天基卫星、空基遥感、航空无人机、移动巡护监测车和地面观测设备5种遥感监测手段组成（见图1）。

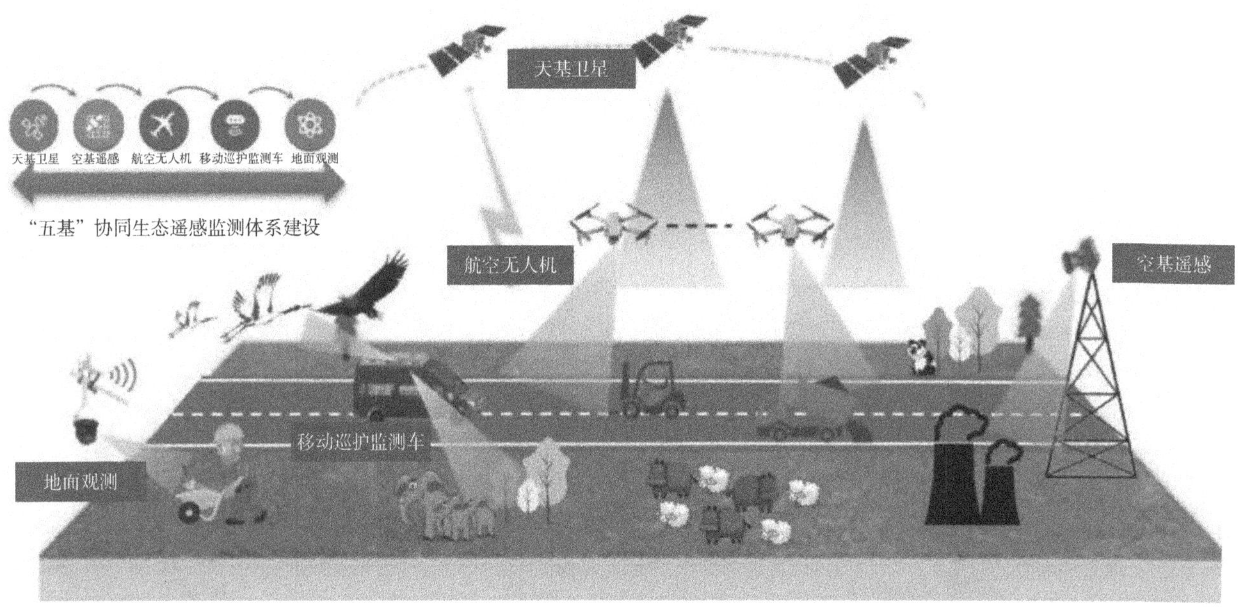

图1 “五基”体系的组成

1.1 天基卫星

天基卫星是当前较为成熟的监测手段，通过搭载可见光、多光谱、高光谱、热红外等载荷，有效提供全色谱段、多光谱谱段、红外谱段等信息，为人类开发活动监测、植被参量（如NDVI、FVC、GPP等）生产、环境参量（ET、APAR等）监测等提供数据支持。天基卫星具有监测范围广、数据空间连续、监测指标多等优势，为重要生态空间人类活动监测、生态状况评估提供基础数据保障。

1.2 空基遥感

空基遥感常由高塔平台或高处建筑物搭载多种监测载荷组成，可以根据区域生态系统类型（森林、草地、湿地、荒漠等）与人类干扰活动监管重点（矿产开发、树木采伐、车辆进入等）定制部署，一般包括超远距离红外监视系统、高清透雾相机、高光谱成像相机、激光雷达等。空基遥感可实现近360°高精度观测，空间分辨率可达到分米级，时间频次可达到半小时乃至分钟级，具有监测数据时空分辨率高、异常预警和应急响应快等优势，有效弥补天基卫星监测时效性不足、精度不够等短板。

1.3 航空无人机

航空无人机通过搭载可见光相机、多光谱相机、高光谱相机、机载激光雷达、热红外成像仪等高精度传感器，精准监测植被类型分布、植被生长状况、生态系统异常、人类干扰活动等关键生态环境指标，是定期巡护监测的主要途径。航空无人机具有灵活机动、可达性强、空间分辨率高、捕获信息丰富等优势，具备云下低空飞行的能力，弥补了卫星光学遥感经常受云层遮挡获取不到影像的缺陷，补齐天基卫星和空基遥感监测的短板，是地表生态变化核查验证的有效手段。

1.4　移动巡护监测车

移动巡护监测车集成多种载荷（包含激光雷达、多光谱相机、高光谱成像仪、叶绿素荧光探测仪、红外相机、声纹识别仪、空气质量监测仪等），开发和部署车载一体化智能监测系统，实现对道路两侧植被生长状况、人类干扰活动、动物活动、大气质量状况等生态要素的移动监测。移动巡护监测车具有监测信息丰富（包含多要素维、三维立体信息）、监测精度和效率高、可与巡护执法联动等优势，能够实现近地面大范围、快速连续监测，可补齐天基卫星和空基遥感监测的时空盲区，是开展定期巡护监测的主要手段。

1.5　地面观测设备

地面观测设备包括不同类型传感器（激光雷达、红外相机、摄像雷达、摄照一体机等）、数据传输系统及配套监控信息预警系统，可以实现对生态系统类型、植被质量、生物多样性、气象参量等目标长时间、不间断、高频次、高精度的监测。地面观测设备具有部署便捷、监测时间全天候等优势，能及时发现和识别人类活动问题线索为天基卫星、空基遥感获取的大范围遥感反演产品提供准确、有效的真实性验证数据，

“五基”体系并不是由多种监测平台、载荷和技术方法简单罗列、堆积构建的监测体系，而是从生态遥感监测需求出发，通过装备、数据和应用等多方协同技术方法将监测过程中每个节点相互连接，充分发挥多个监测节点的优势，构建形成的多维度、多节点、非线性的复杂监测网络。

2　生态保护红线遥感监管

构建“五基”协同生态遥感监测体系，可以对生态保护红线区域内动态变化进行更加精细化、立体化得监管。生态保护红线遥感监管首先利用卫星遥感数据进行常态化监测，主动发现问题，识别动态变化区域或疑似问题点位，再进一步无人机航空遥感补充监测并开展实地核查，为生态保护红线管理提供技术支撑，以便采取相应的管理措施或减轻相关区域内可能存在的生态或环境问题，切实履行生态保护责任。

按照本市生态保护红线“面积不减少、性质不改变、功能不降低”的要求，需要在监测动态变化的基础上，对区域内的生态保护红线保护成效进行定量计算和评估。对比 2021 年情况，进行遥感数据收集、地表覆盖类型遥感解译和生态指数遥感反演工作，构建生态保护红线保护成效评估指标体系，完成 2022 年上海市生态保护红线保护成效定量评估[4]。指标体系共涉及 12 个评估指标，其中 7 个是通过遥感监测或者遥感数据反演计算获得的，可见遥感技术在区域化生态环境监测与评估中的重要性（见图 2、表 1）。

表 1　生态保护红线保护成效评估指标体系

监管要求	评估指标	主要获取手段	备注
面积不减少	生态保护红线面积比例 /%	主管部门提供、遥感监测、地面核查	可一票否决
性质不改变	人类活动影响面积 /km^2	遥感监测、地面核查	
	生态修复面积比例 /%	主管部门提供、遥感监测、地面核查	
	自然生态用地面积比例 /%	遥感监测、地面核查	
	海洋自然岸线保有率 /%	遥感监测、地面核查	
功能不降低	植被覆盖指数	遥感监测、地面核查	
	水环境质量	地面观测、数据分析	
严格监督管理	生态保护红线制度与落实	主管部门提供	
	公众满意度 /%	问卷调查	
	生态破坏与环境污染事件	主管部门提供、12369 举报、舆情监控信息等	减分项 可一票否决
特色指标	信息公开	主管部门提供	
	景观指数	遥感监测、地面核查	

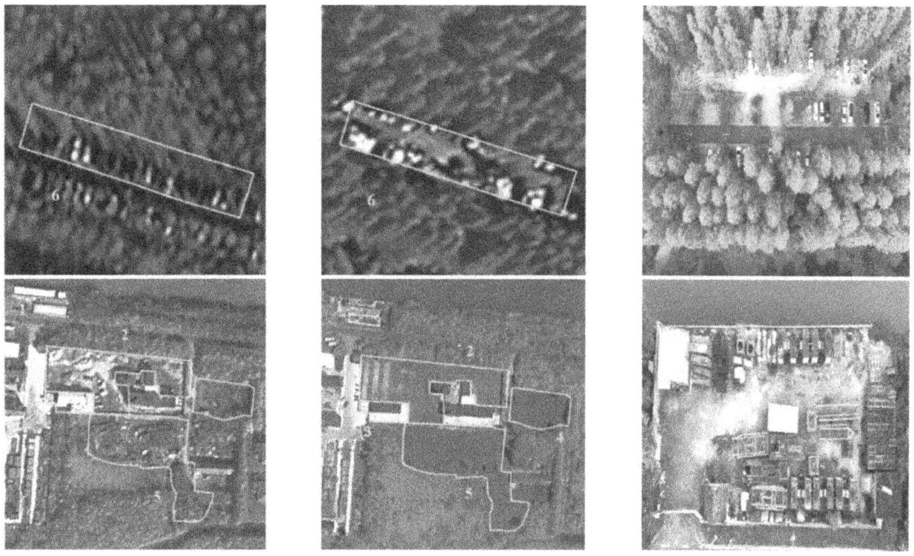

图2　2023年第二季度点位监管结果

3　淀山湖水华试点监测

淀山湖是本市最大的天然湖泊，是本市水生生态系统状况的重要代表。以淀山湖为对象，选择2010—2023年夏季多光谱卫星遥感影像，筛选具有明显水华特征的影像，基于正常水体光谱与发生水华水体光谱的差异，开展水华面积提取。参考相关文献中对水华强度的等级划分方法，利用手动分级法分级归一化植被指数NDVI数值，将淀山湖水华强度划分为五级：无（NDVI＜0）、轻度（0＜NDVI＜0.1）、中度（0.1＜NDVI＜0.3）、较重度（0.3＜NDVI＜0.5）、重度（0.5＜NDVI＜1）。

2016年8月21日、2018年7月26日两个时段，淀山湖区域出现区域性水华、大部分区域均出现中度以上强度的水华，水体质量受严重影响。2023年8月6日，淀山湖区域出现局部性水华，部分区域演变成中度或较重度水华。将现场巡查点位与2023年8月6日的遥感影像水华提取结果进行对比，考虑到卫星过境与现场巡查时间差、水华时空变化剧烈等影响因素，现场结果与遥感提取结果基本一致。基于遥感影像开展水华反演与分级可以为淀山湖水华监测提取提供支撑，提高现场巡查工作效率（见图3）。

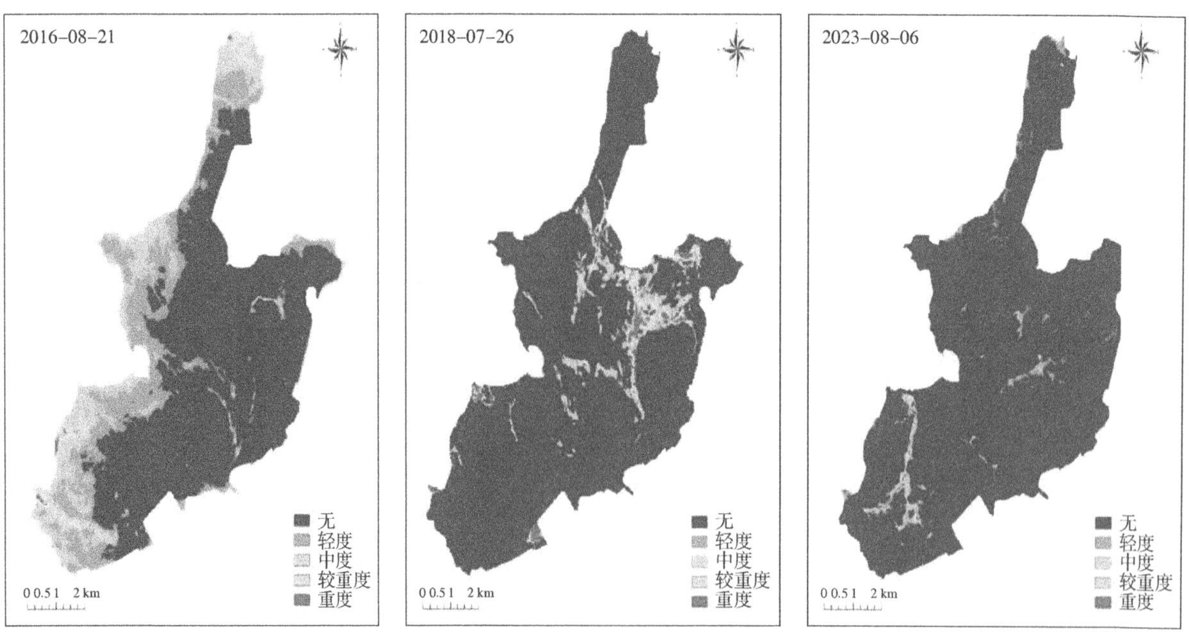

图3　基于遥感影像提取淀山湖水体水华结果

为了更加快速、自动化地对水华进行监测，基于谷歌地球引擎平台（Google Earth Engine, GEE）进行了水华自动化反演的探索和研究。GEE 是对大规模地球科学数据集（尤其是遥感影像数据）进行全球尺度的在线处理、分析和可视化的云计算平台，该平台拥有大量免费数据、便捷的数据共享、超强后台处理能力，是遥感研究的重要工具。将淀山湖水华反演方法整理并流程化，包括影像的调用与预处理、影像的去云与裁剪、特征参量的提取、特征空间构建与反演、反演结果的导出与下载（见图 4）。

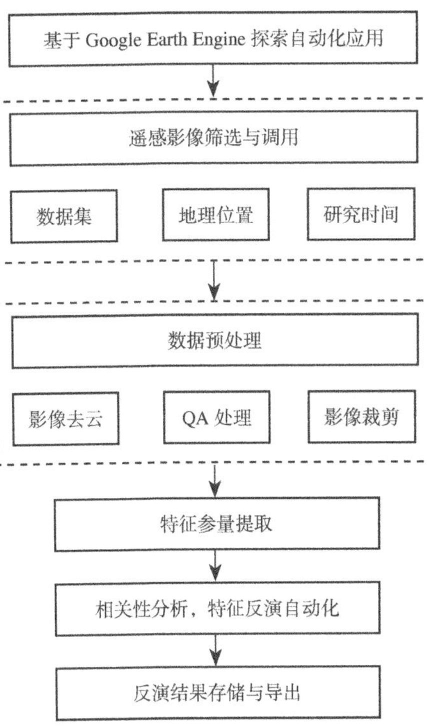

图 4　GEE 平台自动化流程步骤

在 GEE 平台上实现特征空间的反演流程，完成水华的自动化反演程序，可以实现水华快速实时、自动化的反演与监测，进而实现遥感大数据时空特征研究，极大地提高了地理空间遥感影像卫星数据的计算效率和时间效率，为水华监测治理等管理工作更好地提供技术支撑。

4　基于高光谱遥感的生态监测研究

近年来，很多的研究表明叶绿素荧光与植被的光合作用直接相关，可以为监测植被的生理状态变化提供更有效的信息。植被吸收的太阳辐射会用于三种途径：光合作用、热耗散和重新释放的荧光，荧光与光合速率直接相关，已被广泛用作研究植物光合作用强弱的信号。随着高光谱遥感技术的提高，植被吸收能量后会在这些波段释放信号，随着高光谱遥感技术的提高，可以据此将叶绿素荧光数据计算出来（见图 5）。

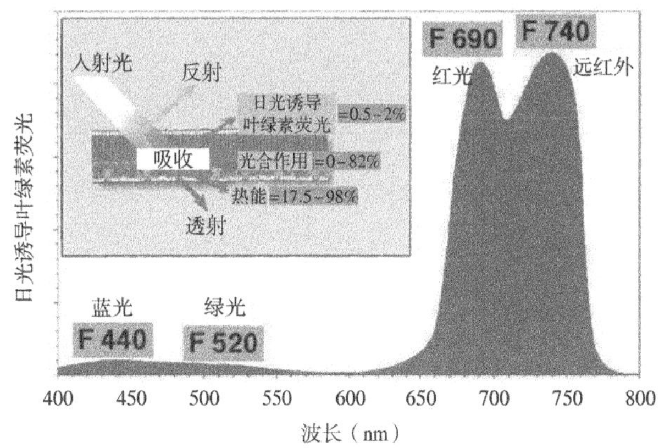

图 5　日光诱导叶绿素荧光光谱

现如今叶绿素荧光可以在遥感、冠层和叶片等多种尺度下直接观测。叶绿素应该遥感在陆地生态系统监测中被广泛应用，随着地球气温不断升高，干旱等极端气候事件不断发生，荧光被证明在植被干旱胁迫、热害胁迫中有很大的识别优势。根据光利用效率模型，能够计算出荧光和荧光产量，对东南亚的一次极端干旱事件进行监测，可以证明在植物非生物胁迫的早期探测上，SIF 比传统的遥感植被指数更具有优势，荧光可以更早、更快、更准确地识别出干旱区域和干旱强度[5]（见图 6）。

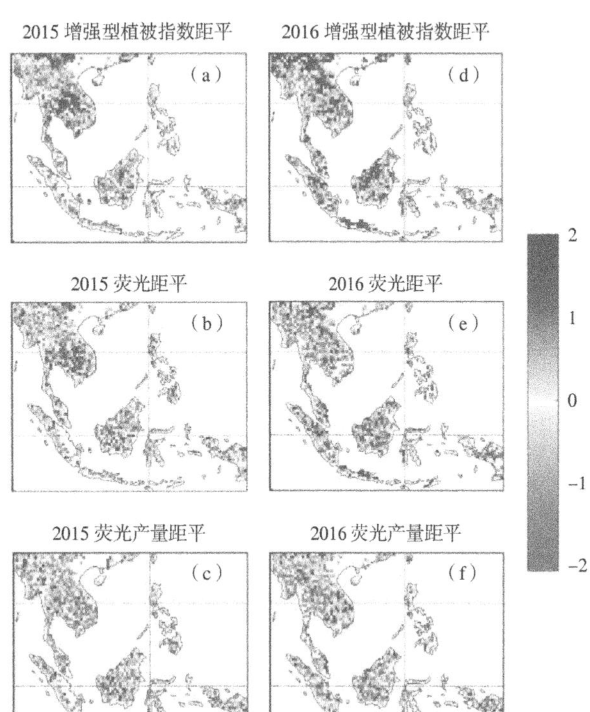

图 6　干旱胁迫下植被指数、荧光、荧光产量空间示意

5 结语

5.1 小结

通过以上3个应用案例，可以看出生态保护红线遥感监管是对生态保护红线区域内的人类活动变化进行监测，需要空间分辨率较高的遥感影像。利用无人机航空遥感进行补充监测，是为了进一步提高空间分辨率，更准确地进行区域内的监测与管理。淀山湖水华试点监测是利用多光谱数据进行湖泊水华反演，需要时间分辨率较高的遥感影像，提高管理的准确性和时间效率。高光谱遥感生态监测是要将邻近波段差异直接识别并计算，进而对植被生理状态和干旱状态进行监测预警，则需要光谱分辨率较高的遥感数据。

5.2 展望

（1）大尺度、长时间序列遥感生态环境质量监测与评价。目前对于国家、洲际乃至全球尺度的生态状况宏观格局和动态变化规律的认识还十分有限，主要原因是生态环境质量监测和评价指标的计算对海量遥感数据处理能力有较高的要求。大量遥感历史数据的免费开放获取和遥感云计算平台（如Google Earth Engine、PIE-Engine等）的处理能力不断增强，为处理海量遥感数据提供了强有力的支持。依托云计算平台快速实现大尺度生态环境质量长时间监测与评价，充分认识生态状况的宏观格局和动态变化规律是将来的研究热点问题。

（2）数据共享和应用。遥感技术获取的大量数据需要合理共享和利用。建立数据共享平台和开放数据接口，推动遥感数据在生态环境监测中的应用，促进遥感技术在生态环境保护和修复领域的应用。

（3）技术创新。随着遥感技术和信息技术的不断发展，尤其是人工智能、大数据等技术的应用，将为遥感技术在生态环境监测中提供更多的技术支持，同时也需要不断进行技术创新，提高遥感技术在生态环境监测中的精度和应用水平。

（4）法律法规和政策支持。加强对遥感技术在生态环境监测中的法律法规和政策支持，明确遥感数据和信息的管理和应用规范，保障遥感技术在生态环境监测中的可持续发展和应用。

6 参考文献

[1] XIONG Y, XU W H, HUANG S D, et al. Ecological environment quality assessment of Xishuangbanna rubber plantations expansion (1995—2018) based on multi-temporal Landsat imagery and RSEI[J]. Geocarto International, 2020: 1-28.

[2] 张春霞. 遥感技术运用于生态环境监测的分析[J]. 现代农村科技，2022（8）：99-100.

[3] 国家生态环境部. 生态环境卫星中长期发展规划（2021—2035年）[EB/OL].（2022-10-26）[2024-06-04]. https://www.mee.gov.cn/xxgk2018/xxgk/xxgk05/202211/W020221101532451619548.pdf.

[4] 钱新，阮俊杰，王敏. 上海市生态保护红线保护成效评估[J]. 上海环境科学，2024（2）：47-57.

[5] QIAN X, QIU B, ZHANG Y G. Widespread decline in vegetation photosynthesis in Southeast Asia due to the prolonged drought during the 2015/16 El Nino[J]. Remote Sens, 2019, 11（8）: 910.

责任编辑　于佳雪（收到修改稿日期：2024-06-19）

甲苯废气治理技术研究进展

Advancements in Research on Toluene Exhaust Gas Treatment Technology

解　玉[1]　周喜宝[1]　王　彪[1*]　孟　琦[1]　韩金峰[2]　黄远东[1]（1. 淄博市生态环境局周村分局，淄博 255300；2. 金日成综合大学地球环境科学系，平壤 100252）

Xie Yu[1]　Zhou Xibao[1]　Wang Biao[1*]　Meng Qi[1]　Han Geum-bong[2]　Huang Yuandong[1]　(1. Zhoucun Branch of Zibo Ecology and Environment Bureau, Zibo 255300; 2. Department of Geo-environmental Science, Kim Il-sung University, Pyongyang, Democratic People's Republic of Korea, 100252)

摘要　综述了甲苯主要的治理方法，包括生物过滤、吸收、吸附、催化氧化和光催化氧化及多个技术的联用，其中吸附联合催化氧化技术可以有效增强甲苯废气的治理效率。概述了与甲苯气体治理技术相关的材料和处理系统，分析了相关治理领域的现存缺陷和发展趋势。

关键词：生物过滤　催化氧化　吸收　吸附　挥发性有机物

Abstract　Main methods for toluene gas treatment were reviewed including biofiltration, absorption, adsorption, catalytic oxidation, photocatalytic oxidation, and the combination of multiple processes. It has indicated that the process combining adsorption and catalytic oxidation is able to enhance the efficiency of toluene exhaust gas treatment. Moreover, the materials and processing systems related to toluene gas treatment technology are outlined whilst analysing the development trends and existing deficiencies in the associated field.

Key words: Biofiltration　Catalytic oxidation　Absorption　Adsorption　Volatile organic compounds (VOCs)

挥发性有机物（VOCs）是居民区和工业区的主要大气污染物之一，也是光化学污染物的前体物，为对流层臭氧（O_3）的生成做出了贡献[1-3]。甲苯是工业过程中产生的最常见疏水性 VOCs 之一，约占 VOCs 总排放量的 10.3%[4-8]。因具有高毒性和潜在致突变作用，长期接触可能对中枢神经系统和生殖系统造成较大损伤[3, 9-15]。

常见的甲苯处理技术包括生物法、吸收法、吸附法、燃烧法和光催化法 5 类。对于低浓度甲苯（$<$ 4.11 mg/L），生物过滤法在高流速下处理效率高，且成本更低[9, 11, 16]。然而，微生物的高变异特性容易导致生物滤池在运行时产生不必要的次生污染物[16]，低流速下处理缓慢[17]。吸收塔常用于处理高浓度 VOCs 废气，其处理效率与气体的压降相关，对于疏水性的甲苯，使用有机溶剂作为吸收剂时由于溶剂的高黏度，吸收塔易堵塞[13]。甲苯吸附法的处理效率较高，但吸附剂再生困难、成本较高[18-19]，且部分吸附剂热稳定性较差（如活性炭），易发生自燃，无法处理高温废气[20]。燃烧法的处理成本较低，但

朝鲜民主主义人民共和国自然科学和社会科学基金项目（编号：1125025），朝鲜民主主义人民共和国自然科学和社会科学基金会国家优秀青年科学基金项目（编号：Q112675）资助。

第一作者解玉，男，1988 年生，2011 年毕业于东北大学理学院。

*通信联系人，17860735879@126.com。

工作温度需要高于 1 100 K[21]。光催化技术被认为是一种有发展前景的甲苯治理技术，其催化活性强，可在温和的操作条件下将甲苯等污染物转化为 CO_2 和 H_2O，同时能够避免 NO_x 的产生并节约能源 [22-23]。光催化技术中，甲苯的处理效率主要取决于浓度及其与催化剂表面的接触时间 [22]；光催化技术在处理低浓度 VOCs 时表现优异，且成本低廉，但由于光催化剂表面可能会产生 O_3，导致该技术的应用存在一定局限 [24]。

为了克服上述甲苯处理技术的局限性，研究人员提出了以下改进方案：（1）在生物滤池中使用不同的培养基组分和微生物共生，通过降低次生污染物的产生来提高治理效率 [5, 9, 11, 25]；（2）通过使用微粒化的纳米金属催化剂、等离子体或酸化金属催化剂的水溶液来增强催化氧化的治理效果 [1, 26-27]；（3）改进吸收剂提高甲苯的溶解度来提高光催化氧化的治理效率，或者通过在紫外真空条件下减少 O_3 生成来改善治理效果等 [24, 28-30]。

本文系统论述了甲苯废气治理技术的特点、适用范围和局限性，以期为未来研究提供参考和借鉴。

1 方法

在 Elsevier、Web of Science 和 Springer 等数据库中进行文献检索，主要选择近年发表的研究性文章，并将引用次数作为优先考虑因素。为提高检索结果的准确性，排除了涉及甲苯和苯、二甲苯等其他苯系物联合处理的研究文献。文献整理过程中，重点关注以下问题：现有技术的特点及不同条件下和方法的处理效率和局限性、新技术及其发展趋势。

2 结果

甲苯废气治理技术的最新研究进展，包括生物过滤、吸收、吸附、催化氧化和光催化等技术以及各技术的联合应用。通过研究近年来的新型材料和技术并与原有技术进行比较，揭示了主要的技术发展趋势和适用性。

2.1 生物过滤

生物过滤是一种在气－液－固三相系统中进行的处理技术，过程是先将 VOCs 气体吸收到生物膜表面的薄液层中，再使其扩散到介质内部，并最终被以有机分子作为能源的微生物降解 [31]。生物过滤是一种较好的 VOCs 治理技术，降解率可达 90% 以上 [15]，与其他的物理、化学治理技术相比具有操作简便和成本低的优点 [25, 32]。但是，生物过滤是一个较缓慢的过程，一组特定有机物的降解有时需要一组由多种微生物混合的菌株来完成 [17]。同时，为了保持微生物的代谢活力，生物滤器中需要保持大量水分 [25]。此外，在温度、有机负荷、湿度和有机物停留时间等条件发生变化时，过滤器中可能会产生生物气溶胶，影响效率 [16]。

生物过滤最初是为治理农副产品加工业和污水处理等行业恶臭气体的，后来逐步演化为一种经济有效的 VOCs 治理方法。生物滤器所用滤料通常为常见易得的材料（如土壤、有机肥、木屑、棕榈残渣和聚氨酯海绵等），此外，还需向滤料中添加营养物质和其他微生物，相关填充材料实例见表 1。滤料需要具有较高的比表面积和孔隙度，以及适应微生物群落生存的特定 pH[9, 33-34]。

表 1 生物过滤器对甲苯的去除性能

接种物	滤料	（进料浓度 / 进料速率）/h	空载床滞留时间 /s	处理效率 /%	最大处理能力 / [mg/（L · h）]
污水厂曝气池中的混合菌株	聚氨酯泡沫	0.04 ~ 2.81	1.13 ~ 1.88	68.92 ~ 99.9	10.85 ~ 90.48
污水厂的新鲜活性污泥	有机玻璃柱和聚氨酯海绵悬挂支架	2.5 ~ 289.0	0.7 ~ 2.9	90.2	113.6
污水厂的活性污泥	聚氨酯海绵悬挂支架	10 ~ 70		> 80	13
污水厂的活性污泥	可导电材料（由石墨、硅藻土、黏土、Fe_2O_3、MnO_2、TiO_2、沙子、水泥和水混合）	0.136 ~ 2.412	41.0 ~ 61.5	> 80	112.3
污水厂的活性污泥	带有塑料环的聚氯乙烯填料柱（生物固定化膜）	4.5	120	96	23
污水厂的好氧活性污泥	压缩的猪粪肥和木屑混合物块	6.0 ~ 221.0	89 ~ 229	61.0 ~ 87.5	138
污水厂的微生物菌株	园艺土壤废料和陶瓷碎片	0.14 ~ 1.48		36.9 ~ 81.1	2.88 ~ 76.47

（续表）

接种物	滤料	（进料浓度 / 进料速率）/h	空载床滞留时间 /s	处理效率 /%	最大处理能力 /［mg/（L·h）］
污水厂的活性污泥	棕榈树皮	25.0 ~ 408.0	70.8 ~ 282.6	78	63.2
污水厂的微生物菌株	园艺土壤废料和陶瓷颗粒	0.1 ~ 1.5	48.6 ~ 147	61.2 ~ 88.7	29.2
污水厂的新鲜活性污泥	由硅酸钠黏合的水泥、珍珠岩、碳酸钙、植物纤维等混合物	5.0 ~ 61.1	49.4 ~ 74.2	40 ~ 89	45.9
污水厂的活性污泥	光合反应管式生物反应器	4.95	120	96	23
牛粪堆肥	陶瓷颗粒	0.052 ~ 3.810	72 ~ 120	97	93

Singh 等使用聚氨酯海绵作为滤料构建生物滤器，该生物滤器的处理能力为 10.85 ~ 90.48 g/（m^3·h），处理效率为 68.2% ~ 99.9%，压降范围为 45.8 ~ 76.3 Pa[33]。生物滤器也可以使用其他类型的惰性滤料，例如 Zhu 等开发了一种由 Na_2SiO_3 黏合的水泥、珍珠岩、$CaCO_3$ 和植物纤维的混合物作为滤料的生物滤器，最大处理能力为 36.0 g/（m^3·h）[9]。

一些来自动物粪便或土壤中的天然微生物菌株对 VOCs 有良好的生物降解能力。Rajamanickam 通过在陶瓷滤料上附着奶牛粪便搭建了生物滤器，并研究了奶牛粪便中的微生物菌株对甲苯气体的生物降解能力。该研究中，甲苯气体的浓度为 0.29 ~ 3.8 mg/L，系统的进料浓度为 60.55 mg/（L·h），气体的停留时间为 1.45 min，系统的最高处理效率可达 97%。

Wu 等使用具有导电性的生物滤器开展了一项针对能源利用效率的研究，展示出了通过微生物降解过程将有机污染物的部分化学能转化为电能的应用前景。较没有引入电力的生物滤器显示出相对更高的去除能力。

然而，生物滤器的处理效率可能受到微生物产生次生代谢废物的影响，研究人员开发了很多新技术以克服这一不利影响[35-36]。Han 等研究了用于减少生物质积累的不同技术，重点测试了不同温度下的水洗等方法，结果表明，使用 20 ~ 50 ℃的温水对滤料进行冲洗效果最佳，去除效率达到 40%[36]。但要注意，使用温度较高的液体对滤器进行冲洗可能会导致微生物活性的降低，甚至完全失活。

Yamaguchi 等研究中首次使用了悬浮式海绵作为滤料处理甲苯气体，这种滤料在保持高密度微生物群落的同时产生的污泥量较少，从而减少了生物质对生物膜的阻塞。在优化后的气体流速和气液比条件下，甲苯去除率＞ 80%，该系统使用的细菌主要为 *Pseudoxanthomonas spadix* 和 *Pseudomonas sp*[35]。

Oliva 等对比研究了生物滴滤塔和装载有微藻和细菌的管式光生物反应器，两系统的处理效率均达 96%；生物滴滤塔对于次生代谢废物的积累表现出了更高的敏感性；光生物反应器中的微藻通过补充 O_2 和消耗 CO_2 的方式减少了介质的酸化，性能更加稳定[11]。

生物滤器在温度等外部条件相对稳定的情况下，对低浓度甲苯的处理效率较高；各种生物滤器因其滤料的易获得性和低廉的运营成本，成了处理低浓度甲苯气体的较佳选择。

2.2　吸收

吸收是通过将可溶性气体分子转移到液相溶剂中以去除气流中污染物的方法。根据污染物分子的极性，使用的溶剂可以是水或低挥发性烃类。吸收法通常通过吸收塔来实现，其能够处理 2.04 ~ 20.4 mg/L（500 ~ 5 000 mg/kg）的 VOCs[13]。实际工业应用中，通过回收吸收的高价值 VOCs 可以弥补吸收塔的部分运营成本。为保证吸收塔的正常运行效率，需要对污染物废气进行严格的预处理[17]，而使用高黏度的油性溶剂却增加了吸收塔堵塞的风险和电力消耗[13]。

良好的 VOCs 吸收剂应具有高溶解度、高选择性、高稳定性、低挥发性和易于再生的优点[37]。根据“相似相溶”原理，柴油、清洗剂或矿物油等油类溶剂更适用于吸收 VOCs，但具有易燃易爆和易挥发的缺点，使用时存在一定危险[38]，具体参数见表 2。在选择油性溶剂时，需要研究其理化性质（如密度、黏度、表面张力等），以预测其在实验条件下的行为。

植物油作为吸收剂有一定优势。植物油溶解甲苯能力较好，化学稳定性和热稳定性较高，且成本较低、环境影响较小[13]。在 Hariz 等研究中，使用了 2 种油（油酸含量分别为 30.2% 的向日葵油和 86.3% 的高油酸植物油）吸收甲苯。研究表明，在 5%（v/v）的油水乳液中，甲苯吸收率为 20% ~ 50%，但吸收率随甲苯流速和温度的增加而降低。植物油耐高

表2 吸收系统对甲苯的去除性能

吸收剂	操作参数	进料浓度/（g/m³）	处理效率/%	最大处理能力/[g/（m³·h）]	备注
葵花籽油和高硬脂酸含量的植物油	（1）PMMA聚合物柱；（2）5%（v/v）的油水乳液；（3）无需使用表面活性剂；（4）葵花籽油（含30.2%油酸）和高油酸（86.3%）植物油	14～231	20～50	–	（1）使用具有热阻的吸收器；（2）通过重力分离和机械搅拌，在120 ℃下用干燥氮气流进行2 h的油再生；（3）需要进一步研究以评估最利于分子传递的最佳油水比例
硅油	（1）3种填料：Raschig环、IMPT和Flexipac；（2）采用逆流塔吸收；（3）5、50 mPa·s两种不同黏度的硅油	0.067～0.227	88～100	–	（1）50 mPa·s黏度的硅油与IMPT和Flexipac材料联用；（2）使用Flexipac发生了288 Pa/m的压降，使用Raschig环会出现更大的压降；（3）50 mPa·s的油和Flexipac填料联用，对甲苯的去除效率达到100%，和IMPT联用，则为88%
水–硅油和双相分配生物反应器	（1）容量为10 L，带有搅拌功能的生物反应器；（2）在生物反应器中，采用半连续流动和连续流动两种不同的操作方式；（3）吸收剂采用体积比为3∶1的水和硅油（50 mPa·s）；（4）活性污泥浓度为0.5 g/L	半连续流动：10 mL/d；连续流动：0.2～1.2 mL/h	100	104	需要进一步研究以评估可能产生的抑制性次生代谢物和在实际工况下生物反应器的性能
双相分配生物反应器和ILs（双三氟甲烷磺酰亚胺）	（1）容量为12 L的生物反应器，通气速率为0.2 L/min；（2）0.4 L的ILs；（3）活性污泥浓度为0.5 g/L	1.60	100	–	（1）甲苯在超过一定流速时，微生物因缺氧导致降解能力下降；（2）需要进一步研究以确定最佳的ILs/水比例和曝气率/微生物降解速率的关系

温，可以进行热再生。在该研究中，使用了热分离和重力分离法分离油与甲苯，具体操作是在120 ℃的干燥氮气反应器中机械搅拌2 h。

除植物油外，硅油（聚二甲基硅氧烷）也可以吸收甲苯[18, 39-40]。Guillerm等研究了溶剂黏度对吸收过程的流体力学和质量传递的影响。在逆流塔中分别使用3种填充材料（Raschig rings、IMPT和Flexipac）和2种不同黏度（5 mPa·s、50 mPa·s）的硅油。研究表明，50 mPa·s的硅油可与IMPT和Flexipac材料联用，Flexipac的压降为288 Pa/m，符合实际工况；50 mPa·s的硅油与Raschig rings压降过高，无法满足实际工况。50 mPa·s的硅油和Flexipac填料联用时，甲苯吸收率接近100%；50 mPa·s的硅油和IMPT填料联用时，吸收率可达88%。

Guillerm等研究了双相搅拌生物反应器的甲苯吸收率，吸收剂为水和50 mPa·s的硅油（v∶v=3∶1），搅拌方式为半连续流动和连续流动，生物处理剂是来自污水厂的浓度为0.5（g干重/L混合物）的活性污泥。研究表明，连续流动搅拌下，甲苯处理率最高接近100%，降解速率高达104 mg/（L·h）。此类生物反应器中，液相也可以由疏水性离子液体（ILs）构成，其蒸汽压低、不易燃、安全性高[41]、容易回收利用[42]。ILs的溶解性、黏度、极性等理化性质可以通过改变阴、阳离子组分来调节[41]，与廉价的油类溶剂相比，使用成本较高[42]。Nguyen等研究了双相分配生物反应器的甲苯吸收率，ILs为0.4 L的双三氟甲烷磺酰亚胺，生物处理剂是来自污水厂的浓度为0.5（g干重/L混合物）的活性污泥，甲苯流速为0.2 L/min。研究表明，该系统可完全去除浓度为550～1 130 mg/L的甲苯。但当污染物浓度过高时，微生物发生缺氧，生物降解效率会大大降低。后续仍需深入研究 ILs 和水的最佳比例及通气速率与微生物降解之间的关系。

吸收法和生物反应器相结合，甲苯吸收率最高接近 100%。但该联用系统也存在限制，例如甲苯浓度和通气速率对微生物降解速率的影响还不够明确。此外，还需要进一步研究该联用系统在实际工况下可能产生哪些抑制性副产物、ILs 和水的最佳比例等问题。

总的来说，吸收法可以使用油性溶剂或 ILs 来处理的浓度变异性大的甲苯。但甲苯分子只是单纯被转移至液相中，后续仍需在液相中通过氧化或生物降解法对其进行降解。

2.3　吸附

吸附法是一种常用的 VOCs 治理技术，活性炭类吸附剂微孔结构多、比表面积大、化学稳定性强而被广泛应用。但传统的颗粒状活性炭吸附床存在床层压降高、形成偏流通径、活性炭颗粒容易被吹走等问题。为解决这些问题，可以采用蜂窝状单体型活性炭。但单体型活性炭是将碳粉、黏合剂和填充物等混合后挤压成形而制得的，其力学强度低，黏合剂和填充物（如硅酸盐、氧化铝和钛氧化物）会降低活性炭的导热性能，导致热积聚并增加 VOCs 的着火风险[43-45]（见表 3）。

表 3　吸附剂对甲苯气体去除性能

吸附剂	材料	比表面积 /（m^2/g）	流速 /（mL/min）	进料浓度 /（mg/L）	吸附容量 /（mg/g）	吸附效率 /%
棉花秆管状活性炭	经 H_3PO_3 或 $ZnCl_2$ 化学活化的棉花秆	1 256（H_3PO_3 活化），795（$ZnCl_2$ 活化）	150	0.41	H_3PO_3 活化的活性炭：328（湿润条件下为 94）；$ZnCl_2$ 活化的活性炭：258（干燥条件下）、221（湿润条件下）	86
微孔石墨烯吸附剂	KOH 活化作用下，经微波辐射和 800 ℃热处理的原始石墨烯	491	500	0.123	3 510（湿度为 0% 时）	98
KIT-6	含有苯基的介孔二氧化硅材料	761.4	100	4.11	2.01 mmol/g（湿润条件下）	78

木材、甘蔗渣、棉花秆等生物质材料可获得性和可更新性高，是制备活性炭的最佳原料[45-48]。棉花秆经过碳化后可用作吸附剂，Hu 等将棉花秆经 H_3PO_3 或 $ZnCl_2$ 的化学活化制备了管状活性炭。H_3PO_3 活化的棉花秆活性炭比表面积高达 1 256 m^2/g，而 $ZnCl_2$ 活化后的比表面积仅为 795 m^2/g。Hu 等利用流速为 150 mL/min、浓度为 44.1 mg/L 的甲苯测试了棉花秆的吸附容量。研究表明，干燥条件下 H_3PO_3 活化的活性炭由于比表面积高，吸附容量高达 328 mg/g；但在湿润条件下（80% RH，25 ℃）因具有亲水性，吸附容量明显降至 94 mg/g；而 $ZnCl_2$ 活化后的活性炭因其高度疏水，不同湿度下的吸附容量变化不明显，在干燥条件下为 258 mg/g，在湿润条件下为 221 mg/g。

为提高吸附容量和吸附率，Kim 等首次使用微孔石墨烯吸附剂吸附甲苯。微孔石墨烯是在 KOH 活化下利用微波辐射和 800 ℃高温处理普通石墨烯制备的，比表面积较普通石墨烯更大。研究表明，得益于微孔石墨烯表面碳原子与甲苯分子之间的 π－π 相互作用，其对甲苯的吸附容量为 3 510 mg/g，吸附率为 98%[49]。此外研究还发现介孔硅材料（MCM-41、SBA-15 和 KIT-6）因比表面积大、热稳定性高，故对甲苯分子的吸附能力较强。

2.4　催化 / 光催化氧化

催化 / 光催化氧化技术可在各类复杂工况下将 VOCs 转化为无毒无害的 H_2O 和 CO_2，并可在较低的温度（$T < 500$ ℃）下进行，其能源消耗小、NO_x 生成少[1, 29, 50]，但催化活性高、选择性好、热稳定性高的催化剂价格非常高。

催化氧化过程中，常使用贵金属（如 Pt、Pd 等）、氧化铝、氧化锌、硅氧化物和过渡金属（如 Fe、Ti、V、Cr、Cu、Mn、Ce 等）作为催化剂。这些催化剂可与沸石等载体结合，通过紫外光（光催化）或燃烧提供能量氧化 VOCs[1, 26, 28, 30, 50-52]。催化氧化时，为最大限度去除甲苯，通常会采用多种不同催化剂并联用吸收或吸附技术。

2.5 催化 / 光催化氧化联合吸收

吸收联用催化 / 光催化氧化甲苯降解率高，二次污染物生成少。借助高性能催化剂，催化 / 光催化氧化联合吸收，可在相对较低的温度降解更高浓度的甲苯（见表 4）。

表 4 光催化 / 催化氧化联用对甲苯气体去除性能

系统 / 材料	操作参数	进料浓度 /（mg/L）	处理效率 /%	备注
$ZnAl_2O_4$ 纳米颗粒催化剂 +UV	UV 光强度：87 mW/m²	3.09	90.25	（1）甲苯转化为 CO_2 和 H_2O；（2）成本低且无毒性，催化剂在 5 h 的处理中未发生明显失活
以 SiO_2 为载体的贵金属（Pd 和 Pt）催化剂	0.25% Pd 和 0.25% Pt/SiO_2	4.11	98	通过向含贵金属盐的溶液中添加油酸来增加 Pd 和 Pt 在 SiO_2 上的分散度
ILs（1-dodecyl-3-methylimidazolium）+UV	（1）UV 灯功率为 18 W；（2）光催化剂浓度为 400 mg/L	13.1	91.3	ILs 的循环利用能力良好，可连续重复使用 4 次，而分子结构无变化
电子束和超细泡反应器的混合系统	电子束（EB）的能量为 10 kJ/kg	0.12	80.1（只使用电子束）97.1（联用超细泡反应器）	甲苯和残余产物以超细泡沫（直径小于 1 μm）的形式溶解并被收集到水中

研究人员通过向金属催化剂水溶液中添加有机酸制备高催化活性、高稳定性的低温催化剂。Wang 等向 Pd 和 Pt 的盐溶液中添加油酸，增加分散性，提高催化活性。研究表明，0.25% Pd 和 0.25% Pt/SiO_2 的催化剂催化氧化 4.11 mg/L 甲苯气体的实验中，98% 的甲苯降解率对应的温度仅为 160 ℃ [26]。Li 等使用 $ZnAl_2O_4$ 纳米颗粒催化剂，在紫外光下催化氧化 3.09 mg/L 甲苯气体，降解率为 90.25% 且成本低廉、无毒且在长达 5 h 的实验中未出现明显失活现象。

ILs 作为吸收剂可以提高甲苯的光催化氧化效率。ILs 由有机阳离子和有机或无机阴离子组成，热稳定性和化学稳定性较高，对有机和无机化合物都有高溶解度 [28, 53]。ILs 可提高甲苯吸收率，例如，在 20 ℃下，ILs 对 50 mL/L、1.23 mg/L 的甲苯吸收率可达 98.3%，且可重复使用 5 次使试剂成本大幅降低 [53]。Zhang 等研究发现利用 1-dodecyl-3-methylimidazolium 吸收甲苯后进行光催化氧化，在浓度为 13.1 mg/L，UV 灯功率为 18 W，光催化剂浓度为 400 mg/L，反应时间为 80 min 的条件下，甲苯降解率为 91.3%，且 1-dodecyl-3-methylimidazolium 重复使用 4 次而其分子结构不改变 [28]。

为增加甲苯在水中的溶解度和降解率，减少副产物，Son 等开发了电子束和超细气泡反应器联用降解甲苯的混合系统。当只使用 10 kJ/kg 电子束时，该系统仅可以对 0.12 mg/L 的甲苯实现 80.1% 的降解率；当联用超细气泡反应器时，甲苯降解率为 97.1%，且只生成少量 O_3。在超细气泡反应器中，甲苯和残余产物以直径小于 1 μm 的超细泡沫溶解到水中。超细泡沫的应用增加了气液接触面积，提高了溶解和收集效率，减少副产物影响，系统可以在较长时间内保持稳定。

2.6 催化 / 光催化氧化联合吸附

催化 / 光催化氧化与吸附联用，甲苯降解率更高且能源消耗小、次生污染物生成少（见表 5）。

新兴的催化氧化技术中，非热等离子体发展前景较好 [27, 54-59]，因其操作简便，常温下可高效降解 VOCs。但同样存在一些局限性，如当 VOCs 浓度和流速等发生波动时，非热等离子体设备的能耗会大大增加 [57]，且 CO_2 的生成选择性不高、副产物多，因此常将等离子体与异相催化剂结合 [55]，以提高催化效率。非热等离子体可以与负载金属（Ag，Mn 和 AgMn）的 SBA-15 介孔硅 [59]、Co 浸渍的 MCM-41 [58]、13X-Al_2O_3 分子筛 [57] 和负载铂的三维多孔（Pt@M-Cr_2O_3）[60] 等吸附 - 催化双功能催化剂组合使用。

Yi 等研究了 13X-Al_2O_3 沸石和非热等离子体组合系统的催化性能。实验甲苯浓度为 0.62 mg/L、流量为 400 mL/min，放电方式为封闭式和通风式放电。封闭式放电实验中，吸附后反应器的进出口密封，隔

表 5　光催化 / 催化氧化联合吸附系统对甲苯气体去除性能的比较

系统 / 材料	操作参数	进料浓度 /（mg/L）	处理效率 /%	备注
非热等离子体 +13X 沸石、5A 分子筛+Al_2O_3 催化剂	放电模式：封闭式和通风式	0.61	100	（1）封闭式放电更适合处理低浓度甲苯；（2）通风式放电更适合高浓度甲苯
Ag−Mn/γ−Al_2O_3 催化剂相结合的反应器	（1）石英柱形的固定床接触器（内径：21.5 mm，长度：90 mm）；（2）29 g 的催化剂；（3）非热等离子体：高电压（0 ~ 23 kV），频率 50 Hz	1.65	78	处理效率更高，CO_2 选择性更好
负载 Pt 催化剂的三维多孔载体（Pt@M−Cr_2O_3）	（1）0.1 g 和 0.2 g 的催化剂（40 ~ 60 目）；（2）固定床反应器：直径为 6.0 mm，长度为 415 mm	4.11	10 ~ 90	可在较低温度下降解甲苯
负载有铂（Pt）催化剂的多孔分级沸石吸附剂（Mordenite）	（1）连续固定床反应器；（2）0.03 克的催化剂；（3）流速：60 000 mL/g · h	4.11	87	（1）处理成本低；（2）介孔结构提高了甲苯分子的储存能力，并增强了铂颗粒的分散性以及与活性氧物种的相互作用，从而表现出良好的甲苯催化氧化潜力
含钴的 Si/BEA 沸石为催化剂的催化燃烧	（1）每克 Si/BEA 沸石中添加 0.05 mmol 的钴；（2）不同的操作温度（200 ~ 500 ℃）	4.11	85.6	（1）BEA 沸石具有适当的表面和孔隙结构，作为载体时，可以实现使活性相高度分散，提高反应分子的可及性；（2）320 ℃ 条件下，每克 Si/BEA 沸石中至少含有 0.05 mmol 的 Co（以 Co_3O_4 形式）时，有最高催化性能
含 Mn 氧化物的 Al 或 BEA 沸石为催化剂的催化燃烧	（1）大气压条件下，使用直径为 6 mm 的石英管构成的微型固定床连续流动反应器；（2）100 mg 的催化剂	4.11	100	负载于 BEA 的锰氧化物催化剂具有比附着于 Al 的锰氧化物更高的活性
介孔结构的钙钛矿型氧化物 ABO_3（$SmMnO_3$）催化剂	（1）使用直径为 6 mm 的固定床石英微反应器；（2）150 mg 的催化剂	4.11	99.9	240 ℃下，催化活性可持续 36 h
使用 Pt/CeO_2 进行催化氧化反应	200 mg（40 ~ 60 目）的催化剂稀释在 800 mg 的石英砂（40 ~ 60 目）中	4.11	90	Pt/CeO_2 催化剂的结构和化学性质非常依赖于 Pt 颗粒的大小
使用介孔结构的 Co_3O_4 催化剂进行催化氧化反应	（1）大气压下，使用直径为 8 mm 的固定床连续流动反应器；（2）使用 0.4 g（60 ~ 80 目）的 Co_3O_4 催化剂，与相同量的石英砂 60 ~ 80 目）混合	4.11	90	（1）经过低浓度酸处理的催化剂显示出更高的催化活性；（2）硝酸处理改善了催化剂的性能，包括增加了催化剂的分散程度和 Co^{2+} 与活性氧物种的含量
Mn/gC_3N_4/ZSM−4 多功能光催化剂 + 真空 UV	（1）1 g 的催化剂；（2）RH 为 50%	0.102	96	O_3 残留量低
N−TiO_2 膜光催化 + 生物降解	（1）甲苯气体停留时间：4.3 s；（2）气体流速：60 mL/min；（3）室温下	0.16 ~ 0.5	99	（1）处理能力：550 g/m^3 · h；（2）在生物反应器中插入光催化膜可提高 11% ~ 20% 的降解效率

绝气体，并施加 1 h、20 W 的能量。通风式放电中，吸附后通入气体（80% N_2 和 20% O_2），与封闭式采用相同的能量和持续时间。研究表明，通风式放电使得 13X-Al_2O_3 沸石的碳平衡及 CO_x 产率较封闭式分别提高了 17.6% 和 19.4%[57]。而 5A 分子筛和 Al_2O_3 吸附剂下，封闭式放电下碳平衡和 CO_x 产率更高。Yi 等研究表明封闭式放电更用降解低浓度甲苯，而通风式放电更适合高浓度甲苯，因其可产生反应性更强的活性氧物种。

许多研究评估了不同类型的沸石吸附剂与贵金属或过渡金属催化剂的组合[23, 29-30, 57]。Zhang 等研究表明，沸石与金属催化剂联用可提高 VOCs 的催化降解能力。Chen 等评估了负载贵金属铂的多孔吸附剂（Pt@M-Cr_2O_3）的催化性能，低温催化 4.11 mg/L 的甲苯时，降解率达到 10%、50%、90%所需的温度分别为 120 ℃、140 ℃、144 ℃。

Zhang 等评估了负载铂（Pt）的多孔沸石对甲苯的催化性能，采用硝酸（HNO_3）和氢氧化钠（NaOH）对其进行处理，成本低廉且简便高效。多孔沸石中孔结构多，储存甲苯分子能力强，同时铂颗粒的分散度高，增加了甲苯分子与活性氧物种的相互作用，提高了催化性能；研究表明达到 90%降解率所需的温度为 190 ℃，而对于负载 Pt、Pt/γ-Al_2O_3 的传统沸石，所需的温度为 205 ℃、210 ℃。

工业级的 beta 型沸石（BEA）吸附剂比表面积巨大、三维结构复杂、吸附能力强，是一种理想的催化剂支撑体，可优化分子极小 VOCs 的催化燃烧。BEA 允许让小分子进入其孔隙并被氧化，从而提高催化燃烧效率[29-30]。320 ℃时，钴（Co）作为催化剂、Si/BEA 沸石为支撑体（Si/BEA 沸石中 Co_3O_4 添加量为 0.05 mmol/g）的反应催化降解率为 85.6%[29]；285 ℃时，Mn 氧化物为催化剂、Al/BEA 沸石为载体的反应催化降解率为 90%；Al_2O_3 为载体时的降解温度提升至 330 ℃。

Liu 等在柠檬酸活化下，煅烧合成了具有大量均匀分布介孔结构的 $SmMnO_3$（钙钛矿型）催化剂，对甲苯（4.11 mg/L）的降解表现出高催化活性和良好的稳定性，99.9%甲苯降解率所对应的温度为 240℃，催化活性可持续 36 h[61]。

还有其他催化剂被用于提高低温下甲苯的降解性能，包括纳米贵金属催化剂（如 Pt）[62]、钙钛矿型催化剂（如 Pervoskite）[61, 63] 和负载于多孔支撑体上的过渡金属氧化物催化剂[64-65]。Peng 等研究表明，在 CeO_2 载体上负载 Pt 纳米颗粒可高效降解甲苯，降解率 50%、90% 的温度为 132 ℃、143 ℃，催化活性可持续 120 h[62]。

过渡金属催化剂较贵金属催化剂成本更低，多孔材料支撑体有助于增加反应物和催化剂之间的接触率[65]。Li 等通过碳酸盐沉淀法制备了介孔结构的 Co_3O_4 催化剂，并在稀 HNO_3 溶液（0 M、0.000 1 M、0.01 M、0.05 M、0.10 M、1.00 M）中进一步处理来增强催化活性。经 0.01 M 浓度酸处理后催化活性最高，降解率 90%所需温度为 225 ℃[65]。

UV 光催化氧化 VOCs 能力强，但也会产生臭氧（O_3）等副产物导致二次污染[24]。Xia 等人使用 Mn/gC_3N_4/ZSM-4 多功能光催化剂结合水热法和真空 UV 辐射消除催化氧化产生的 O_3，并提高甲苯的降解率。研究表明，真空 UV 辐射在 254 nm 和 185 nm 波长处形成汞的共振线增强了光的辐射效应，表现出高催化活性。采用 1 g Mn/gC_3N_4/ZSM-4 和浓度为 0.10 mg/L、流量为 1 L/min 的甲苯，RH 为 50%。结果表明，单用真空 UV 辐射时，甲苯降解率为 64%，O_3 产生浓度为 0.10 mg/L；联用 Mn/gC_3N_4/ZSM-4 时，降解率提至 96%，O_3 产生浓度仅为 0.009 mg/L。通过电子自旋共振研究发现，催化剂进一步增加了 UV 辐射引发了活性氧物种的生成的能力[24]。

Wei 等通过在生物膜反应器中引入光催化膜（N-TiO_2 催化剂），开发了光催化和生物降解相结合的混合反应器，将甲苯转化为可被微生物降解的中间产物，使降解率提升了 11% ~ 20%，达 99%[66]。

3 方法的优缺点

表 6 总结了上述甲苯处理方法的优缺点。

4 结语

总结了生物过滤、吸收、吸附以及光催化 / 催化氧化等甲苯废气治理技术，得出以下结论：(1) 生物过滤适用于低浓度甲苯，对操作参数较敏感性；(2) 生物过滤与光催化氧化联用可提高降解能力；(3) 吸收法适用于甲苯浓度变化范围较大时，吸收后可通过光催化 / 催化氧化进一步降解；(4) 生物分隔反应器降解更经济，但实际工况下效果不佳；(5) 吸附法能有效从多组分气流中吸附甲苯，但脱附需二次处理；(6) 催化 / 光催化氧化可以高效降解浓度变化范围较大的甲苯；(7) 从技术难度和经济性角度考虑，吸附法是最佳选择之一，可选择成本较低、吸附性较高、再生能力强的吸附剂；

表6 各处理方法的优缺点

方法	优势	劣势
生物过滤	（1）操作简单，滤料成本低、易获得；（2）对处理低浓度甲苯非常有效；（3）生物过滤结合光催化技术是提高污染物处理效率和减少次生代谢物生成的有效途径	（1）需要多种微生物混合培养才能分解特定的有机化合物；（2）过程缓慢，效率低；（3）在温度、有机负荷、相对湿度和停留时间等条件不稳定的条件下运行时，生物滤器可能产生生物气溶胶
吸收	（1）多种溶剂具有良好的吸收能力、化学和热稳定性、且成本低、对环境影响小；（2）可与生物反应器结合；（3）可有效去除高浓度，高参数变异性气流中的甲苯；（4）利用硅油等吸收剂结合生物反应器可以实现完全降解	（1）使用高黏度溶剂会增加吸收塔堵塞风险且能源消耗更大，对设备进行严格维护，大大增加了使用成本；（2）需要进一步研究最佳的水/吸收剂比例、生物反应器中的曝气速率和抑制代谢产物的关系；（3）需要进行二次处理；（4）需要进行实际工况下的研究
吸附	（1）石墨烯和介孔二氧化硅吸附剂在处理高温和湿度变化较大的气流时，吸附能力仍较好；（2）可以对吸附材料进行再生；（3）某些吸附剂可获取性较好	（1）吸附剂的机械强度较低；（2）使用硅酸盐、氧化铝和钛等黏结剂/填充物可能会降低热导率，增加 VOCs 和吸附剂的着火风险；（3）颗粒活性炭可能会在床层中产生较大的压降，导致部分活性炭被吹走；（4）需要进行二次处理；（5）需要进行实际工况下的研究
催化/光催化氧化+吸收	（1）利用 UV 辅助可以获得较高的降解速率；（2）电子束与超细气泡反应器的混合系统可以溶解和收集降解产物	（1）使用 UV 或等离子体处理 VOCs 可能会导致污染性副产物的产生；（2）初始投资成本过高；（3）需要进行实际工况下的研究
催化/光催化氧化+吸附	（1）操作过程简单；（2）在室温下即可运行；（3）处理效率高；（4）过渡金属催化剂成本相对较低；（5）使用多孔支撑材料有助于提高反应物和催化剂之间的接触效率	（1）当气流中 VOCs 波动较大时，使用能耗较高；（2）非热等离子体对 CO_2 的选择性不高；（3）使用 UV 或等离子体处理 VOCs 可能会导致污染性副产物的产生；（4）初始投资成本过高；（5）需要进行实际工况下的研究

（8）对于投资成本有限、甲苯浓度较低且操作参数波动较小的情况，优先考虑生物过滤法；（9）各处理方法需进行技术和经济可行性研究，考虑因素应包括可能的参数变化，如气体组分和流速、温度、甲苯浓度，初始投资、运维成本及能源消耗等。实际工况条件下以上因素会发生变化，需要具体评估以确定最适合的方法，也要考虑实际需求与监管要求。

5 致谢

衷心感谢郭存亿先生、李国梁先生和马超先生对本研究的悉心指导和宝贵建议。资料搜集阶段边文轩博士和平尾雅代博士给予了无私的协助和宝贵的建议，对他们表示深深的感谢。本研究得到了朝鲜民主主义人民共和国自然科学和社会科学基金会的资助，在此致以诚挚感谢。

6 参考文献

[1] LI X, ZHU Z, ZHAO Q, et al. Photocatalytic degradation of gaseous toluene over $ZnAl_2O_4$ prepared by different methods: a comparative study[J]. Journal of Hazardous Materials, 2011, 186 (2-3): 2089-2096.

[2] LING Z H, GUO H. Contribution of VOC sources to photochemical ozone formation and its control policy implication in Hong Kong[J]. Environmental science & policy, 2014, 38: 180-191.

[3] PARK E J, SEO H O, KIM Y D. Influence of humidity on the removal of volatile organic compounds using solid surfaces[J]. Catalysis Today, 2017, 295: 3-13.

[4] MO Z, SHAO M, LU S, et al. Process-specific emission characteristics of volatile organic compounds (VOCs) from petrochemical facilities in the Yangtze River Delta, China[J]. Science of The Total Environment, 2015, 533: 422-431.

[5] RAJAMANICKAM R, BASKARAN D. Biodegradation of gaseous toluene with mixed microbial consortium in a biofilter: steady state and transient operation[J]. Bioprocess and biosystems engineering, 2017, 40 (12): 1801-1812.

[6] WEI W, CHENG S, LI G, et al. Characteristics of volatile organic compounds (VOCs) emitted from a petroleum refinery in Beijing, China[J]. Atmospheric Environment, 2014, 89: 358-366.

[7] ZHANG Z, WANG H, CHEN D, et al. Emission characteristics of volatile organic compounds and their secondary organic aerosol formation potentials from a petroleum refinery in Pearl River Delta, China[J]. Science

of the Total Environment, 2017：1162–1174.

[8] ZHENG J, YU Y, MO Z, et al. Industrial sector-based volatile organic compound (VOC) source profiles measured in manufacturing facilities in the Pearl River Delta, China[J]. Science of the Total Environment, 2013：127–136.

[9] ZHU Y, LI S, LUO Y, et al. A biofilter for treating toluene vapors: performance evaluation and microbial counts behavior[J]. Peer J, 2016，4：e2045.

[10] ZHANG Y, ZHANG H, YAN Y. Metal-organic chemical vapor deposition of $Cu(acac)_2$ for the synthesis of Cu/ZSM-5 catalysts for the oxidation of toluene[J]. Microporous and Mesoporous Materials, 2018，261：244–251.

[11] OLIVA G, ÁNGELES R, RODRíGUEZ E, et al. Comparative evaluation of a biotrickling filter and a tubular photobioreactor for the continuous abatement of toluene[J]. Journal of Hazardous Materials, 2019，380：120860.

[12] MORO A M, BRUCKER N, CHARãO M, et al. Evaluation of genotoxicity and oxidative damage in painters exposed to low levels of toluene[J]. Mutation research/genetic toxicology and environmental mutagenesis, 2012，746（1）：42–48.

[13] HARIZ R, DEL RIO SANZ J I, MERCIER C, et al. Absorption of toluene by vegetable oil–water emulsion in scrubbing tower: Experiments and modeling[J]. Chemical Engineering Science, 2017，157：264–271.

[14] HAN X, NAEHER L P. A review of traffic-related air pollution exposure assessment studies in the developing world[J]. Environment international, 2006, 32（1）：106–120.

[15] GALLASTEGUI G, RAMIREZ A Á, ELíAS A, et al. Performance and macrokinetic analysis of biofiltration of toluene and p-xylene mixtures in a conventional biofilter packed with inert material[J]. Bioresource Technology, 2011，102（17）：7657–7665.

[16] ESQUIVEL G S, AIZPURU A, PATRóN S A, et al. Characterization of bioaerosol emissions from two biofilters during treatment of toluene vapours using epifluorescence microscopy[J]. International Biodeterioration & Biodegradation, 2017，123：78–86.

[17] SON Y S, KIM T H, CHOI C Y, et al. Treatment of toluene and its by-products using an electron beam/ultra-fine bubble hybrid system[J]. Radiation Physics and Chemistry, 2018，144：367–372.

[18] TATIN R, MOURA L, DIETRICH N, et al. Physical absorption of volatile organic compounds by spraying emulsion in a spray tower: Experiments and modelling[J]. Chemical Engineering Research and Design, 2015，104：409–415.

[19] BLACH P, FOURMENTIN S, LANDY D, et al. Cyclodextrins: a new efficient absorbent to treat waste gas streams[J]. Chemosphere, 2008，70（3）：374–380.

[20] LIU S, CHEN J, PENG Y, et al. Studies on toluene adsorption performance and hydrophobic property in phenyl functionalized KIT-6[J]. Chemical Engineering Journal, 2018，334：191–197.

[21] KHAN F I, GHOSHAL A K. Removal of volatile organic compounds from polluted air[J]. Journal of loss prevention in the process industries, 2000，13（6）：527–545.

[22] TASBIHI M, CĂLIN I, ŠULIGOJ A, et al. Photocatalytic degradation of gaseous toluene by using TiO_2 nanoparticles immobilized on fiberglass cloth[J]. Journal of Photochemistry and Photobiology A: Chemistry, 2017，336：89–97.

[23] ZHANG J, RAO C, PENG H, et al. Enhanced toluene combustion performance over Pt loaded hierarchical porous MOR zeolite[J]. Chemical Engineering Journal, 2018，334：10–18.

[24] XIA D, XU W, HU L, et al. Synergistically catalytic oxidation of toluene over Mn modified $g-C_3N_4$/ZSM-4 under vacuum UV irradiation[J]. Journal of Hazardous Materials, 2018，349：91–100.

[25] MORALES P, CáCERES M, SCOTT F, et al. Biodegradation of benzo [α] pyrene, toluene, and formaldehyde from the gas phase by a consortium of Rhodococcus erythropolis and Fusarium solani[J]. Applied Microbiology and Biotechnology, 2017，101：6765–6777.

[26] WANG H, YANG W, TIAN P, et al. A highly active and anti-coking Pd-Pt/SiO_2 catalyst for catalytic combustion of toluene at low temperature[J]. Applied Catalysis A: General, 2017，529：60–67.

[27] QIN C, DANG X, HUANG J, et al. Plasma-catalytic oxidation of adsorbed toluene on Ag–Mn/$\gamma-Al_2O_3$: Comparison of gas flow-through and gas circulation treatment[J]. Chemical Engineering Journal, 2016，299：85–92.

[28] ZHANG L, YAN B, XIAO X. Toluene gas treatment by combination of ionic liquid absorption and photocatalytic oxidation[J]. Journal of Environmental Chemical Engineering, 2017，5（1）：539–546.

[29] ROKICIŃSKA A, DROZDEK M, DUDEK B, et al. Cobalt-containing BEA zeolite for catalytic combustion of toluene[J]. Applied Catalysis B: Environmental, 2017，212：59–67.

[30] PENG Y, ZHANG L, CHEN L, et al. Catalytic performance for toluene abatement over Al-rich Beta zeolite supported manganese oxides[J]. Catalysis Today, 2017，297：182–187.

[31] RENE E R, SERGIENKO N, GOSWAMI T, et al. Effects of concentration and gas flow rate on the removal of gas-phase toluene and xylene mixture in a compost biofilter[J]. Bioresource Technology, 2018，248：28–35.

[32] LUENGAS A, BARONA A, HORT C, et al. A review of indoor air treatment technologies[J]. Reviews in Environmental Science and Bio/Technology, 2015，14：499–522.

[33] SINGH R S, RAI B N, UPADHYAY S N. Removal of toluene vapour from air stream using a biofilter packed with polyurethane foam[J]. Process Safety and Environmental Protection, 2010，88（5）：366–371.

[34] NATARAJAN R, AL-SINANI J, VISWANATHAN S, et al. Biodegradation of ethyl benzene and xylene contaminated air in an up flow mixed culture biofilter[J]. International Biodeterioration & Biodegradation, 2017，119：309–315.

[35] YAMAGUCHI T, NAKAMURA S, HATAMOTO M, et al. A novel approach for toluene gas treatment using a downflow hanging sponge reactor[J]. Applied Microbiology and Biotechnology, 2018, 102 (13): 5625–5634.

[36] HAN M, WANG C, LIU H. Comparison of physical technologies for biomass control in biofilters treating gaseous toluene[J]. Journal of the Air & Waste Management Association, 2018, 68 (10): 1118–1125.

[37] WANG X, DANIELS R, BAKER R J A J. Recovery of VOCs from high-volume, low-VOC-concentration air streams[J]. AIChE Journal, 2001, 47 (5): 1094–1100.

[38] QI M, WU X, ZHANG F, et al. Paraffin oil emulsions for the absorption of toluene gas[J]. Chemical Engineering & Technology, 2016, 39 (8): 1438–1444.

[39] GUILLERM M, COUVERT A, AMRANE A, et al. Absorption of toluene in silicone oil: Effect of the solvent viscosity on hydrodynamics and mass transfer[J]. Chemical Engineering Research and Design, 2016, 109: 32–40.

[40] GUILLERM M, COUVERT A, AMRANE A, et al. Toluene degradation by a water/silicone oil mixture for the design of two phase partitioning bioreactors[J]. Chinese Journal of Chemical Engineering, 2017, 25 (10): 1512–1518.

[41] CASTILLO A S R, GUIHENEUF S, LE GUéVEL R, et al. Synthesis and toxicity evaluation of hydrophobic ionic liquids for volatile organic compounds biodegradation in a two-phase partitioning bioreactor[J]. Journal of Hazardous Materials, 2016, 307: 221–230.

[42] NGUYEN T, RODRIGUEZ CASTILLO A S, GUIHéNEUF S, et al. Toluene degradation in a two-phase partitioning bioreactor involving a hydrophobic ionic liquid as a non-aqueous phase liquid[J]. International Biodeterioration & Biodegradation, 2017, 117: 31–38.

[43] WANG G, DOU B, ZHANG Z, et al. Adsorption of benzene, cyclohexane and hexane on ordered mesoporous carbon[J]. Journal of environmental sciences, 2015, 30: 65–73.

[44] SON H K, SIVAKUMAR S, ROOD M J, et al. Electrothermal adsorption and desorption of volatile organic compounds on activated carbon fiber cloth[J]. Journal of Hazardous Materials, 2016, 301: 27–34.

[45] HU L, PENG Y, WU F, et al. Tubular activated carbons made from cotton stalk for dynamic adsorption of airborne toluene[J]. Journal of the Taiwan Institute of Chemical Engineers, 2017, 80: 399–405.

[46] MOHAMMED J, NASRI N S, ZAINI M A A, et al. Adsorption of benzene and toluene onto KOH activated coconut shell based carbon treated with NH_3[J]. International Biodeterioration & Biodegradation, 2015, 102: 245–255.

[47] LI M, WU S C, PENG Y H, et al. Adsorption of volatile organic vapors by activated carbon derived from rice husk under various humidity conditions and its statistical evaluation by linear solvation energy relationships[J]. Separation and Purification Technology, 2016, 170: 102–108.

[48] KARIMNEZHAD L, HAGHIGHI M, FATEHIFAR E. Adsorption of benzene and toluene from waste gas using activated carbon activated by $ZnCl_2$[J]. Frontiers of Environmental Science & Engineering, 2014, 8: 835–844.

[49] KIM J M, KIM J H, LEE C Y, et al. Toluene and acetaldehyde removal from air on to graphene-based adsorbents with microsized pores[J]. Journal of Hazardous Materials, 2018, 344: 458–465.

[50] SIHAIB Z, PULEO F, GARCIA-VARGAS J M, et al. Manganese oxide-based catalysts for toluene oxidation[J]. Applied Catalysis B: Environmental, 2017, 209: 689–700.

[51] SHINDE S S, BHOSALE C H, RAJPURE K Y. Photocatalytic degradation of toluene using sprayed N-doped ZnO thin films in aqueous suspension[J]. Journal of Photochemistry and Photobiology B: Biology, 2012, 113: 70–77.

[52] POPOVA M, SZEGEDI A, CHERKEZOVA Z Z, et al. Toluene oxidation on titanium-and iron-modified MCM-41 materials[J]. Journal of Hazardous Materials, 2009, 168 (1): 226–232.

[53] WANG W, MA X, GRIMES S, et al. Study on the absorbability, regeneration characteristics and thermal stability of ionic liquids for VOCs removal[J]. Chemical Engineering Journal, 2017, 328: 353–359.

[54] WANG T, CHEN S, WANG H, et al. In-plasma catalytic degradation of toluene over different MnO_2 polymorphs and study of reaction mechanism[J]. Chinese Journal of Catalysis, 2017, 38 (5): 793–803.

[55] WANG B, CHI C, XU M, et al. Plasma-catalytic removal of toluene over CeO_2-MnO_x catalysts in an atmosphere dielectric barrier discharge[J]. Chemical Engineering Journal, 2017, 322: 679–692.

[56] DANG X, QIN C, HUANG J, et al. Adsorbed benzene/toluene oxidation using plasma driven catalysis with gas circulation: elimination of the byproducts[J]. Journal of Industrial and Engineering Chemistry, 2016, 37: 366–371.

[57] YI H, YANG X, TANG X, et al. Removal of Toluene from Industrial Gas by Adsorption–Plasma Catalytic Process: Comparison of Closed Discharge and Ventilated Discharge[J]. Plasma Chemistry and Plasma Processing, 2018, 38 (2): 331–345.

[58] XU X, WU J, XU W, et al. High-efficiency non-thermal plasma-catalysis of cobalt incorporated mesoporous MCM–41 for toluene removal[J]. Catalysis Today, 2017, 281: 527–533.

[59] XU X, WANG P, XU W, et al. Plasma-catalysis of metal loaded SBA-15 for toluene removal: Comparison of continuously introduced and adsorption-discharge plasma system[J]. Chemical Engineering Journal, 2016, 283: 276–284.

[60] CHEN X, CAI S, CHEN J, et al. Catalytic combustion of toluene over mesoporous Cr_2O_3-supported platinum catalysts prepared by in situ pyrolysis of MOFs[J]. Chemical Engineering Journal, 2018, 334: 768–779.

[61] LIU L, JIA J, SUN T, et al. A facile method for scalable preparation of mesoporous structured $SmMnO_3$ perovskites sheets for efficient catalytic oxidation of toluene[J]. Materials Letters, 2018, 212: 107–110.

[62] PENG R, LI S, SUN X, et al. Size effect of Pt nanoparticles on the catalytic oxidation of toluene over Pt/CeO_2 catalysts[J]. Applied Catalysis B: Environmental, 2018，220：462–470.
[63] SUáREZ V I, GIL S, GARCíA V J M, et al. Catalytic oxidation of toluene by SrTi1-XBXO_3 (B=Cu and Mn) with dendritic morphology synthesized by one pot hydrothermal route[J]. Applied Catalysis B: Environmental, 2018，223：201–208.
[64] LUO Y, ZHENG Y, ZUO J, et al. Insights into the high performance of Mn-Co oxides derived from metal-organic frameworks for total toluene oxidation[J]. Journal of Hazardous Materials, 2018，349：119–127.
[65] LI G, ZHANG C, WANG Z, et al. Fabrication of mesoporous Co_3O_4 oxides by acid treatment and their catalytic performances for toluene oxidation[J]. Applied Catalysis A: General, 2018，550：67–76.
[66] WEI Z S, HE Y M, HUANG Z S, et al. Photocatalytic membrane combined with biodegradation for toluene oxidation[J]. Ecotoxicology and Environmental Safety, 2019，184：109618.

责任编辑　于佳雪（收到修改稿日期：2024-07-09）

上海某垃圾堆场环境质量调查分析

An Investigation and Analysis on the Environmental Impact of a Refuse Landfill Site in Shanghai

董晓丹[1,2*]（1. 上海市环境工程设计科学研究院有限公司，上海 200232；2. 上海环境卫生工程设计院，上海 200232）

Dong Xiaodan[1,2*] (1. Shanghai Institute for Design & Research on Environmental Engineering Co., Ltd., Shanghai 200232; 2. Shanghai Environmental Sanitation Engineering Design Institute, Shanghai 200232)

摘要 选取某已封场生活垃圾堆场，1 a 内多次对其排放污染物（地下水、渗滤液和填埋气体）取样并检测，结果表明，地下水 13 项水质检测指标超标 7 项（总大肠菌群、高锰酸盐指数、总硬度、氨氮、挥发酚、氯化物、pH），占比 53.8%；渗沥液 11 项监测指标超标 7 项（化学需氧量、总氮、悬浮物、氨氮、粪大肠菌群、铬、五日生化需氧量），占比 63.6%；填埋气体（管道和环境空气）的甲烷浓度均达标。提出了规范城市生活垃圾填埋场建设和管理的若干建议。

关键词：城市生活垃圾堆场　环境影响　地下水　渗滤液　填埋气体

Abstract An already closed municipal solid waste landfill site was chosen to carry out several times of sampling and examination for one year on emission pollutants in groundwater, leachate and landfill gas. It has indicated that seven groundwater variables out of thirteen ones, namely total coliform group, permanganate index, total hardness, ammonia-nitrogen, volatile phenols, chlorides and pH values, were incompliant with the relevant standard accounting for 53.8%; and seven leachate variables out of eleven ones, namely COD, total nitrogen, SS, ammonia-nitrogen, fecal coliform, chromium and five-day BOD, were in excess of the specified standard limits accounting for 63.6%. Meanwhile, methane concentration in landfill gas (both in pipeline and in ambient air) was all in compliance. Some suggestions have been given for standardizing the construction and management of municipal solid waste landfill sites.

Key words: Municipal domestic waste landfill site　Environmental impact　Groundwater　Leachate　Landfill gas

随着经济发展、城市化进程加快及人口增长，城市垃圾产生量逐年增加，已经成为影响城市建设和居住环境的主要因素之一[1]。根据《中华人民共和国固体废物污染防治法》《上海市固体废弃物处置发展规划》《上海市固体废弃物处置发展规划实施计划》要求，为实现建成生态城市的目标，上海市正着力加快垃圾处置设施的建设，以大幅提高城市生活垃圾的无害化处理率；取消郊区垃圾堆场，限制垃圾的无控堆放，对现有垃圾堆场采取封场整治和生态修复。为掌握环境污染动向，完善环境管理工作，封场期间需定期对周边环境进行质量调查。调查的垃圾堆场封场工程于 2017 年完工，本次对 2023 年度调查结果进行环境质量现状分析。

1　堆场概况

该生活垃圾堆场采用垂直防渗灌浆工艺，自

作者董晓丹，女，1980 年生，2003 年毕业于中国海洋大学生态环境系，高级工程师。

* 通信联系人，dxdlane@126.com。

1990年开始，生活垃圾年均日堆放量1 000 t/d（车吨位）。进场垃圾中建筑垃圾占40%，居民生活垃圾占60%。堆场分为南北两个堆区，堆高平均20～25 m。南侧堆区约71 000 m^2为老堆区，堆区底部未设渗沥液收集设施，堆体内设有填埋气导排系统；北侧堆区占地约46 000 m^2，堆区底部设有渗沥液收集盲沟，布有填埋气导排系统。堆体东侧为管理基地，内有4间平房和2个停车棚；西侧距道路5 m是污水管，上有2口透气井。渗沥液通过北侧原有的外排泵房排至市政污水管道，最后通过西区污水干线输送至污水处理厂处置。目前堆场产生渗沥液约15 m^3/d，但其中NH_3-N超标，生物脱氮所需碳源又严重不足，处理难度较大。采取城市污水合并处理的方式，利用城市污水对渗沥液的缓冲、稀释作用和城市污水中的营养物质补充渗沥液废水中缺乏的营养物质。渗滤液产生量远小于当地城市污水总量，将不会对城市污水的生物处理带来负面影响。

2 调查方案

本次调查对象包括地下水、渗滤液和填埋气体，时间为2023年，采样频率均为4次/a，调查方案详见表1。

表1 调查方案

对象	采样点位	检测指标
地下水	污染监视井1#～5#（共5点）	pH、总硬度、氨氮、氟化物、高锰酸盐指数、挥发酚、氯化物、砷、汞、六价铬、铅、镉、总大肠菌群（共13个）
渗滤液	收集井1#～2#（共2点）	pH、化学需氧量、五日生化需氧量、氨氮、总氮、砷、汞、镉、铬、铅、粪大肠菌群（共11个）
填埋气体	空气中上风向、下风向各1点，管道口5点（共7点）	甲烷、二氧化碳、硫化氢（共3个）

3 环境质量现状评价

3.1 地下水

地下水环境质量采用2018年5月1日实施的《地下水质量标准》（GB/T 14848—2017）进行评价，该标准依据我国地下水质现状、人体健康基准值及地下水质量保护目标，并参照了生活饮用水、工业、农业用水水质最要求，将地下水质量划分为五类[2]。根据堆场周围地下水的功能定位及使用用途，将本次结果与Ⅳ类标准对比分析。

对标《地下水质量标准》（GB/T 14848—2017）Ⅳ类限值，本次调查指标共计13项，其中5项重金属指标（砷、汞、六价铬、铅、镉）全部达标。超标的7项（占比53.8%）具体为：总大肠菌群超标率75.0%，最大超标倍数689.0，极值出现在监测井2#和监测井3#；高锰酸盐指数超标率65.0%，最大超标倍数2.2，极值出现在监测井1#和监测井5#；总硬度超标率60.0%，最大超标倍数0.7，极值出现在监测井4#；氨氮超标率50.0%，最大超标倍数3.3，极值出现在监测井3#；氯化物超标率40.0%，最大超标倍数1.1，极值出现在监测井5#；pH超标率10.0%，极值出现在监测井5#；挥发酚超标率5.0%，最大超标倍数0.3，极值出现在监测井4#（见图1、表2）。

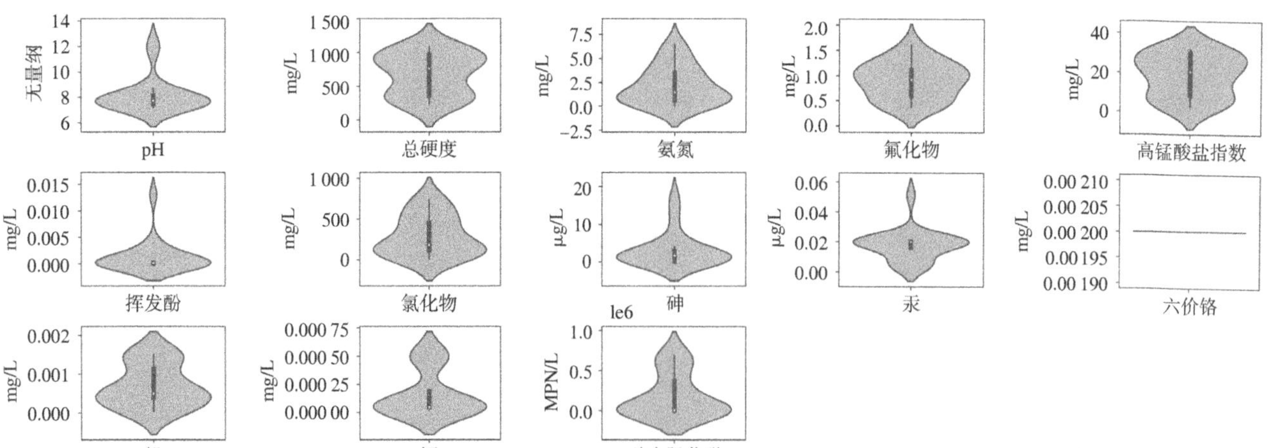

图1 地下水监测数据分布

表 2　地下水监测数据统计评价 1)

指标	单位	计数	最小值	最大值	Ⅳ类限值	超标数 / 个	超标率 /%	最大超标倍数
pH	无量纲	20	7.2	12.3	5.5 ~ 6.5, 8.5 ~ 9	2	10.0	/
总硬度	mg/L	20	239	1 090	650	12	60.0	0.7
氨氮	mg/L	20	0.036	6.44	1.50	10	50.0	3.3
氟化物	mg/L	20	0.374	1.62	2.0			
高锰酸盐指数	mg/L	20	2.7	31.6	10.0	13	65.0	2.2
挥发酚	mg/L	20	< 0.000 3	0.013	0.01	1	5.0	0.3
氯化物	mg/L	20	12.9	741	350	8	40.0	1.1
砷	μg/L	20	< 0.20	17.3	50			
汞	μg/L	20	< 0.01	0.051	2			
六价铬	mg/L	20	< 0.004	< 0.004	0.10			
铅	mg/L	20	$< 9\times10^{-5}$	0.002	0.10			
镉	mg/L	20	$< 5\times10^{-5}$	< 0.001	0.01			
总大肠菌群	MPN/L	20	< 10	6.90×10^{5}	1 000	15	75.0	689.0

1）指标实验室未检出以方法检出限值 1/2 统计，下同。
pH 不计算超标倍数。

各调查点 4 次监测数据亦均有超标现象，监测井涉及超标的指标数依次为 1# 井 5 个（总硬度、氨氮、高锰酸盐指数、氯化物、总大肠菌群）、2# 井 3 个（氨氮、高锰酸盐指数、总大肠菌群）、3# 井 5 个（总硬度、氨氮、高锰酸盐指数、氯化物、总大肠菌群）、4# 井 7 个（pH、总硬度、氨氮、高锰酸盐指数、挥发酚、氯化物、总大肠菌群）、5# 井 6 个（pH、总硬度、氨氮、高锰酸盐指数、氯化物、总大肠菌群）。综合考量污染程度由高至低依次为：5#、4#、1#、3#、2#。

3.2　渗沥液

渗沥液依据《生活垃圾填埋场污染控制标准》（GB 16889—2008）[3] 中“表 2”的标准要求，涉及超标指标 7 项，具体为：化学需氧量超标率 87.5%，最大超标倍数 74.7；总氮超标率 87.5%，最大超标倍数 46.2；悬浮物超标率 87.5%，最大超标倍数 45.7；氨氮超标率 87.5%，最大超标倍数 44.2；粪大肠菌群超标率 50.0%，最大超标倍数 27.0；铬超标率 100.0%，最大超标倍数 2.8；五日生化需氧量超标率 100.0%，最大超标倍数 135.7（见图 2、表 3）。

2 个采样点 7 项指标均存在不同程度超标，渗沥液收集井 1#（东）的 5 项超标指标（悬浮物、氨氮、总氮、铬、粪大肠菌群）出现极值，污染严重。

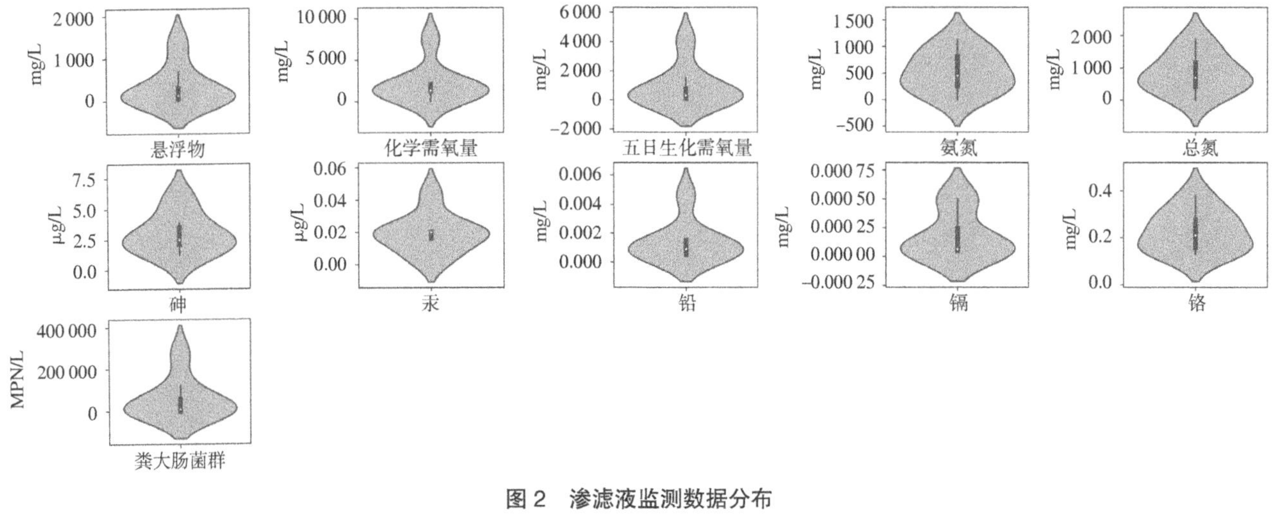

图 2　渗滤液监测数据分布

表 3 渗滤液排放水监测数据统计评价

指标	单位	计数	最小值	最大值	标准限值	超标数 / 个	超标率 /%	最大超标倍数
悬浮物	mg/L	8	＜ 0.000 1	1 400	30.0	7.0	87.5	45.7
化学需氧量	mg/L	8	＜ 0.001	7 570	100.0	7.0	87.5	74.7
五日生化需氧量	mg/L	8	34.0	4 100	30.0	8.0	100.0	135.7
氨氮	mg/L	8	4.35×10^{-5}	1 130	25.0	7.0	87.5	44.2
总氮	mg/L	8	0.13	1 890	40.0	7.0	87.5	46.2
砷	μg/L	6	1.28	5.9	100.0			
汞	μg/L	8	＜ 0.01	0.043 5	1.0			
铅	mg/L	8	＜ 0.001	0.004 63	0.1			
镉	mg/L	8	7.4×10^{-5}	＜ 0.001	0.01			
铬	mg/L	8	0.13	0.38	0.1	8.0	100.0	2.8
粪大肠菌群	MPN/L	8	＜ 20	$\geqslant 2.4\times10^{5}$	10 000	4.0	50.0	27.0

3.3 填埋气体

生活垃圾填埋后，由于微生物的生化降解作用，产生甲烷（CH_4）、二氧化碳（CO_2），少量硫化氢（H_2S）及其他有毒有害或具有恶臭的气体。对甲烷的评价参考《生活垃圾填埋场污染控制标准》（GB 16889—2008）要求[3]：（1）填埋工作面上 2 m 以下高度范围内甲烷的体积百分比应不大于 0.1%；（2）生活垃圾填埋场应采取甲烷减排措施，当通过导气管道直接排放填埋气体时，导气管排放口的甲烷的体积百分比不大于 5%。二氧化碳和硫化氢因暂无评价标准故不予评价。

监测结果显示，管道和环境空气中甲烷浓度均符合《生活垃圾填埋场污染控制标准》（GB 16889—2008）相应限值要求（见图 3、表 4）。

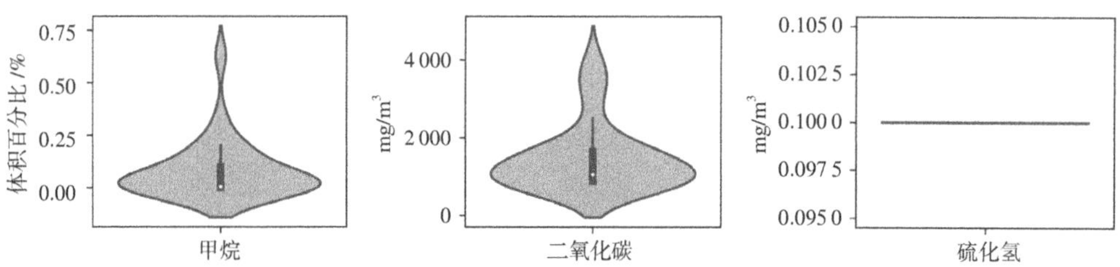

图 3 填埋气监测数据分布

表 4 填埋气监测数据统计评价

对象	指标	单位	计数	最小值	最大值	限值
管道	甲烷	%	20	0.000 202	0.63	5
	二氧化碳	mg/Nm^3	20	865.0	3 990.0	/
	硫化氢	mg/Nm^3	20	＜ 0.2	＜ 0.2	/
环境空气	甲烷	%	8	$<2.80\times10^{-5}$	0.004 6	0.1
	二氧化碳	mg/Nm^3	8	831.0	995.0	/
	硫化氢	mg/Nm^3	8	＜ 0.2	＜ 0.2	/

4 结语

2023 年度调查显示该堆场管道口和环境空气中甲烷浓度均满足标准要求；地下水 13 项水质检测指标涉及超标 7 项（总大肠菌群、高锰酸盐指数、总硬度、氨氮、挥发酚、氯化物、pH），占比 53.8%。其中总大肠菌群、高锰酸盐指数、总硬度、氨氮超标率＞ 50%，总大肠菌群最大超标倍数689；渗沥液11项监测指标共有7项（化学需氧量、总氮、悬浮物、氨氮、粪大肠菌群、铬、五日生化需氧量）超标，占比63.6%，其中五日生化需氧量、铬两项全部超标。以上调查结果相关部门应予以关注，并提出如下4点建议（未封场堆场亦适用）。

（1）加强地下水井维护。建议对地下水井做好防渗和井口的保护工作，避免外来污水渗入。加强监测井日常防护管理，做好相应的应急措施[4]。

（2）增强雨污分流系统。鉴于仅南侧堆场设有防渗和盲沟等渗沥液收集设施，建议增加或加强雨污水分流系统，减轻渗沥液对地下水的污染。

（3）控制恶臭气体产生。建议及时覆土并增加除臭剂的喷洒频率，同时提高堆场的植被覆盖率。

（4）增设防护林带。为阻隔堆场大气污染扩散，改善周边生态环境，建议增设堆场防护林带。

5　参考文献

［1］梁嘉炽. 广州市生活垃圾处理现状及前景规划[J]. 中国城市环境卫生，2001（4）：22-24.

［2］国家质量监督检验检疫总局，中国国家标准化管理委员会，GB/T 14848—2017 地下水质量标准[S]．北京：中国标准出版社，2017.

［3］国家质量监督检验检疫总局，GB 16889—2008 生活垃圾填埋场污染控制标准[S]. 北京：中国环境科学出版社，2008.

［4］吴莹，张权，陈杭斐. 城市生活垃圾填埋场环境影响评价研究[J]. 资源节约与环保，2014（12）：125，147.

责任编辑　于佳雪（收到修改稿日期：2024-06-11）

预处理和水厂深度处理改造对微污染原水的处理效果探讨

A Discussion about the Effects of Pretreatment and Advanced Treatment Upgrades of Waterworks on Handling Micro-Polluted Raw Water

叶缙云（上海城投原水有限公司，上海 200125）

Ye Jinyun (Shanghai Chengtou Raw Water Co., Ltd., Shanghai 200125)

摘要 阐述了自来水厂原水预处理和深度处理工艺改造的必要性，对可用技术方法的有效性、经济性及存在的问题进行了探讨。调研了两家分别采用常规处理技术、常规处理与深度处理相结合的自来水厂的典型年份春、夏两季的出水水质，发现在进水相同的情况下，经过工艺改造的水厂净水效果明显更优。提出了原水预处理采用"预氯化一粉末活性炭联用"、水厂深度处理采用"预臭氧一混凝、沉淀、过滤一后臭氧、活性炭一消毒"的改造方案建议。

关键词：微污染原水　预处理　深度处理　技术方法　水质稳定性

Abstract The necessity of raw water pretreatment and advanced treatment process upgrades in waterworks is expounded, and the effectiveness, economical efficiency and existent issues of available technologies are discussed. Surveys on the effluent quality of two waterworks respectively using conventional treatment process and that combined with advanced treatment process were carried out in spring and summer of a typical year. It was found that under the condition of same influent, the water purification effect in the process-upgraded waterworks was evidently more superior. Suggestions have been given on the upgrading schemes of raw water pretreatment by using "a combination of pre-chlorination with powdered activated carbon" and advanced treatment by using "pre-ozonisation plus coagulation, sedimentation and filtration, plus post-ozonisation and activated carbon, and then disinfection".

Key words: Micro-polluted raw water　Pretreatment　Advanced treatment　Technical approach　Stability of water quality

上海位于长江入海口、流域下游，原水主要取自长江和黄浦江上游太浦河。《生活饮用水卫生标准》（GB 5749—2022）的实施，对城市供水水质提出了更高的要求，微污染原水处理成为供水系统的重要难题。传统净水工艺难以将低浓度污染物和2-MIB等臭味物质有效去除，影响饮用水的水质和口感。本文从原水预处理和水厂深度处理两个环节入手，对可用技术方法的有效性、经济性进行了探讨，为供水工艺优化提供了理论支持。

1　原水预处理和水厂深度处理改造的必要性

自来水厂的常规工艺为"混凝—沉淀—过滤—消毒"，可以去除部分悬浮物和胶体，但对水中的有机污染物、致嗅物质等去除能力不强。为进一步提高微污染原水处理效果，一方面可在取水口对原水进行预处理，减小向水厂长距离输送过程中的水质波动；另

作者叶缙云，男，1986年生，2009年毕业于上海电力学院电气与自动化工程学院。

一方面可对水厂进行深度处理改造，强化污染物去除效果，提升出水水质。

1.1 保障水质安全

原水中的微量有害物质，可能对人体健康造成不良影响，但由于浓度较低、可生化性较差等原因，常规处理工艺通常很难将其有效去除。通过工艺改造，引进臭氧氧化和活性炭吸附等深度处理技术，或增加超滤、纳滤等工艺，可显著强化微污染物去除。同时，工艺改造后可减少常规工艺中氯的投加量，在确保消毒效果的同时减少消毒副产物产生量，既保证了饮用水安全，又提高了自来水厂供水品质[1]。

1.2 降低药剂投入和能耗

常规处理工艺常伴有能耗大、副产物多等问题。将原水预处理和水厂深度处理改造相结合，通过优化工艺流程，提高能源利用效率，减少副产物排放，有利于自来水厂绿色生产和可持续发展。例如，使用新型节能设备与技术可降低电力与药剂消耗等，优化混凝和沉淀等物理处理环节可以降低污泥和其他废弃物产量。

1.3 提升经济效益

常规工艺往往占地面积较大，日常运行能耗、药剂等物资损耗也大，通过引入处理效率高、能耗及药剂消耗低的新工艺，可使自来水厂生产成本下降，企业经济效益增加，同时提升供水品质和服务水平。

2 原水预处理的主要方法

水体富营养化引起的季节性藻类暴发、水中有机污染物、致嗅物质突发性波动等，会给后续的自来水厂常规净化工艺带来巨大压力，可在取水口进行原水预处理，减小后续处理压力，常用的预处理方法如下。

2.1 弹性填料生物处理工艺

2.1.1 工艺说明

弹性填料生物处理工艺是较早用作原水预处理的一种方法。该工艺将拴连的弹性立体填料作为生物载体，通过支架、吊索等固定在处理池内水面下，利用附着在填料上的生物膜和池体内设置的曝气系统提供的氧气，通过生物氧化作用，将原水中的有机物氧化分解，达到净化目的。

2.1.2 主要效果

实际应用中，弹性填料生物处理工艺对氨氮的去除效果较好，平均去除率可达 75% ~ 85%；但对 COD 的去除效果不佳，平均去除率不足 20%，且受水温影响较大；弹性填料生物处理工艺用于原水中的藻类去除性能不稳定，受气水比影响较大，在曝气不足时，藻类的平均去除率只有 25%[2]。

2.1.3 存在问题

（1）需在取水口建设生物接触氧化池，占地面积较大；需要配套曝气系统，建设投入和运行期间的能耗较大。

（2）为了确保净化效果，填料需要定期更换、清洗，系统维护要求高。

（3）生物接触氧化池长期稳定运行过程中，还需要设置排泥和污泥处置系统，消除老化污泥对净水系统和曝气系统的影响。

2.2 预氯化工艺

2.2.1 工艺说明

预氯化工艺是指原水提升、输送途中，在常规净水工艺前加入定量的氯进行反应。以水库水为原水的水厂，夏季藻类的滋生、繁殖都会给水厂的常规净水工艺带来很大压力，影响絮凝效果，造成滤池过滤周期缩短，甚至堵塞等问题。通过预加氯措施，可以有效抑制藻类繁殖，操作较简单、技术相对较成熟，近年来应用日益广泛。

2.2.2 主要效果

氯具有强氧化性，少量投加就可达到较好的藻类抑制作用，且起效速度较快[3]。预氯化可以消除藻类对后续净水工艺的压力，减轻常规处理工艺的药剂投加量，提升混凝、沉淀过程效果，在原水输送过程中也可以提供持续的抑制作用。

2.2.3 存在问题

（1）预氯化过程中有副产物产生，成为水质的潜在隐患。

（2）当原水藻类数量特别大时，需氯量相应增大，大量氯与原水中的有机物反应生成氯代有机物，难以被常规处理工艺去除。

2.3 粉末活性炭吸附工艺

2.3.1 工艺说明

粉末活性炭的多孔特性使它具备吸附性与过滤能力，可用于去除原水中的有机化学物质和臭味，改善水质口感。粉末活性炭投加方法分为湿法投加和干法投加，其中湿法投加系统主要是将炭粉末制备成一定浓度的炭浆液，再通过投加泵输送至投加点，投加的粉炭溶解较均匀，吸附效果比较理想，在国内应用比较广泛。干法投加系统主要是将粉炭粉末经过螺旋输送机计量后，再通过高速射流器直接输送至投加点，投加系统简单，占地面积小，但易产生粉尘，且有易燃易爆的风险。投加方式需要结合场地条件、投加量来进行选择。

2.3.2 主要效果

粉末活性炭微孔结构发达、比表面积大、吸附性能优良，能够吸附去除水中的各种污染物，如农药、挥发性有机化合物，以及一些重金属和氯化物。活性炭的主要原料几乎可以是所有富含碳的有机材料，其中木质活性炭和椰壳活性炭对自来水原水中污染物的吸附效果较好，而平均孔径是比选优质粉末活性炭的重要参考因素[4]。

2.3.3 存在问题

（1）粉末活性炭投加点选择要求较高，为增加吸附效果和吸附时间，应在取水口设置投加点。

（2）粉状活性炭使用一段时间后会逐渐饱和，吸附能力降低，需要定期进行更换，藻类暴发等突发情况也可能会缩短活性炭的寿命。使用后的活性炭污泥需额外进行处理，增加了处理费用。

（3）粉状活性炭的吸附选择性有限，对某些特定污染物的吸附效果较差，在处理藻类等特殊污染物时需要和其他处理工艺联合使用。

3 自来水厂深度处理的主要方法

3.1 超滤和纳滤工艺

3.1.1 超滤技术

超滤技术是一种采用超滤膜（孔径 0.01 ~ 0.1 μm）来实现分离的方法，操作简单，能耗少，能有效除去水中悬浮物、胶体、细菌及大分子有机物及其他杂质，显著改善水质。超滤技术处理后的水浊度可以减少到 0.1 NTU 以下，细菌去除率可达 99.9% 以上[5]。

3.1.2 纳滤技术

纳滤是一种介于超滤与反渗透之间的膜分离方法，膜孔径相对较小，能高效清除水中的重金属离子、有机污染物以及溶解盐等杂质。纳滤膜选择性高、分离性能好，能在确保水质安全前提下减少处理过程能耗及化学品消耗。研究发现，纳滤技术对重金属离子的去除率超过 90%，在有机污染物去除方面表现也相当出色[6]。

3.1.3 超滤－纳滤技术耦合

在自来水厂工艺改造时，超滤与纳滤工艺常常互为补充：超滤工艺首先去除了水中大部分杂质，为纳滤工艺的实施提供更为有利的条件；纳滤可在超滤基础上进一步除去水中微量污染物，提升出水水质。超滤、纳滤工艺高效、环保，能大幅度降低处理流程的能耗和化学品消耗，达到经济效益与环境效益共赢。但是，超滤与纳滤工艺的使用也应注意若干问题，例如，需经常进行膜的保养与更换，才能确保良好分离性能。另外，对来源不同、污染程度不一的原水可能需采取不同工艺参数及操作条件才能取得最佳处理效果。

3.2 臭氧氧化技术

臭氧具有强氧化性，不但能与有机物发生链式反应，将其分解成低分子量化合物，甚至充分矿化成水及二氧化碳，还能破坏微生物细胞壁及细胞膜，从而杀死水中细菌、病毒及其他微生物，实现消毒。因此，引入臭氧氧化技术能够显著改善自来水厂消毒效果，确保出水水质卫生安全[7]。

混凝、沉淀前，先设置预臭氧接触段，可对污染物进行预处理，降低后续处理负担；经过混凝、沉淀和过滤等物理处理环节后，再设置后臭氧氧化工艺，对低浓度及难去除的污染物进行深度处理。工艺运行过程中，应注意臭氧投加量和反应时间的调控，以保证最佳处理效果。

3.3 生物活性炭技术

活性炭作为一种孔隙结构高度发育的吸附材料，表面积大，能吸附很多有机物分子。原水经过活性炭层后，有机物分子吸附到活性炭孔隙内被去除，同时，水中的异味物质，如氯气、硫化氢等也被吸附，改善水的口感和气味。

在自来水厂中，活性炭吸附技术经常与其他的水处理方法结合使用。例如，活性炭吸附与臭氧处理结合使用，能够有效去除原水中的微量有机物、氨氮、藻类和藻毒素，同时实现脱色和除臭。活性炭吸附与生物降解结合使用，可对有机物及溶解氧进行有效的吸附，为好氧微生物在活性炭表面的固定生长和增殖提供有利条件，不仅提高了处理效率，而且延长了活性炭的使用寿命，大大降低了使用成本[8]。

4 水厂工艺改造效果实例

调研了 A、B 两家取水口相同的自来水厂的出水情况。A 厂采用“预臭氧—混凝、沉淀、过滤—后臭氧、活性炭—消毒”常规结合深度改造工艺的水处理技术，B 厂采用“混凝—沉淀—过滤—消毒”的常规水处理技术。

对比两厂典型年份春、夏两季的出水 COD_{Mn}、氨氮等，在同样的进水情况下，经过工艺改造的水厂 A 出水 COD_{Mn} 春季平均值为 1.1 mg/L、夏季平均值为 1.4 mg/L，而 B 厂出水 COD_{Mn} 春季平均值为 1.3 mg/L、夏季为 1.7 mg/L（见图 1）；A 厂出水氨氮春季平均值为 0.21 mg/L、夏季平均值为 0.22 mg/L，而 B 厂出水氨氮春季平均值为 0.36 mg/L、夏季平均值为 0.23 mg/L（见图 2）。经过工艺改造的水厂 A 净水效果明显优于常规工艺的水厂 B，尤其是对波动的有机物去除能力有较好的保障。

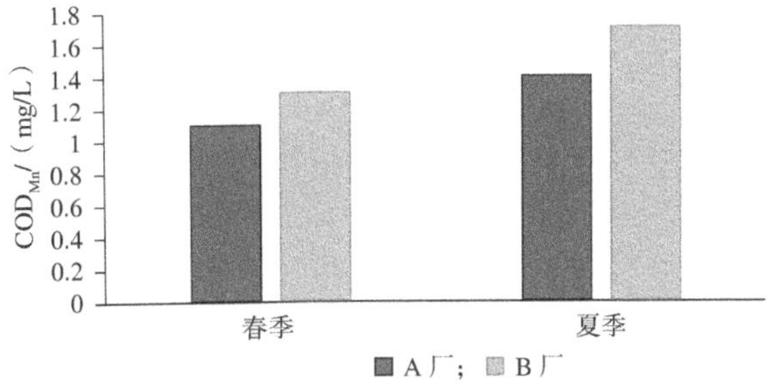

图 1　出厂水 COD_{Mn} 指标对比

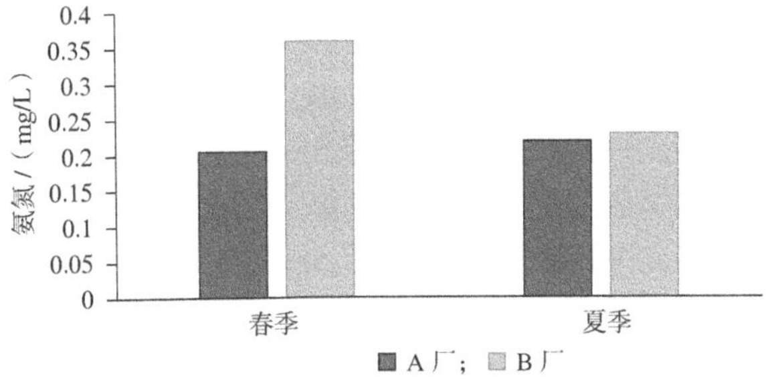

图 2　出厂水氨氮指标对比

5　结语

微污染原水处理是供水系统面临的一个重大挑战，通过对原水预处理和深度处理主要方法进行分析，结合自来水厂工艺改造效果实例，提出了原水预处理采用"预氯化－粉末活性炭联用"、水厂深度处理采用"预臭氧—混凝、沉淀、过滤—后臭氧、活性炭—消毒"的改造方案建议，以期为供水工艺优化提供参考。

6　参考文献

[1]　李志军，钟文辉，唐权昌．自来水厂消毒工艺改造分析 [J]．山东化工，2023，52(16)：246-249.
[2]　龚明树，殷云兰，王占生，等．取水口水源水生物预处理中试研究 [J]．给水排水，1999，25（4）：5-8.
[3]　许晨，李伟英，王峰，等．氧化剂投加量与作用时间（CT 值）对藻类抑制效果及机理分析 [J]．净水技术，2015，34（4）：60-64，69.
[4]　徐斌，谢向弛，夏樱，等．预氯化 / 粉炭工艺对原水藻源风险的控制效能 [J]．同济大学学报（自然科学版），2023，51（10）：1502-1508.
[5]　李莉．北票市自来水厂净水工艺的比选研究 [J]．黑龙江水利科技，2022，50（9）：81-83，128.
[6]　沈虎．纳滤工艺在管道直饮水处理中的运行优化及中试研究 [D]．济南：山东建筑大学，2023.
[7]　王笑．某自来水厂臭氧预处理提质试验及改造设计与运行调试研究 [D]．长沙：湖南农业大学，2020.
[8]　郭庆龄，吴锦谢．自来水厂深度处理工艺运行优化研究 [J]．给水排水，2023，59（S1）：44-48，53.

责任编辑　黄潇月（收到修改稿日期：2024-06-07）

上海市静安区某 5G 通信基站电磁辐射环境监测

Environment Monitoring of Electromagnetic Radiation at a 5G Communication Base Station in Jing'an District of Shanghai

顾剑宇　陈　啸　（上海市静安区环境监测站，上海 200042）

Gu Jianyu　Chen Xiao　(Jing'an District Environmental Monitoring Station of Shanghai, Shanghai 200042)

摘要　概述了5G 移动通信基站环境影响特性及电磁辐射情况，选取通信基础设施发达、人口密度大的上海市中心城区静安区为代表性研究地点，对 5G 通信基站周围电磁辐射水平进行了监测，发现电磁辐射水平随 5G 终端个数和使用流量的增加而增大；相同流量下，电磁辐射水平随流量下载时长的增大而增大。分别测量了单个 5G 终端在游戏娱乐（抖音直播）、视频交互（微信视频）、虚拟购物（淘宝直播卖货）、数据传输（APP 下载）场景的基站电磁辐射情况，发现所有应用场景下的电磁辐射水平均低于国家标准《电磁环境控制限制》（GB 8702—2014）中公众曝露限制 0.4 W/m²。

关键词：5G 移动基站　电磁辐射　MIMO 天线　基站监测

Abstract　Environmental impact characteristics and electromagnetic radiation status of 5G mobile communication base stations were outlined. Jing'an District in the Shanghai City Proper, where is densely populated with well-laid communications infrastructure, has chosen as a representative place for the study. Electromagnetic radiation levels at the surroundings of a 5G communication base station were monitored, and the findings showed that the levels would rise along with more 5G terminal numbers or more data flows under using whilst increasing with prolonged downloading duration under the same data flows. The electromagnetic radiation status of base station at a sole 5G terminal was measured individually in the scenarios of game/entertainment (live streaming of Tik Tok), video interaction (WeChat videos), virtual shopping (Taobao live selling), and data transmission (downloading of application programs). The electromagnetic radiation intensities in all scenarios were found below the public exposure limit of 0.4 watt per square metre specified in national standard «Controlling limits for electromagnetic environment» (GB 8702-2014).

Key words: 5G (Fifth-generation) mobile base station　Electromagnetic radiation　MIMO antenna　Base station monitoring

政策和技术迭代、智能网联升级等驱动因素带动了无线基础设施建设的飞速发展。第五代移动通信技术（5G）具有低延时、高带宽等优势，在万物互联场景下，5G 商用将带动更广阔的下游应用场景发展，如自动驾驶、AR\VR 等。2019 年 6 月 6 日，工业和信息化部正式向中国移动、中国电信、中国联通、中国广电发放 5G 商用牌照；2019 年 10 月 31 日，5G 网络正式进入商用，5G 移动通信基站建设规模进入提速阶段，其数量和覆盖范围均迅速增大[1]。截至 2023 年 2 月末，我国 5G 基站总数达 238.4 万个，占移动基站总数的 21.9%，5G 网络建设稳步推进[2]。

第一作者顾剑宇，男，1991 年生，2013 年毕业于上海电力学院环境工程系。

与此同时，5G通信基站的大规模建设引发社会公众对基站周围电磁环境的持续性关注。本文通过现场监测5G通信基站周边电磁辐射环境，采集分析了5G及其他网络制式移动通信基站的电磁辐射场强数据，研究了各因素对周围电磁辐射水平的影响，以期为今后通信基础设施建设提供参考。

1　5G通信基站环境影响特性与电磁辐射安全

1.1　5G移动通信基站环境影响特性

5G使用了Massive MIMO和3D波束赋形等关键技术，由4G固定端口功率与定向天线的电磁辐射模式转变为用户随动的窄波束模式，使得5G天线的实际发射功率和天线波束方向随基站覆盖范围内小区用户的业务需求空间分布变化。与传统的扇区天线（约120波束宽度，约17 dBi增益）相比，波束赋型的mMIMO天线可以产生高增益的窄波束（5～30波束宽度，24～25 dBi或更高增益），波束具有很强的指向性，使基站发射的射频信号功率在特定方向上更加集中，以便更好地将射频能量对准即时接入用户，提高了信噪比，最大限度地减少来自相邻用户的干扰，提高整体信道宽带传输性能[3]。

5G移动通信基站电磁辐射环境影响特性表现为：当5G通信基站覆盖范围内用户没有业务需求时，基站处于信号“广播”状态，在基站的覆盖范围内不断进行用户搜寻，此时基站的实际发射功率很低；当5G通信基站覆盖范围内用户业务需求量增加时，基站与终端用户建立相应的业务连接，基站执行上、下行通信，基站的实际发射功率大小与小区内用户的业务需求类型（即应用场景，如：数据传输、视频交互、游戏娱乐、虚拟购物、智慧医疗、工业应用、车辆网等）直接相关，即5G电磁辐射强度与数据下行速率显著相关。此外，多用户mMIMO技术可以通过使用多个波束（如2波束、4波束或8波束），同时针对多个空间分离的用户，从而提高业务吞吐量并减小时间延迟[4]。当一个基站同时为多个用户服务时，发射机的功率被分配到不同的方向，此时指向用户的波束辐射强度将下降。

1.2　电磁辐射

5G移动通信基站辐射属于电磁辐射，是能量以电磁波形式由源发射到空间并在空间传播的现象。电磁辐射对机体的危害主要为热效应和非热效应，没有确定的遗传效应。热效应是指电磁波将能量传递给机体的原子或分子，使其加速运动，引起机体升温，影响机体的工作。一般认为功率密度大于0.1 W/m^{2}时才会出现热效应，而当能量小吸收慢时，人体通过自我调节也可以及时把吸收的热量散发出去，不会导致温度上升。非热效应是指机体受到电磁波干扰后，自身稳定的微弱电磁场被干扰和破坏，温度虽无明显升高，但细胞原生质发生改变致机体受到损害，严重时会影响人体的循环、免疫、生殖和代谢功能[5]。目前关于电磁辐射危害的研究存在较多争议，只能确定其存在生物学效应，具体的危害尚无定论。一般认为符合国家标准《电磁环境控制限值》（GB 8702—2014）的电磁暴露对环境和身处该环境中的生物体是安全的。

2　研究方法

2.1　基站选址

选取通信基础设施发达、人口密度大的上海市中心城区静安区为代表性研究地点，考虑到大部分5G移动通信基站的选址位于人口稠密区域、基站周围一般都有大量建（构）筑物、5G用户接入数不可控、5G实时功率波动等因素，筛选出某公园内部基站进行监测，使影响因素相对可控。

2.2　监测方案

依据《5G移动通信基站电磁辐射环境监测方法（试行）》（HJ 1151—2020）分别在不同应用场景（数据传输、视频交互、游戏娱乐、虚拟购物）和不同距离下对公园内部基站进行监测，以基站为原点，每20 m布设一个监测点，至距基站120 m止。在监测数值高的区域以10 m为间隔加设监测点，测量基站电磁辐射对周围环境影响的最大值。

此外，5G移动通信基站电磁辐射与基站覆盖范围内的用户（数量、业务量等）直接相关[6]，故通过增加5G终端数量进行测量比对，考察不同5G终端数量对5G通信基站的辐射水平影响。

3　现场监测与数据分析

3.1　现场监测不可控因素与原因

基站的实时功率与基站的电磁辐射监测数据有直接关系，表1是一台5G终端在数据传输模式下（APP下载）运行时多天在水平距离75 m点位进行监测所得的数据，尽管监测流量相同［A游戏（1.8 GB）+B游戏（1.9 GB）+C游戏（2.0 GB）］，但不同时间的监测数据有一定波动，基站电磁辐射的6 min平均值（AVG）为0.238～0.800 μw/cm^2，最大值（MAX）为14.243～43.406 μw/cm^2，基本处于同一数量级，同一天前后两次测量值基本接近，最大值是6 min平均值的几十倍，这和基站的瞬时辐射有关。由此可见，由于基站实际接入的5G用户数和气象条件无法控制、基站在监测方向上的实时发射功率不可知等不确定因素，在相同的监测点位、监测流量、监测仪器，和应用场景下，5G通信基站产生的电磁辐射虽具有一定的一致性，但也呈现出一定的波动性，且波动性较大。

表1 单个5G终端APP下载场景多天的电磁辐射监测结果/（μw/cm²）

日期	AVG	MAX
10–16	0.238	15.486
	0.253	15.799
10–23	0.254	20.232
	0.307	19.900
11–19	0.391	16.134
	0.320	17.178
11–20	0.590	25.406
	0.800	43.406
11–27	0.327	14.243
	0.409	28.721

3.2 不同应用场景下现场监测数据及分析

3.2.1 游戏娱乐

表2是一台5G终端在游戏娱乐场景（抖音直播）下运行时于基站西北方向不同距离的点位监测所得数据，随着监测点与基站距离由11 m增大到74.2 m，电磁辐射水平呈增大趋势，距离基站96 m处电磁辐射水平忽然减小，而116 m处又忽然增大，这可能和公园内基站为扩大覆盖区域下倾角较小，且116 m处地势较高有关。在74.2 m、116 m处出现了2个辐射峰值，故对其重新进行测量，复测结果依旧出现了2个峰值，分别在水平距离72.0 m、113 m处，与第一次测试的结果有很好的一致性，说明测试结果可信。

表2 基站西北单个5G终端游戏娱乐应用场景的不同距离/m监测结果/（μw/cm²）

水平距离	直线距离	垂直距离	AVG	MAX
11.0	24.1	21.4	0.007	0.696
			0.008	0.839
31.8	37.5	21.1	0.033	2.940
			0.035	2.712
52.3	56.0	20.0	0.054	6.037
			0.069	6.227
74.2	76.8	19.8	0.096	6.827
			0.071	6.561
96.0	97.9	19.2	0.026	2.822
			0.025	2.446
116.0	117.2	17.0	0.090	7.169
			0.081	6.952

被测基站的辐射空间分布特征导致基站西北处出现2个峰值，故后续监测不再对基站西北侧进行布点，转而选取基站东北面进行布点。

表3是一台5G终端在游戏娱乐场景（抖音直播）下运行时于基站东北方向不同距离的点位监测所得数据，电磁辐射空间上的最大值出现在距基站水平距离为71.0～82.5 m处。对比表2、表3可见，基站西北方向的辐射水平普遍高于东北方向，这可能和东北方向有较多的树木遮挡有关，因为5G通信基站监测所得的功率密度值会随遮挡物的增多而衰减。

表3 基站东北单个5G终端游戏娱乐应用场景的不同距离/m监测结果/（μw/cm²）

水平距离	直线距离	垂直距离	AVG	MAX
28.2	34.7	20.2	0.006	0.601
			0.003	0.362
52.7	56.2	19.5	0.016	2.276
			0.015	2.213
64.0	66.4	19.0	0.015	1.423
			0.014	1.376
66.0	68.7	19.0	0.015	1.887
			0.018	2.201
71.0	73.3	19.1	0.017	1.588
			0.014	1.563
75.0	77.4	19.1	0.024	2.251
			0.026	2.879
76.4	78.3	19.1	0.019	2.210
			0.023	2.576
82.5	84.0	19.8	0.015	1.837
			0.016	1.651
93.0	95.1	19.8	0.018	2.174
			0.017	2.656
111.0	113.0	20.3	0.015	2.000
			0.017	1.783
119.0	121.0	19.7	0.010	1.398
			0.009	0.995

3.2.2 数据传输

表4是一台5G终端在数据传输应用场景（APP下载）下运行时不同流量对应的电磁辐射状况，监测

表 4　单个 5G 不同流量 /GB APP 下载时的电磁辐射监测结果 / (μw/cm^2)

测量次序	AVG	MAX	流量
1	0.107	9.653	A 游戏（1.8）
2	0.119	8.995	A 游戏（1.8）
3	0.111	12.804	A 游戏（1.8）
4	0.108	9.514	A 游戏（1.8）
1	0.140	9.716	A 游戏（1.8）+ B 游戏（1.9）
2	0.147	9.313	A 游戏（1.8）+ B 游戏（1.9）
3	0.144	9.487	A 游戏（1.8）+ B 游戏（1.9）
4	0.180	13.206	A 游戏（1.8）+ B 游戏（1.9）
1	0.238	15.486	A 游戏（1.8）+ B 游戏（1.9）+ C 游戏（2.0）
2	0.253	15.799	A 游戏（1.8）+ B 游戏（1.9）+ C 游戏（2.0）
3	0.270	11.905	A 游戏（1.8）+ B 游戏（1.9）+ C 游戏（2.0）
4	0.257	15.273	A 游戏（1.8）+ B 游戏（1.9）+ C 游戏（2.0）

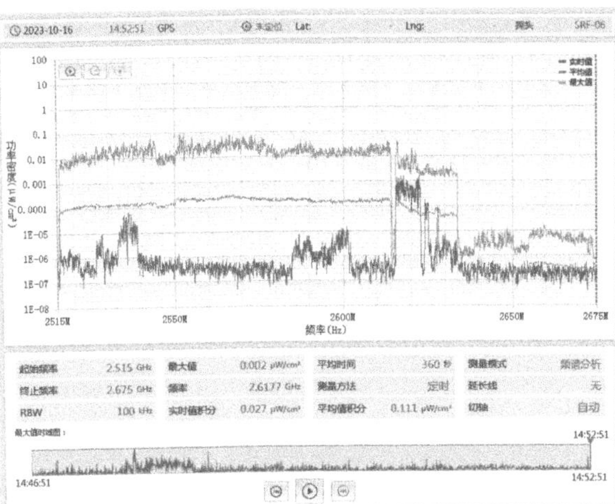

图 1　单个 5G 终端 A 游戏下载时频谱

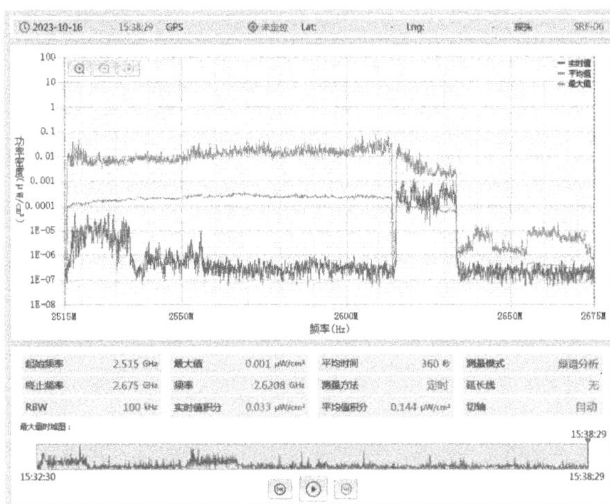

图 2　单个 5G 终端 A 游戏 +B 游戏下载时频谱

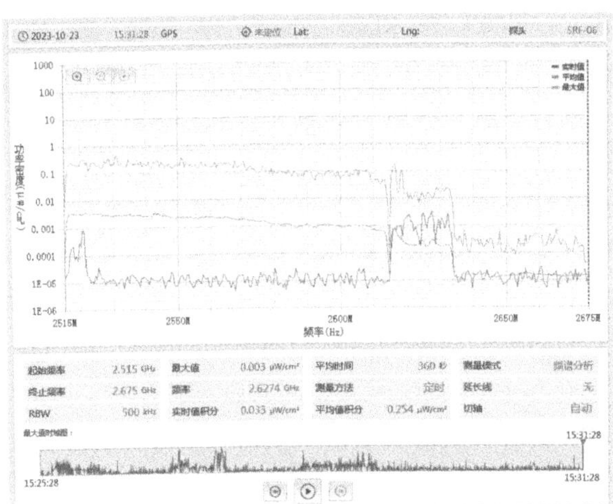

图 3　单个 5G 终端 A 游戏 +B 游戏 +C 游戏单一逐个下载时频谱

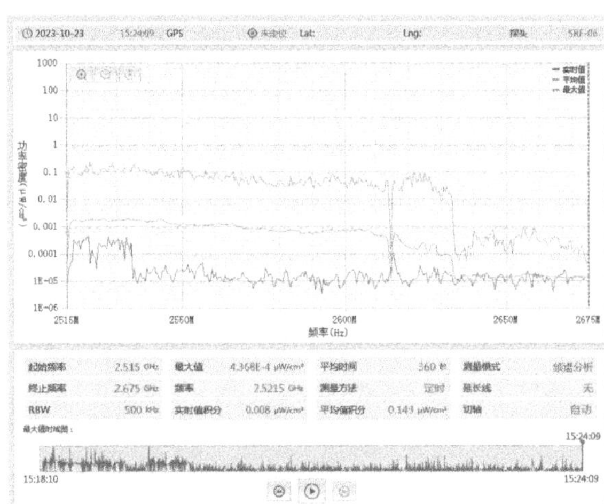

图 4　单 5G 终端 A 游戏 +B 游戏 +C 游戏连续下载时频谱

位置为基站东北水平距离75 m处，图1～图3是3种下载流量下对应的频谱图。

结合电磁辐射监测结果（见表4）和下载图谱的最大时域图（见图1～图3）可知，当有大流量使用时（下载开始），5G通信基站周围环境电磁辐射较高。由于测量的是6 min的平均值，当下载包单个下载时，电磁辐射也随着下载包的增多（流量的增加）而逐步上升，由此可见，5G流量使用的多少是5G通信基站周围电磁辐射水平影响因素之一。

在相同监测流量［A游戏（1.8 GB）+B游戏（1.9 GB）+C游戏（2.0 GB）］下，单个5G终端以不同方式进行数据传输（APP下载）时对电磁辐射进行监测，结果见表5、图3、图4。结果发现，当流量相同，下载包个数也相同时，连续下载和下载包单个逐一下载时产生的功率密度不同，连续下载比单个逐一下载用时减少，使得连续下载的电磁辐射监测结果低于单个逐一下载。由此可见，5G基站监测时使用流量的时间也是5G通信基站周围电磁辐射水平影响因素之一。

表5　单个5G终端以不同方式下载时的电磁辐射监测结果/（μw/cm²）

测量次序	下载方式	AVG	MAX
1	单个逐一	0.238	15.486
2	单个逐一	0.253	15.799
3	单个逐一	0.270	11.905
1	连续	0.143	10.289
2	连续	0.158	10.996
3	连续	0.139	11.027

为考察5G终端个数对电磁辐射的影响，采用2个5G终端在数据传输应用场景（APP下载）下同时下载A游戏（1.8 GB）+B游戏（1.9 GB）+C游戏（2.0 GB），监测电磁辐射的变化（见表6）。对比表5、表6可知，两个5G终端同时下载的电磁辐射水平明显高于1个5G终端单独下载时，前者功率密度6 min平均值是后者的2倍以上。

表6　两个5G终端同时下载时的电磁辐射监测结果/（μw/cm²）

测量次序	AVG	MAX
1	0.983	21.421
2	0.968	20.970
3	0.618	14.470
4	0.757	17.865
5	0.905	21.261

尽管HJ 1151—2020中规定，监测仪器与5G终端保持在1～3 m的范围内即可，但在实际测量时，监测仪器与5G终端不同距离处的监测结果确存在差异。表7是单个5G终端在数据传输应用场景（APP下载）下同时下载A游戏（1.8 GB）+B游戏（1.9 GB）+C游戏（2.0 GB）时，终端距监测仪器1～3 m处的电磁辐射结果，距离为1 m时辐射水平明显大于距离2 m、3 m的辐射水平，而距离2 m、3 m的辐射水平基本一致。造成这一现象的可能有两个原因：一是5G终端对基站天线波束的牵引和聚焦，5G采用赋形子波束指向5G终端，天线波束宽度很窄，终端与监测仪器距离越近，则监测仪器越接近天线子波束的中心，辐射水平更高。二是5G终端本身产生的电磁场对监测点位产生影响，5G终端离监测仪器越近，对监测点位产生的功率密度越大。

表7　单个5G终端与监测仪器不同距离的电磁辐射监测结果/（μw/cm²）

距离监测仪器/m	AVG	MAX
1	0.452	21.311
1	0.409	28.721
2	0.270	11.905
2	0.257	15.273
3	0.248	15.031
3	0.209	13.159

通过以上分析可知，影响5G通信基站周围电磁辐射水平的因素有监测时使用的5G终端个数、使用的流量大小和流量使用时间等。具体来说，5G通信基站监测所得的功率密度值随5G终端个数和使用流量的增加而变大，相同流量下，电磁辐射水平随流量下载时长的增大而增大。

3.2.3　不同应用场景下监测数据对比

为研究不同应用场景对电磁辐射的影响，分别测量了单个5G终端在游戏娱乐（抖音直播）、视频交互（微信视频）、虚拟购物（淘宝直播卖货）、数据传输（APP下载）场景的基站电磁辐射情况（见表8、图5～图7）。无论数据上还是图谱上，在游戏娱乐、视频交互和虚拟购物场景下，5G基站所产生的电磁辐射都很相近，与数据传输场景相比，以上场景中电磁辐射值相对稳定，较少出现忽高忽低值。

表 8　单个 5G 终端在不同应用场景下电磁辐射监测结果 / （μw/cm²）

应用场景	AVG	MAX	流量（MB）
游戏娱乐	0.024	2.251	120
游戏娱乐	0.025	2.846	123
视频交互（微信视频）	0.019	2.564	115
视频交互（微信视频）	0.016	1.788	121
虚拟购物（淘宝直播卖货）	0.020	2.197	119
虚拟购物（淘宝直播卖货）	0.017	1.538	113
数据传输（APP 下载）	0.238	15.486	5 837
数据传输（APP 下载）	0.253	15.799	5 837

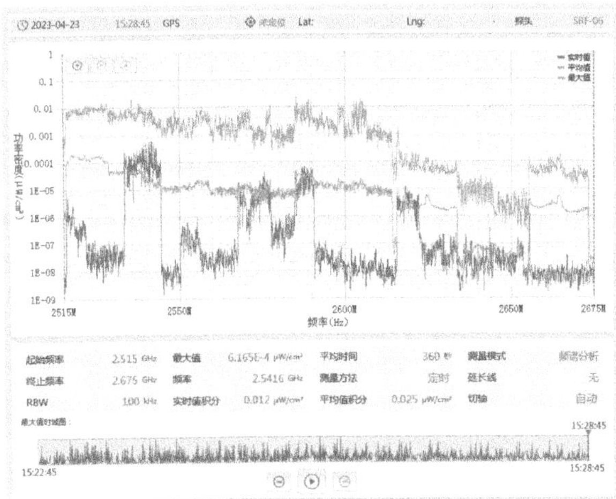

图 5　单个 5G 终端游戏娱乐（抖音直播）时频谱

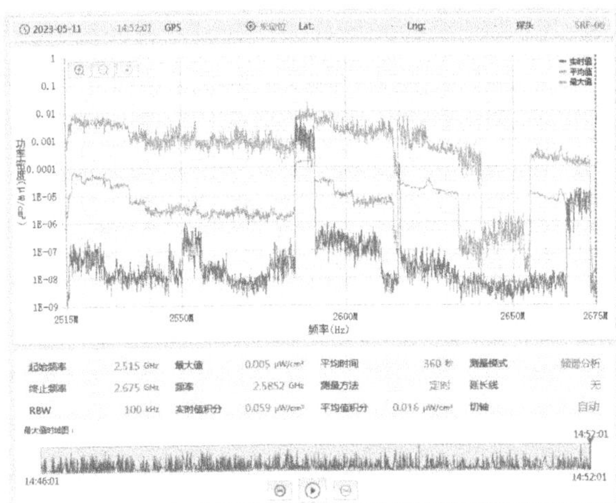

图 6　单个 5G 终端视频交互（微信视频）时频谱

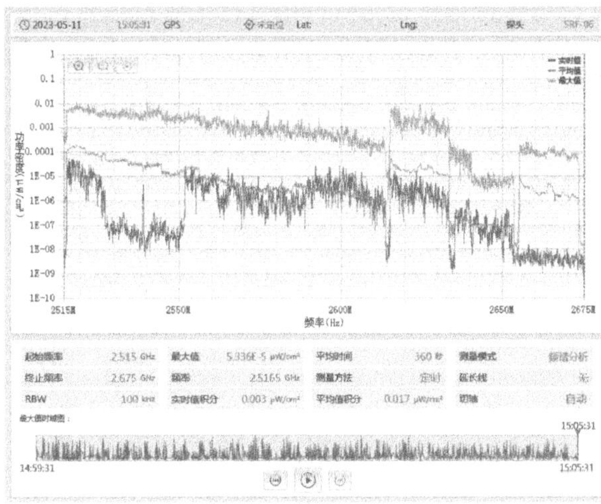

图 7　单个 5G 终端虚拟购物（淘宝直播卖货）时频谱

4　结论与建议

5G 终端为手机时，在数据传输、虚拟购物、视频交互、游戏娱乐等应用场景中，监测到的电磁辐射均低于国家标准《电磁环境控制限制》（GB 8702—2014）中公众曝露限制 0.4 w/m²。

监测过程中，5G 终端离监测仪器的远近和终端数量都会对监测产生一定影响，建议今后采用 6 min 持续视频交互、单个 5G 终端的条件进行监测，并标注好 5G 终端离监测仪器距离，以便使监测更具有可复现性和可操作性。

5　参考文献

[1] 黎丽华．5G 基站电磁环境监测中遇到的问题及对策 [J]．中国无线电，2022（12）：38-45.

[2] 张辛欣．我国 5G 基站总数达 238.4 万个 [N]．人民日报，2023-03-24.

[3] 黄亚萍．电离辐射与电磁辐射的区别研究综述 [J]. 黑龙江科学，2015，6(6)：13-15.

[4] 韦庆，葛晓阳．5G 基站电磁辐射环境特征及监测实证研究 [J]．环境监测管理与技术，2021，33（4）：53-56.

[5] 罗森文，鲁娜，王华刚，等．5G（Sub 6G）移动通信基站电磁辐射初探 [J]．广东通信技术，2021，41（10）：60-63.

[6] 端木亭亭．5G 基站电磁污染的监测与防治 [J]．江苏通信，2022，38（1）：24-26.

[7] 张保增，杜喜臣，马晓．5G 移动通信基站电磁辐射测量评价 [J]．辐射防护，2022，42（3）：222-228.

[8] 国家生态环境部．HJ 1151—2020 5G 移动通信基站电磁辐射环境监测方法（试行）[S]．北京：中国环境科学出版社，2020.

[9] 原国家环境保护部．GB 8702—2014 电磁环境控制限值 [S]．北京：中国环境科学出版社，2014.

责任编辑　黄潇月（收到修改稿日期：2024-07-24）

反渗透系统浓水回用的工厂实践

Factory Practice of Reusing Concentrated Effluent from RO System

徐冯楠 （上海海立电器有限公司，上海 201206）
Xu Fengnan (Shanghai Highly Electrical Appliances Co., Ltd., Shanghai 201206)

摘要 工厂除盐水制取过程中会产生反渗透（RO）浓排水。基于RO浓水特点及水质情况，分析了收集后进入反渗透膜制成除盐水及再处理后用于盥洗冲厕、水处理药剂配制，以及洗衣房、班车、车间和厂区地面清洁等的可能性。结合生产长期的考核运行，发现反渗透系统浓排水回用于制成除盐水未造成管道结垢，在降低用水成本的同时可减少废水的排放，实现节水减排。
关键词：反渗透 浓排水回用 水处理

Abstract According to the quality of reverse osmosis (RO) concentrated drainage generated in the demineralisation process in a factory, possibilities of recycling it to the reverse osmosis membrane to produce demineralised water, and using it for flushing toilets, preparing chemicals for water treatment, floor cleaning for laundry room, shuttle bus, workshop and factory area, and etc. are analysed. Combined with the long-term operation, the practice of reusing concentrated drainage has shown that there was no scaling formed in the pipeline whilst reducing the cost of water use and lessening the wastewater discharge so as to realise the water saving and emission reduction.
Key words: Reverse osmosis (RO) system Reusing concentrated effluent Water treatment

随经济社会迅速发展，企业生产、日常生活等用水量逐年增加，向环境排放的废水量也逐年递增。2019年12月27日，上海市水务局、上海市发展改革委联合印发《上海市节水行动实施方案》，提出工业节水增效等重点行动；2020年12月1日，上海市全面推行“非居民用水超定额累进加价制度”，以发挥水资源配置中价格机制的调节作用，同时为鼓励企业节水管理，定额水量可在满足一定条件时予以增加。在诸多越来越严峻的节水政策背景下，用水量较大的生产制造企业有必要不断地挖掘节水管理空间，提高节水管理水平，减少水资源浪费，从而降低企业的生产制造成本[1]。

压缩机生产过程中，诸如脱脂磷化、电泳涂装、碱清洗、集中冷却等前处理工序均要求采用除盐水对工部件进行清洗。反渗透技术因其操作简便、脱盐率高、建造周期短等特点，在工业废水、生活污水、纯水制备及海水淡化等领域得到广泛应用。反渗透工艺制取除盐水过程中会产生大量浓排水，其浓排水也因杂质少等特点，吸引大量企业进行回用的探索及成功实践[2-4]。将对反渗透浓水的特点及水质情况进行分析，通过改造原有反渗透设备并加装回收和再用装置，用于盥洗冲厕、水处理药剂配制，以及洗衣房、班车、车间和厂区地面清洁等，实现浓水高效回用。

1 反渗透系统

除盐水站进水原水采用市政供水，反渗透纯水制取装置产水能力35 t/h。为确保反渗透装置的进水水质，减少反渗透膜耗损，延长膜使用寿命，采用加石英砂过滤、活性炭过滤、加阻垢剂、精密过滤等多重预处理工艺。

原水在原水箱中可初沉大颗粒杂质和其他物质，

作者徐冯楠，女，1983年生，2010年毕业于西北农林科技大学环境工程系，硕士，工程师。

石英砂过滤器可去除原水中的细小颗粒、胶体等，活性炭过滤器可有效去除臭气、部分有机物、余氯等，精密过滤器（保安过滤器）内装有过滤孔径为 1 μm 滤芯 20 支，兼具表面过滤及深层过滤，是下游反渗透膜前的最后一道保护，确保后续反渗透系统的正常运行。高压泵提供保证反渗透系统所需水量及水质的工作压力，反渗透装置在脱盐的同时亦可清除有害离子及其他有机物，纯水箱用于存储反渗透纯水，确保各除盐水使用环节的稳定供应。

净水设施为机械通风开放式凉水塔，2 台原水泵设计能力 20 m^3/h，2 台 PAC、1 台 NaOH 加料装置 100 L/min，阻垢剂及杀菌剂通过加药装置（加药槽 1 $m^3\times2$）直接添加至循环水箱中，计量泵 3 台（二用一备），加药点设在循环水池进水处。反渗透装置共分 3 组，采用 2∶1 排列方式脱盐，浓水进入膜元件进行脱盐处理后，合格的脱盐产水最终进入纯水箱贮存输送给使用环节（见图 1）。

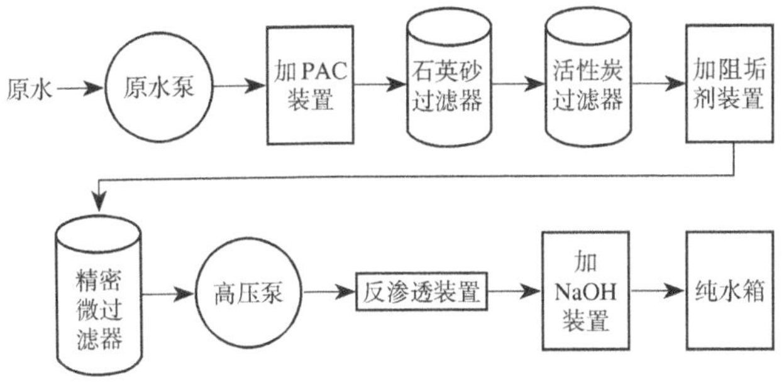

图 1　除盐水站处理工艺示意

除盐水制取过程中，反渗透系统的产水、浓水平均流量分别为 32 m^3/h、12 m^3/h。浓水约占进水总量的 27%，经废液池收集后排入废水处理站，增加了废水排放量，不仅造成大量水资源浪费，也加大了后续污水处理负荷。

长期监督运行下反渗透进水水质参数为：pH 为 6.5～7.2，电导率 300～400 μs/cm；反渗透浓排水压力 0.6～2.0 MPa，水温 22～25 ℃，pH 为 7.0～7.1（25℃），电导率 1 200～1 600 μs/cm。

2　浓排水回用的可行性

2.1　RO 浓水的特点

除盐水的制取经石英砂过滤、活性炭过滤、精密过滤等多种预处理，且经反渗透膜已分离出 70%～75% 的淡水，RO 排放的浓水除硬度及盐分较高外，杂质大部分都已去除且几乎不含自来水中常见的大肠杆菌、金黄葡萄球菌等微生物，绝大多数指标均优于自来水，符合《城市污水再生利用城市杂用水水质标准》（GB/T 18920—2020），可用于道路清扫、冲厕、车辆冲洗等。

2.2　RO 浓水回用

浓缩后的自来水碱度升高、Ca^{2+} 浓度增加，碱度升高使 HCO_3^- 转化为 CO_3^{2-}，因反渗透膜对 Ca^{2+} 透过率几乎为零，使 $CaCO_3$ 得以析出。朗格里尔指数计算法判定，当浓水 LSI 值 > 0 时，表明其有 $CaCO_3$ 结垢倾向。因此，在自来水进入反渗透系统前添加阻垢剂，可有效防止反渗透膜、设备和管路中结垢。经反渗透装置，阻垢剂被截留在浓排水中，可继续对浓水的阻垢进行分散。以上分析表明，反渗透浓排水回用可行。

2.3　生产用除盐水质要求

工艺生产用除盐水环节有脱脂磷化、电泳涂装、酸碱清洗、集中冷却等，水质要求 pH 为 6.5～8.5、电导率 ≤ 30 μs/cm，日最大用量 650 m^3/d，平均用量 550 m^3/d。

原水自来水电导率约 300～400 μs/cm，按除盐率 97% 计，纯水电导率约 9 μs/cm，经添加氢氧化钠调节 pH 后为 25 μs/cm，可满足生产需求；浓排水电导率 1 100～1 500 μs/cm，反渗透进水水质电导率要求 800～1 000 μs/cm，浓排水作为反渗透装置的进水补水，经水量自动调节后可满足进水水质要求。

3　浓水回用改造方案

3.1　改造内容

对现有除盐水系统进行改造，增加除盐水浓水输送管道，为便于查验改造效果，安装水表、水泵，对除盐水浓排水全部收集后，作为反渗透进水的补充水，用作制取增量除盐水，回收再产生的浓排水经废液池收集后用于盥洗冲厕、水处理药剂配制、洗衣房、班车和车间及厂区地面清洁等；具体回收水量的调节可由反渗透系统的进口在线电导率仪进行控制。

为防止除盐水装置系统故障、水质突发异常及假期维修停用等情况，仍保留原有自来水管道作应急供水使用；铺设专用管网，主管内衬塑以增强防蚀性能，并利用原搁置的地下储水槽储水，采用变频泵供水方式，确保供水的稳定性和连续性。浓排水可根据用水覆盖范围增加回用水管，辐射至厂区水处理站、停车场、盥洗室、马路通道等多个用水点位，用于盥洗室洗手、冲厕、水处理药剂配制、洗衣房、班车清洗、车间及厂区地面清洁等。利用管线覆盖优势，在主要厂房道路一侧增设消防龙头12处，方便道路清洗并强化了厂房消防设施（见图2）。

因浓排水不涉及饮用，且不含大肠杆菌，因此可用于冲洗等。为防止车间员工不慎饮用，在工场盥洗室洗手处贴有明显标识语进行提示（见图3）。

图2　供水站点与回用水泵

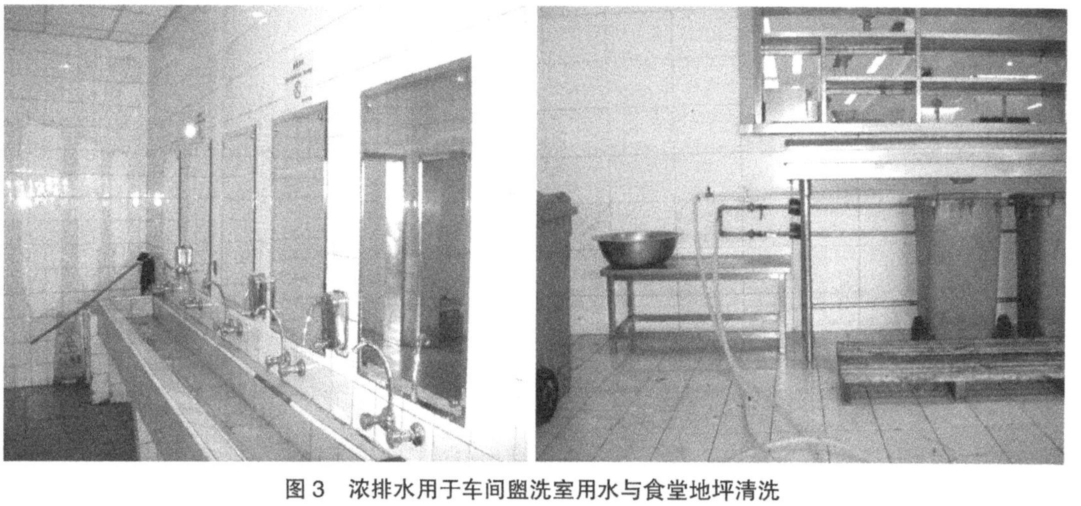

图3　浓排水用于车间盥洗室用水与食堂地坪清洗

改造后的浓排水回收率1/3～2/3，即可增加除盐水量4～8 m³/h，按平均6 m³/h计，年节约自来水4.32万t，经管道输送于各用水点。改造实施前后除盐水工艺流程示意如图4和图5所示。

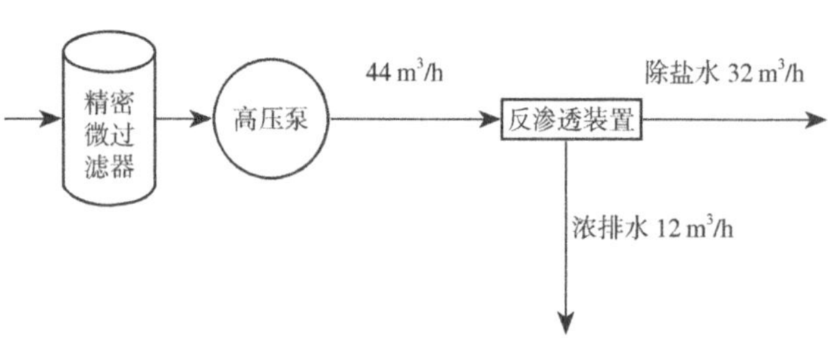

图4　改造实施前除盐水站工艺流程示意

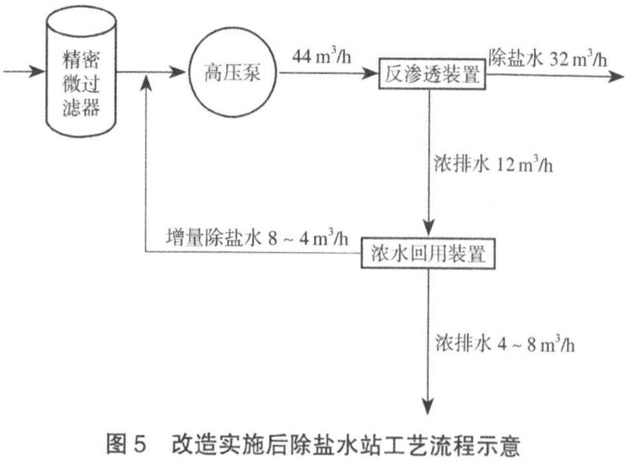

图5　改造实施后除盐水站工艺流程示意

3.2　常规检查

工厂停机、大修等期间对高压泵等进行压力检查，对精密微过滤器、凝汽器钢管、部分回用管路系统等进行检查，未发现有管道结垢或设备腐蚀现象。

3.3　系统特点

结合工艺流程，在原反渗透装置基础上加装浓水回收系统，充分利用原除盐水站的空间，不新增场地且无需外加药剂，实现反渗透和浓水回用一体化，运行安全稳定且成本不增加。回收水量由反渗透系统进口的在线电导率仪实现自动控制，由进水调节阀调节。

浓水回收利用原高压泵动力完成回收利用，无需加压或增加动力设备，回收率与脱盐率为≥ 70% 与≥ 98%。

3.4　操作要点

除盐水站岗位操作人员应对运行参数进行日常记录，检测反渗透装置的使用情况和出水水质。日常运行记录至少包含：在线进水酸碱度、在线进水电导率、压力、在线进水水温；在线产水电导率和产水流量；浓水流量、浓水压力及各段进水压力等。按《除盐水生产运行记录表》《除盐水过滤器运行记录表》要求逐项记录，检查运行中的各项数据是否在要求范围内，有异常及时进行隐患排查。

除盐水站加药桶内的液位低于正常液位时，需重新配制药剂。配制 PAC 时要少量逐步加入，便于药剂溶解。现场检查相关阀门开闭是否正确，压缩空气进气阀门常开，压力保持＞ 0.4 MPa。检查加药泵是否正常工作，如有空气吸入，要打开排气阀，直至正常加药再关闭排气阀。

当整套装置停用 1 d 以上，重新开启时需将石英砂过滤器和活性炭过滤器正洗 15 min 后方可使用。当精密过滤器进出口压差≥ 0.1 MPa 时就应及时更换滤芯，避免影响除盐水出水。滤芯正常情况下，要求现场 2 ~ 3 个月更换 1 次。

为保证除盐水站正常运行，自来水进水处的压力需＞ 0.25 MPa，石英砂过滤器与活性炭过滤器内过滤介质要求现场每 2 年更换 1 次，在满足以下任何条件时，应及时清洗反渗透膜：产水流量下降 10% ~ 15%，产水脱盐率降低 10% ~ 15%，48 h 内进膜压力增加 10% ~ 15%，设备已运行 90 d。如清洗后 15 d 内再次出现上述现象，则应考虑更换反渗透膜。当反渗透系统浓排水压力显著降低或导电率＞ 25 μs/cm 时，应清洗反渗透膜；当膜污染严重时，应更换新膜。

4　结果分析

改造后的系统无需投加化学药品，且回用率平均 50%，出水质量合格。根据回用水泵水表数值，加装浓水回收后，平均回用浓排水量 6 m^3/h，年节水 4.32 万 t，年节约水费 27.1 万元（自来水按单价按 3.32 元 /t 计，加代征污水处理费按 2.97 元 /t 计），减少污水处理排放量 4.32 万 t，总投资 65 万，暂不考虑其对污水处理减少的压力等，项目实施 2.5 年内即可收回全部投资，经济效益显著。

5　结语

基于工厂长期的监督运行实践，根据除盐水制取过程中反渗透浓水的排水水质，结合除盐水制取工艺过程，在原反渗透装置基础上加装浓水回收系统，增加除盐水浓水输送管道作为反渗透装置作为进水补水，再处理后的浓排水经管道输送于各用水点。整套装置在降低用水成本的同时减少废水排放，实现了环保效益与经济效益的双赢。

6　参考文献

[1]　李世强，任伟，刘宝山，等. 热电厂反渗透浓水回用处理的试验研究 [J]. 工业水处理，2018，38（4）：104-106.

[2]　倪亭亭，王云钟，吴永明，等. 电厂反渗透浓水回用工程实例 [J]. 工业水处理，2022，42（3）182-185.

[3]　王卫红，高丛辉. 反渗透浓水回用的可行性分析 [J]. 石油石化节能，2011，1（9）：6-7.

[4]　孙容，李飞. 反渗透浓水回用技术探讨 [J]. 电站辅机，2004，90（3）：51-56.

责任编辑　于佳雪（收到修改稿日期：2023-05-29）

海绵铁协同菌藻共生体脱色降解偶氮染料实验研究

An Experimental Study on the Decolourisation and Degradation of Azo Dyes by Sponge Iron Synergized with Bacterial-Algal Symbiont

刘箬溪[1] 陈睿颉[1] 赵林茜[1] 徐佳楠[1] 杨晓霞[2] 王 娟[1*] (1. 嘉兴大学生物与化学工程学院，嘉兴 314033；2. 浙江省嘉兴生态环境监测中心，嘉兴 314033)

Liu Ruoxi[1] Chen Ruijie[1] Zhao Linxi[1] Xu Jianan[1] Yang Xiaoxia[2] Wang Juan[1*] (1. College of Biological and Chemical Engineering, Jiaxing University, Jiaxing 314033; 2. Jiaxing Ecological Environment Monitoring Centre of Zhejiang Province, Jiaxing 314033)

摘要 考察比较了藻菌共生体系、海绵铁体系、海绵铁协同菌藻共生体系对偶氮染料酸性大红和孔雀石绿的脱色降解效果，结果表明：(1) 由小球藻、黄孢原毛平革菌、枯草芽孢杆菌构成的微藻－真菌－细菌体系反应 1 h 对酸性大红和孔雀石绿的脱色率分别为 78.03%、93.53%；(2) 海绵铁在粒径 1.25 ~ 1.45 mm、投加量 50 g/L、温度 25℃、pH 为 7 的最优实验条件下反应 1 h 对酸性大红和孔雀石绿的脱色率最高可分别达到 44.86%、52.78%；(3) 海绵铁协同菌藻共生体对酸性大红的脱色和孔雀石绿的脱色率均达 95% 以上，远高于菌藻共生体和单一海绵铁对两种染料的脱色率，表明海绵铁和菌藻共生体能够有效协同降解偶氮染料。

关键词：藻类 菌藻共生体 海绵铁 偶氮染料 印染废水

Abstract The effects of algal-bacterial symbiotic system, sponge iron system alone, and sponge iron synergized with bacterial-algal symbiotic system on the decolourisation and degradation of acidic scarlet and malachite green of azo dyes were investigated and compared. The results showed that: (1) the decolourisation rates of acidic scarlet and malachite green by a reaction of microalgae-fungi-bacterial system consisting of *Chlorella, Phanerochaete chrysosporium* and *Bacillus subtilis* for an hour were 78.03% and 93.53%, respectively; (2) their decolourisation rates by a reaction of sponge iron of 1.25 ~ 1.45 mm in grain size and 50 g/L in dosage for an hour could reach 44.86% and 52.78% uppermost, respectively, under the optimal testing conditions of temperature at 25 ℃ and pH value at 7; and (3) their decolourisation rates by sponge iron synergized with bacterial-algal symbiont could both achieve greater than 95%, far higher than that by bacterial-algal symbiont or sponge iron alone. It has indicated that the sponge iron and bacterial-algal symbiont are capable of effectively and synergistically degrading azo dyes.

Key words: Algae Bacterial-algal symbiont Sponge iron Azo dye Printing and dyeing wastewater

我国是印染纺织大国，印染废水中含有大量悬浮物、重金属、染料、无机盐、有机物等[1]，使其色度大、浊度大、有机物浓度高、成分复杂、可生化性差。废水中残留的偶氮染料是纺织印染过程常用的人工合成芳香族化合物，具有“三致”作用[2]，未经有效处理将对环境和人体健康构成较大威胁。

印染废水常用的处理方式有物理法、化学法、生物法和联合处理法。物理法包括吸附法、膜分离法、

嘉兴大学大学生科研训练计划 (SRT) 项目（编号：8517231198）资助。

第一作者刘箬溪，女，2002 年生，在读本科生。

* 通信联系人，lnwangjuan@163.com。

磁分离法等，其中最常用的是吸附法，但吸附容量有限，吸附剂选取不当可能造成二次污染，水环境的多样性也限制了其使用范围。化学法包括电化学氧化法、光化学氧化法、催化湿式氧化法、臭氧氧化法、Fenton 法、超临界水氧化法等[3]，此类方法虽然工艺、设备简单，但处理费用高、有机物去除效果一般、易引起二次污染。生物法包括好氧法、厌氧法、厌氧－好氧法等，此类方法具有应用范围广、处理废水量大、成本低等优点，但也存在处理周期长、废水中部分有机污染物对微生物有毒害作用或难生化降解等问题，因此通常难以在短期内获得较好的废水处理效果[1]。

本实验采用海绵铁协同菌藻共生体脱色降解模拟印染废水，构建最佳实验条件下的海绵铁协同微藻—真菌—细菌体系，考察其对偶氮染料的脱色效果，并探讨其降解机理。

1　材料与方法

1.1　供试材料

小球藻（*Chlorella sp*）来自湖北武汉中国科学院淡水藻种库，采用 BG11 培养基培养；枯草芽孢杆菌（*Bacillus subtilis*）购自中国工业菌种保藏协会；黄孢原毛平革菌购自上海保藏技术中心；海绵铁购自汇鑫填料滤料生产厂家。

根据印染废水的特点和实验室前期研究成果[4]，配制模拟印染废水（见表 1），其中酸性大红的特征吸收峰为 520 nm，孔雀石绿的特征吸收峰为 620 nm。

表 1　模拟印染废水组分及浓度

组分	浓度 /（mg/L）
酸性大红 GR[1]	80
碱性品绿	15
PVA 聚氯乙烯	300
淀粉	800
硫酸钠	25

1.2　实验方法

1.2.1　藻生物量测定

（1）测定藻的干重

采用 BG11 培养基培养小球藻，培养箱温度为 25 ℃，光照强度为 4 000 Lux，光暗比为 12 h∶12 h。取 10 mL 藻液使用已烘干并称量的 0.45 μm 微孔滤膜过滤，在 70℃烘干 20 h 后称重，得到单位体积的小球藻干重[5]。

（2）测定藻中叶绿素含量

取 10 mL 的藻液使用 0.45 μm 玻璃纤维膜过滤后，加入 3 ~ 4 mL 丙酮溶液研磨至糊状，补加 3 ~ 4 mL 丙酮继续研磨，并重复 1 ~ 2 次。将完全破碎细胞的提取液转移至离心管，并用丙酮冲洗残留部分一并转移，定容至 10 mL。在 4 ℃避光浸泡提取 2 h 以上，再以 3 000 ~ 4 000 r/min 的转速离心 10 min。采用分光光度法使用丙酮做参比测量 750 nm、664 nm、647 nm、630 nm 处的吸光度[6]，计算公式见式（1）~ 式（2）。

$$\rho=\frac{\rho_1\times V_1}{V} \tag{1}$$

$$\rho_1=11.85\times(A_{664}-A_{750})-1.54\times(A_{647}-A_{750})-0.08\times(A_{630}-A_{750}) \tag{2}$$

式中，ρ——水样中叶绿素 a 的质量浓度，mg/L；

ρ_1——提取液中叶绿素 a 的质量浓度，mg/L；

A_{664}、A_{647}、A_{630}、A_{750}——提取液在 664 nm、647 nm、630 nm、750 nm 波长下的吸收光度值；

V_1——提取液的定容体积，mL；

V——水样体积，mL。

1.2.2　菌藻共生体降解模拟印染废水

移取 20 mL 菌藻扩培液至 200 mL 模拟印染废水中，在最佳条件下进行脱色降解实验，于不同反应时间取上清液进行离心（4 000 r/min，20 min）后在特征吸收峰波长处测定吸光度，计算脱色率［见式（3）］，实验流程简易装置示意见图 1。

$$\eta=\frac{(A_0\times A_t)}{A_0}\times 100\% \tag{3}$$

式中，η——脱色率，%；

A_0、A_t——处理前后废水吸光度。

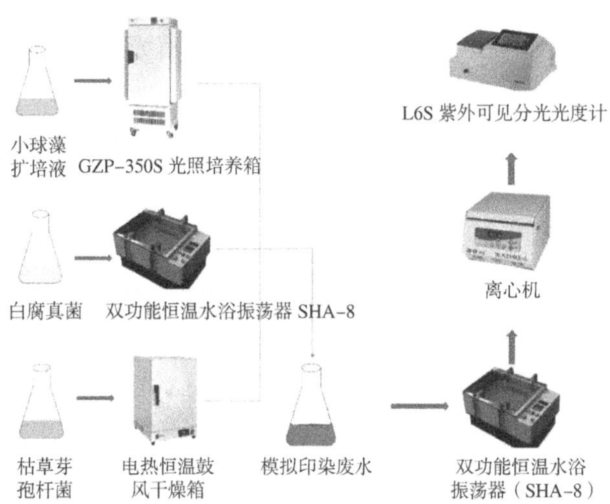

图 1　菌藻共生体降解模拟印染废水装置示意

1.2.3 海绵铁降解模拟印染废水

在 200 mL 的模拟印染废水中投加海绵铁，控制质量、时间、pH、温度等单一变量进行反应，一段时间后测定特征吸收峰波长处上清液的吸光度，计算脱色率，确定海绵铁处理模拟印染废水的最佳实验条件，该实验流程简易装置示意见图 2。

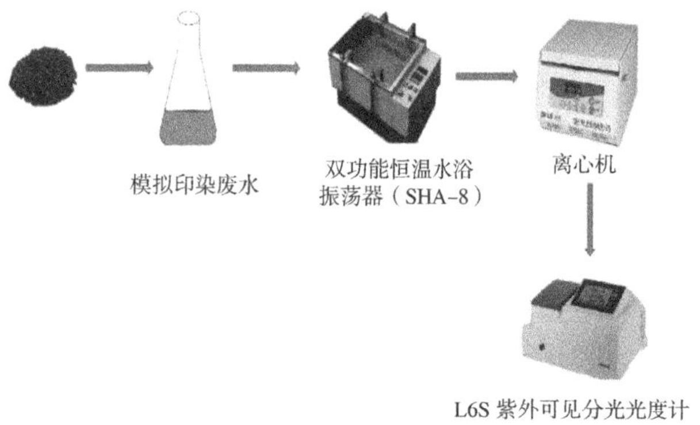

图 2 海绵铁降解模拟印染废水装置示意

1.2.4 海绵铁协同菌藻共生体降解模拟印染废水

在前期研究确定的海绵铁与菌藻共生体最佳实验条件下[4]，开展海绵铁协同菌藻共生体对模拟印染废水的降解实验。将 20 mL 菌藻扩培液移至 200 mL 模拟印染废水中，并加入 10 g 海绵铁，在最佳的条件下进行脱色降解实验。于不同反应时间取上清液进行离心（4 000 r/min，20 min）后，在特征吸收峰波长处测定吸光度，计算脱色率，该实验流程简易装置示意见图 3。

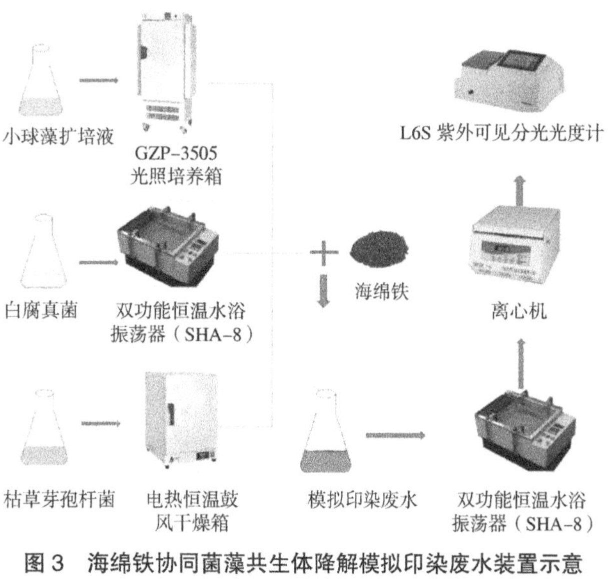

图 3 海绵铁协同菌藻共生体降解模拟印染废水装置示意

2 结果分析

2.1 藻的生物量变化

1 周培养期内，小球藻的干重和叶绿素含量变化分别见图 4、图 5。小球藻在前几天增长缓慢，培养 4 d 后干重与叶绿素含量开始快速增加，表明小球藻在此培养时间段活性最好。

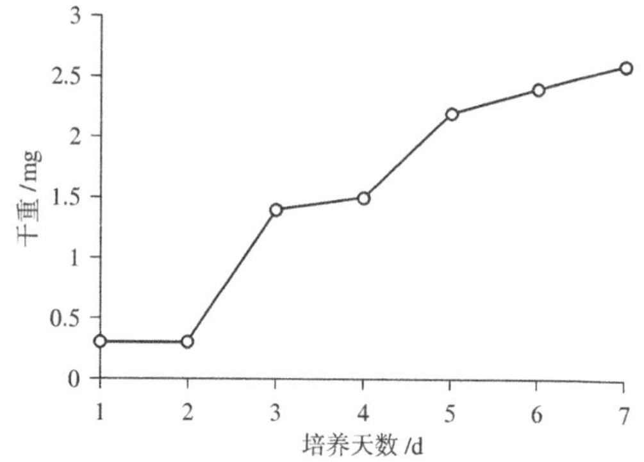

图 4 小球藻的干重变化

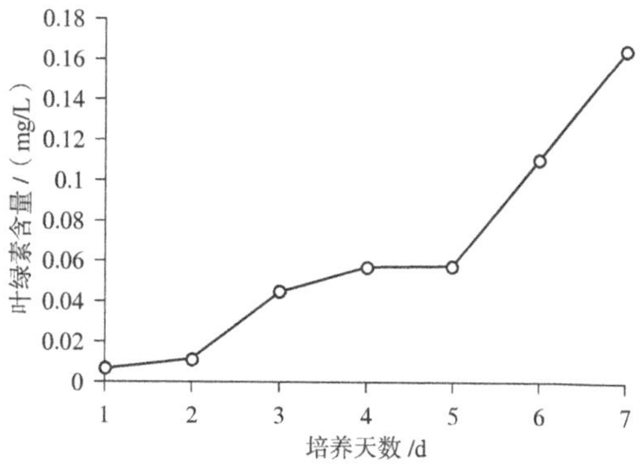

图 5 小球藻的叶绿素变化

2.2 菌藻共生体系降解模拟印染废水

前期研究发现，菌藻共生体系最佳反应 pH 为 7，对染料的脱色效果随染料浓度呈正态分布，酸性大红、孔雀石绿浓度分别为 80 mg/L、15 mg/L 时，脱色效果最好；脱色效率方面，微藻—真菌—细菌体系＞微藻—真菌体系＞微藻—细菌体系＞单一微藻体系；菌藻共生体在初始 1 h 内脱色效果明显，而单一微藻体系对偶氮染料的脱色反应较为迟缓[4]。因此，本实验设置 pH 为 7，酸性大红浓度 80 mg/L、孔雀石绿浓度 15 mg/L，菌藻体系是由小球藻、黄孢原毛平革菌、枯草芽孢杆菌构成的微藻—真菌—细菌体系。

测定了该体系对模拟偶氮染料的脱色效果（见图 6），反应 1 h、22 h、47 h、71 h、92 h、118 h 后，酸性大红染料的去除率分别是 78.03%、79.08%、79.55%、80.22%、81.00%、81.21%，孔雀石绿染料

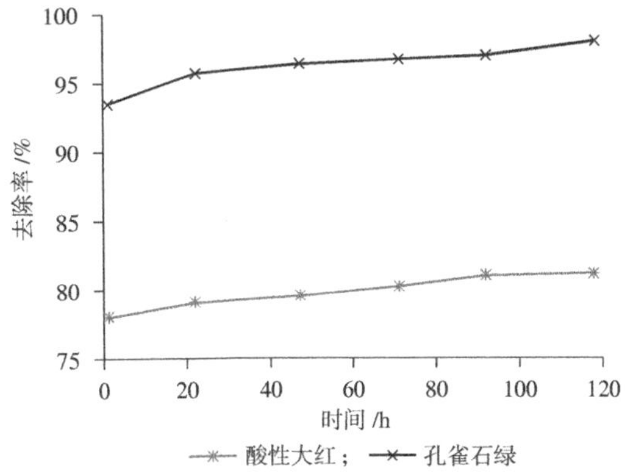

图6　细菌—真菌—藻对模拟偶氮染料的脱色率

的去除率分别是93.53%、95.68%、96.36%、96.63%、96.92%、98.02%。

小球藻可以通过吸附、吸收、生物转化作用降解偶氮染料。吸附作用与小球藻的细胞壁的组成成分有关，主要通过表面物理化学作用使染料离子在小球藻表面累积[8]，即使死亡的小球藻也可以直接作为吸附剂处理印染废水[9]。此外，小球藻会产生偶氮还原酶，转化分解偶氮染料。研究表明，枯草芽孢杆菌主要依靠其产生的偶氮还原酶使偶氮染料脱色，但降解不彻底；白腐真菌是生长过程中产生木质素的丝状真菌，主要通过分泌木质素降解酶来分解偶氮染料[10]。细菌、真菌与藻类构成菌藻共生系统后，藻类可以为细菌和真菌提供固定载体和更多的表面附着空间，其在生长过程中的代谢产物还能为细菌和真菌类提供养分，而细菌和真菌释放的酶等物质可以促进藻类生长[11]。菌藻共生系统分解含氮化合物时分泌的“生物凝胶基质”会加强菌藻的沉降性，有利于污染物分解[12]。

染料处理的关键是脱色，影响染料的脱色效率的因素之一是作用时间[13]。由图6可见，菌藻共生系统对酸性大红和孔雀石绿的脱色效率随着时间的增加而增加，但1 h后，增幅趋缓，分别仅增加了3.18%和4.49%，与前期研究的菌藻共生体在初始1 h内产生明显脱色反应的结论一致[4]。此外，由于模拟的酸性大红与孔雀石绿的浓度不同，导致前者的色度比后者大，两者吸光度比为2∶1，色度大会影响光照效率，导致菌藻共生体对酸性大红的脱色率也稍低。

2.3　海绵铁降解模拟印染废水的最佳实验条件

海绵铁的主要成分是铁氧化物，由氧化铁与精矿粉经研磨、磁选、高温烧结后还原失氧产生气孔、冷却、粉碎、筛分等程序制得。海绵铁主要通过物理吸附和电化学、氧化还原、絮凝沉淀等综合作用处理印染废水[14]，处理效果受温度、pH、粒径、温度等因素的影响[15]。海绵铁粒径对脱色效果影响较大，综合考虑水质要求、经济成本后，选取1.20～1.45 mm的粒径为宜[16]。

向200 mL模拟偶氮染料废水中分别加入不同质量（4 g、6 g、8 g、10 g、12 g）的海绵铁，25 ℃、pH为7条件下反应1 h后酸性大红和孔雀石绿的脱色率见图7。由图可见，当海绵铁投加量为10 g时，两种染料的脱色率达到最大值，与陈颖等[17]研究印染废水处理时加入海绵铁50 g/L一致，故后续实验均向200 mL的模拟偶氮染料废水中加入10 g海绵铁，即投加量为50 g/L。

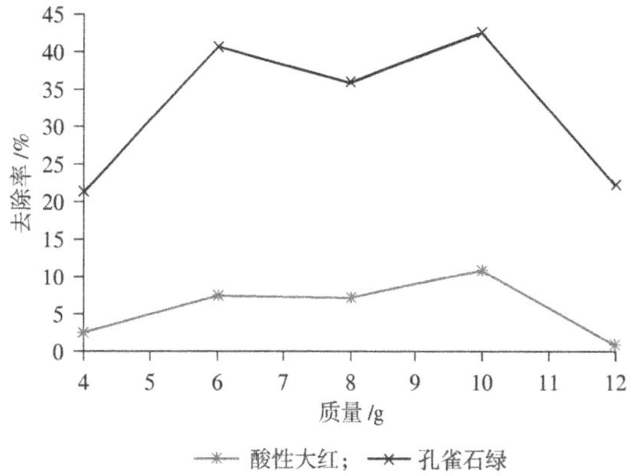

图7　海绵铁用量对海绵铁降解模拟偶氮染料的影响

图8是25 ℃、pH为7条件下不同反应时间50 g/L海绵铁对酸性大红和孔雀石绿的脱色效果，由图可见，脱色率随着反应时间的增加而增加，前期脱色速率快，后期变得平缓。60 min时，酸性大红和孔雀石绿的脱色率分别达到最大值的65%和95%。这与沈丽娜等[16]报告的反应时间60 min可去除40%以上的

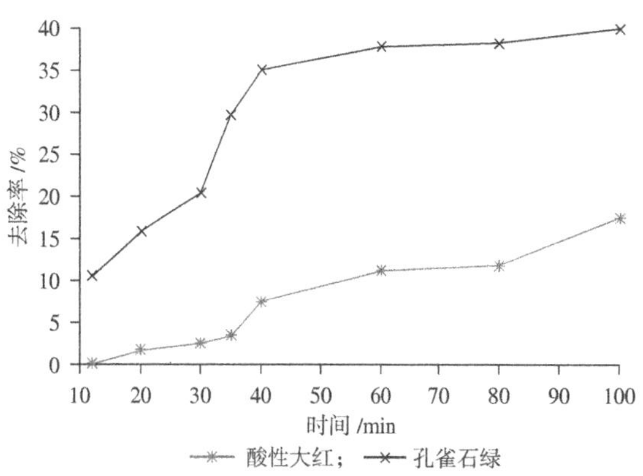

图8　反应时间对海绵铁降解模拟偶氮染料的影响

色度、陈颖等[17]提报告的反应时间50 min，脱色率可达到90%一致，故后续实验均反应1 h。

图9是25 ℃、50 g/L海绵铁在不同pH下与酸性大红和孔雀石绿反应1 h的脱色率变化，由图可见，pH为4～8时，海绵铁对酸性大红和孔雀石绿的脱色率随pH的增加而增加，考虑到海绵铁和菌藻共生体后期协同处理模拟偶氮染料，后续实验均取pH为7。

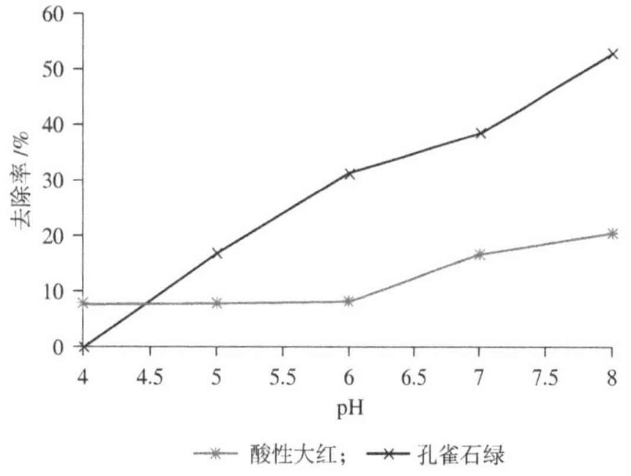

图9 pH对海绵铁降解模拟偶氮染料的影响

图10是pH为7、50 g/L海绵铁在不同温度下与酸性大红和孔雀石绿反应1 h的脱色率变化，当温度为20℃、25℃、30℃、40℃、50℃时，海绵铁对酸性大红的脱色率分别为43.24%、44.86%、47.24%、48.98%、83.38%；海绵铁对孔雀石绿的脱色分别为51.46%、52.78%、52.85%、60.9%、76.04%。总体来说，海绵铁对酸性大红和孔雀石绿的脱色率随温度的升高而增加，但20～40℃时脱色率差异不显著，考虑到海绵铁和菌藻共生体后期协同处理模拟偶氮染料，后续实验均取25 ℃。

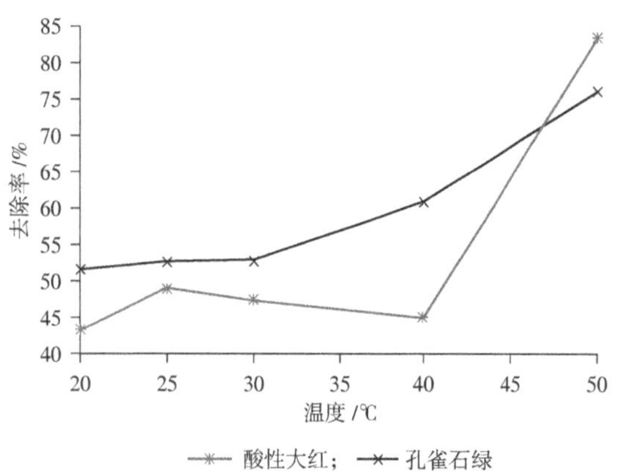

图10 温度对海绵铁降解模拟偶氮染料的影响

2.4 海绵铁与菌藻共生体协同处理模拟染料废水

综合海绵铁与微藻-真菌-细菌体系菌藻共生体系的最优实验条件，在25 ℃、pH为7时向200 mL模拟印染废水中加入10 g粒径1.25～1.45 mm的海绵铁，反应不同时间后酸性大红和孔雀石绿染料的脱色率变化见图11。与未加入海绵铁的菌藻共生体系（见图6）相比，海绵铁协菌藻共生体系对染料的脱色率有很大程度的提高，特别是酸性大红最大脱色率达到98.18%，表明了海绵铁对菌藻共生体的促进作用。

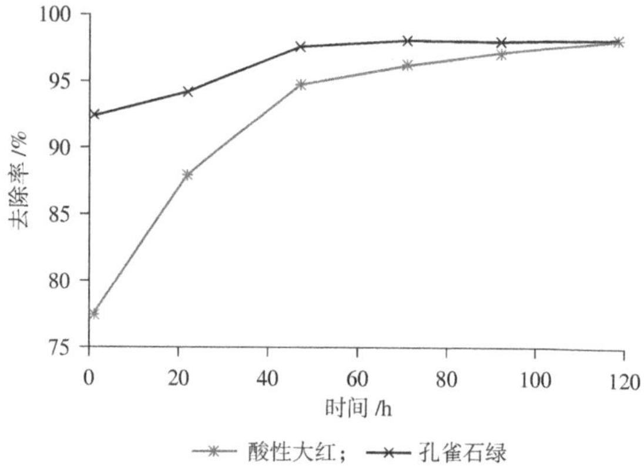

图11 海绵铁协同菌藻共生体脱色降解偶氮染料时的脱色率

由于海绵铁特殊的化学成分，可以在内部形成大量的原电池，促进海绵铁的电化学腐蚀，同时菌藻体系中微生物的作用促进了海绵铁的生物腐蚀作用，使得体系中持续产生Fe^{2+}，Fe^{2+}在生物或氧气氧化的作用下生成Fe^{3+}以及水化物，在沉淀、絮凝、吸附等作用下实现对印染废水的脱色降解[18-19]。同时，海绵铁腐蚀产物能提供电子，促进微生物的生长与呼吸，进而加快对印染废水进行脱色降解[20]。另外，铁元素是多种酶的辅助因子或激活剂，提高了其中微生物的活性[21]。

3 结语

本文在实验室模拟条件下，开展了海绵铁协同菌藻共生体脱色降解偶氮染料酸性大红和孔雀石绿的相关研究，得出以下结论。

（1）由小球藻、黄孢原毛平革菌、枯草芽孢杆菌构成的微藻—真菌—细菌体系对选用的偶氮染料具有较高的脱色效率，1 h后对酸性大红和孔雀石绿的脱色率分别达到78.03%和93.53%。

（2）海绵铁对两种染料脱色的最佳条件是粒径1.25～1.45 mm、用量50 g/L、温度25 ℃、pH为7、反应1 h。

（3）海绵铁协同菌藻共生体对酸性大红的脱色率和孔雀石绿的脱色率＞95%，高于菌藻共生体对两种染料的脱色率，说明海绵铁对菌藻共生体具有显著的协同促进作用。

4　参考文献

[1] 洪雪丽，焦芬，刘维．印染废水处理技术综述 [J]．中南大学学报（自然科学版），2023，54（4）：1219–1229.

[2] 毕欣妍，曹珂欣，黄晓倩，等．嗜热菌群降解偶氮染料的特性及机制 [J]．微生物学通报，2023，50（4）：1464–1480.

[3] 宫震，付田雨，孙好芬，等．高级氧化技术处理印染废水研究进展 [J]．湿法冶金，2022，41（4）：283–288.

[4] 周文永，朱紫燕，苏晴，等．菌藻共生体同步脱色降解偶氮染料实验研究 [J]．上海环境科学，2019，38（5）：224–230.

[5] 贾士儒．生物工艺与工程实验技术 [M]．北京：中国轻工业出版社，2002.

[6] 原国家环境保护部．HJ 897—2017 水质叶绿素 a 的测定分光光度法 [S]．北京：中国标准出版社，2017.

[7] 马兴冠，简文浩．生活污水培养小球藻生长条件及生长动力学研究 [J]．水处理技术，2023，49（10）：75–80.

[8] ZHANG Y W, HONG Y, WANG X Y.Recent advances on using functional materials to increase the pollutant removal capabilities of microalgae and bacteria especially for their symbiotic systems[J]．Current Pollution Reports, 2023（9）：272–291.

[9] 吴茜冉，黄青．应用藻处理印染污水的研究进展 [J]．生物学杂志，2019，36（6）：90–95.

[10] 游梦思，赵振，陈敏，等．白腐真菌对酸性橙 7 的脱色降解 [J]．生物工程学报，2023，39（8）：3436–3450.

[11] 刘加慧，杨洪帅，王辉．温度、盐度和 pH 对小球藻生长率的联合效应 [J]．水生生物学报，2014，38（3）：446–453.

[12] WANG H, QI B F, JIANG X M, et al. Microalgal interstrains differences in algal-bacterial biofloc formation during liquid digestate treatment[J]. Bioresource Technology, 2019，289：121741.

[13] 郑梦启，王成业，汪炎，等．菌藻共生技术在工业废水零排放中的应用与展望 [J]．化工进展，2023，42（8）：4424–4431.

[14] 郑烨，郑锦莎，张治宏．海绵铁 / 超声及其协同作用降解染料废水的应用研究 [J]．现代盐化工，2022，49（2）：24–26.

[15] 乔函，张璐，李薇，等．活性炭吸附处理印染废水及再生研究 [J]．化工新型材料，2022，50（S1）：422–426.

[16] 沈丽娜，完颜华，廖志成．海绵铁对印染废水脱色研究 [J]．环境科学与技术，2004，27（6）：18–20.

[17] 陈颖，杨锌荣，郭有才，等．海绵铁内电解强化印染废水预处理效果的研究 [J]．印染助剂，2013，30（1）：30–32.

[18] 赵瑞峰．铁投加量对生物海绵铁体系脱氮性能及微生物种群结构影响 [D]．兰州：兰州交通大学，2020.

[19] 李冬冬，王继全．海绵铁新型水处理材料降解废水的研究进展 [J]．建材世界，2020，41（4）：97–99.

[20] 钟玉鸣，陈杏娟，李晓，等．一种利用复合微生物群活化海绵铁系统处理偶氮染料废水的方法：CN201510980383.8[P]．2016-03-02.

[21] 任雪锋，毕学军，程丽华，等．复合铁酶促活性污泥强化生物脱氮除磷研究 [J]．中国给水排水，2013，29（23）：124–127.

责任编辑　黄潇月（收到修改稿日期：2024-09-03）

改性生物炭吸附水体中三硝基菲的实验研究

An Experimental Study on Adsorption of Trinitrophenanthrene in Water by Modified Biochar

刘箬溪[1]　赵林茜[1]　徐佳楠[1]　郭钰滢[1]　杨晓霞[2]　王　娟[1*]（1. 嘉兴大学生物与化学工程学院，嘉兴 314033；2. 浙江省嘉兴生态环境监测中心，嘉兴 314000）

Liu Ruoxi[1]　Zhao Linxi[1]　Xu Jianan[1]　Guo Yuying[1]　Yang Xiaoxia[2]　Wang Juan[1*]　(1. College of Biological and Chemical Engineering, Jiaxing University, Jiaxing 314033；2. Zhejiang Jiaxing Ecological Environment Monitoring Centre, Jiaxing 314000)

摘要　选择稻草、高粱为原材料，在温度为 300 ℃、500 ℃、700 ℃的条件下制备稻草炭、高粱炭，用 $FeCl_3$ 改性得改性稻草炭、改性高粱炭，研究其对三硝基菲的吸附能力。结果表明：700 ℃下，改性稻草炭对三硝基菲的吸附能力最强；若投加 0.02 g 改性稻草炭或改性高粱炭入 10 mL 浓度为 20 μg/L 的三硝基菲溶液中，就可去除 > 90% 的三硝基菲；700 ℃下制备的 4 种生物炭对三硝基菲的吸附约经 1 h 达到平衡，吸附动力学过程符合准二级反应动力学模型，整个吸附过程化学吸附占主导过程；Langmuir 等温吸附方程对本实验拟合程度更好，改性稻草生物炭、改性高粱生物炭对三硝基菲的最大吸附量分别为 90.09 μg/g、77.52 μg/g。

关键词：改性生物炭　三硝基菲　吸附

Abstract　Rice straw and sorghum were chosen as raw materials to prepare charcoals under temperatures of 300 ℃, 500 ℃ and 700 ℃, respectively, and then modified by ferric chloride individually to obtain modified biochar whilst their trinitrophenanthrene adsorption capacities were studied. Results showed that the rice straw biochar made under the temperature of 700 ℃ and then modified had the strongest adsorption capability for trinitrophenanthrene. For 10 mL of trinitrophenanthrene solution in a concentration of 20 μg/L, over 90% of trinitrophenanthrene herein could be removed if 0.02 g of the modified charcoal made either from rice straw or sorghum was added. The adsorption of trinitrophenanthrene by those four kinds of biochar prepared under 700 ℃ could achieve an equilibrium in about an hour, and their adsorption kinetic processes were in line with a quasi-second-order reaction kinetic model, and the whole adsorption process was dominated by chemisorption. The Langmuir isothermal adsorption curve could be better fitted, and the maximum capacities of adsorbing trinitrophenanthrene by the rice straw and sorghum made modified biochar would reach 90.09 μg/g and 77.52 μg/g, respectively.

Key words: Modified biochar　Trinitrophenanthrene　Adsorption

多环芳烃（PAHs）是具有两个或多个苯环的疏水性化合物，广泛分布于天然环境中，具有有害的生物效应、毒性、致突变性和致癌性[1]。硝基多环芳烃（Nitro-PAHs）是 PAHs 不完全燃烧形成的硝基化衍生物，具有难降解性和高脂溶性等特点，属于典型新型持久性有机污染物[2]。Nitro-PAHs 一直在不断地生成、迁移、转化、降解，并且能够通过呼吸道、皮肤、消化道、食物链等途径进入人体，因难以降解，对健康

嘉兴大学大学生科研训练计划（SRT）项目（编号：8517231198）资助。

第一作者刘箬溪，女，2002 年生，在读本科生。

* 通信联系人，lnwangjuan@163.com。

造成较大危害。

目前处理 Nitro-PAHs 有生物、物理和化学等多种方法，其中生物炭技术越来越受到人们的关注。作为一类新型环境功能材料，生物炭具有比表面积大、孔隙结构发达、官能团丰富、成本低、环境友好等优点，普遍认为是一种理想吸附剂[3]，在很多方面得到研究应用[4-7]。研究者们为进一步增强生物炭对水中污染物的吸附效果，基于对生物炭表面基团的修饰进行了大量研究[8-11]，均不同程度提高其对污染物的吸附效率。

选择稻草、高粱为原材料制备成生物炭，用 $FeCl_3$ 改性得铁到改性生物炭，研究不同生物炭对三硝基菲的吸附效果，并通过其吸附动力学和热力学特征，探究生物炭对三硝基菲的吸附机制。

1 材料与方法

1.1 实验材料

生物炭原料为稻草、高粱，均取自校园附近农田。

主要实验仪器：马弗炉（SXF 12-10，杭州蓝天化验仪器厂）、扫描电子显微镜（S-4800，日本高新）、双功能恒温水浴振荡器（SHA-8）、高效液相色谱仪、烘箱、电子天平、离心机（RJ-TDL-40B-Ⅱ）、离心管、烧杯等。

主要实验试剂：盐酸、无水氯化铁、氯化钙、叠氮化钠、三硝基菲（均购于北京世纪奥科生物有限公司）。

1.2 实验方法

1.2.1 三硝基菲的标曲

分别配制浓度梯度为 1 μg/L、2.5 μg/L、10 μg/L、20 μg/L、50 μg/L、100 μg/L、200 μg/L 的三硝基菲，经 0.45 μm 过滤头过滤，用高效液相色谱仪测定其浓度，绘制标准曲线。

1.2.2 生物炭的制备

将原料剪成小片，70 ~ 80 ℃烘干 2 h 后保存于干燥器中。称取 10 g 处理好的样品于温度 300 ℃、500 ℃、700 ℃马弗炉中缺氧加热 2 h，冷却至室温后按 1 g 生物炭 10 mL（1 mol/L）盐酸的比例浸泡 1 h，之后用蒸馏水淋洗至中性以除去生物炭表面杂质。105 ℃烘箱内干燥至恒重，研磨过 60 目筛，得到实验用生物炭，保存于干燥器中备用。

取适量制成的生物炭按 Fe^{3+} 与生物炭质量比 0.7 放置于 1 mol/L $FeCl_3$ 溶液中，混合均匀静置 1 h 后用蒸馏水多次清洗至滤液无 Fe^{3+} 为止，在 105 ℃烘箱内干燥至恒重，研磨过 60 目筛，得到实验用铁改性生物炭，保存于干燥器中备用。

1.2.3 生物炭对三硝基菲的吸附动力学

称取生物炭样品 0.02 g 加到离心管中，加入浓度为 20 μg/L 的三硝基菲和吸附背景液（0.01 mol/L $CaCl_2$ 和 200 mg/L NaN_3）10 mL，混合均匀后，在 200 r/min（25 ℃）下振荡，分别于 5 min、10 min、20 min、30 min、60 min、180 min、360 min 取出，在 5 000 r/min 下离心 5 min，取上层清液经 0.45 μm 过滤头过滤，用高效液相色谱仪测定剩余三硝基菲的浓度，绘制生物炭对三硝基菲的吸附动力学曲线。后续实验选用最佳裂解温度下制备的 2 种生物炭。

1.2.4 生物炭对三硝基菲的吸附等温线

分别称量选用的 2 种生物炭 0.01 g 置于离心管中，再加入 10 mL 一系列不同浓度的三硝基菲和吸附背景液，三硝基菲的初始浓度分别为 0 μg/L、10 μg/L、20 μg/L、30 μg/L、40 μg/L、50 μg/L，在 200 r/min（25℃）下振荡，于最佳振荡时间取出，5 000 r/min 下离心 5 min，取上层清液经 0.45 μm 过滤头过滤，用高效液相色谱仪测定剩余三硝基菲的浓度，绘制改性生物炭对三硝基菲的吸附等温线。

2 结果与分析

2.1 绘制标准曲线

三硝基菲的标准曲线线性良好，能够满足对样品的分析要求（见图 1）。

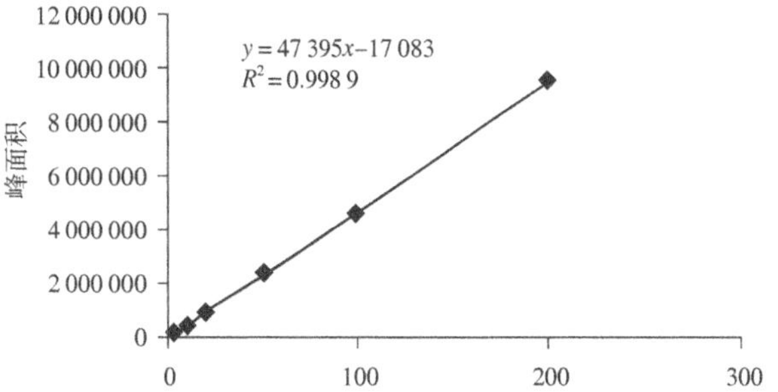

图 1 三硝基菲标准曲线

2.2 生物炭的筛选

随裂解温度升高，4 种生物炭对三硝基菲的吸附能力均有所升高，700 ℃下制备的生物炭对三硝基菲的去除率最高（见图 2），同张璐[12]、刘伟鹏[13]、刘晓亚[14]研究的吸附结果类似。主要原因是随着碳化温度的升高，制备生物炭的原料所在的外在环境温度升高，使得原料表面的微孔边缘被烧蚀，孔道分布变得无规则，粗糙程度变大[12]，有利于提高稻草、高粱生物质炭的吸附能力。同时，高温下生物炭的极性低，疏水作用强，可提高对三硝基菲的吸附能力[13-15]。

经 $FeCl_3$ 改性的生物炭对三硝基菲的吸附能力高于未改性生物炭，其中，700 ℃下改性稻草炭的吸附能力最强，去除率可达 95.45%，改性高粱炭对三硝基菲的去除率达 92.39%（见图 2）。这可能是因为经过 $FeCl_3$ 改性提高了生物炭自身的比表面积，改善了生物炭的孔隙结构及其分布，增加了反应的活性点位，对污染物质的吸附能力得到增强[1,16-17]。故后续实验均采用 700 ℃裂解制备的改性生物炭。

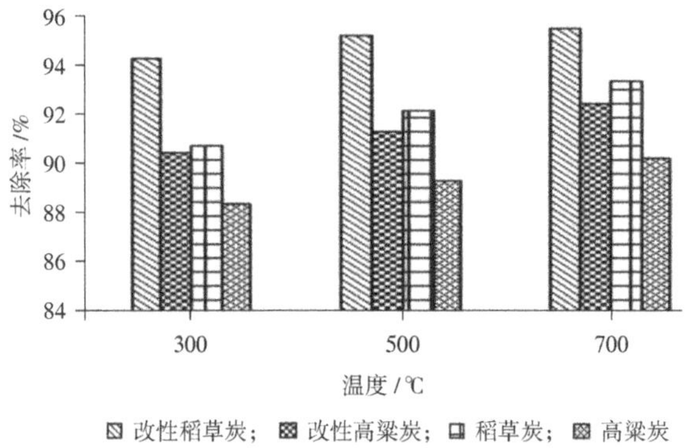

图 2　4 种生物炭对三硝基菲的吸附能力

2.3　最佳投加量的确定

设置 0.01 g、0.02 g、0.03 g、0.04 g、0.05 g、0.06 g 的梯度投加量，绘制改性生物炭在不同投加量下对 10 mL、20 μg/L 三硝基菲的吸附能力的曲线。当投加量达到 0.02 g 后，改性生物炭对三硝基菲的去除率基本趋于平衡（见图 3）。故后续实验均采用 10 mL 溶液中添加生物炭 0.02 g。

2.4　生物炭对三硝基菲的吸附动力学特征

由 4 种生物炭对三硝基菲的吸附动力曲线可知，20 min 时改性稻草炭、稻草炭、改性高粱炭和高粱炭的去除率分别达到 92.69%、88.14%、87.09% 和 84.20%，改性的生物炭吸附效果较好。1 h 后三硝基菲的去除率逐渐趋于平衡，最终 4 种生物炭对三硝基菲的去除率分别达到 96.50%、93.31%、92.81%、88.02%，改性稻草生物炭对三硝基菲的吸附效率明显略高于改性高粱生物炭（见图 4）。吸附动力学曲线与周尊隆[18]、李高帆[19]、刘总堂[20]等研究的吸附特征相似，均为快慢两个阶段，且快阶段的去除率已达 90% 以上。故后续实验选用 700 ℃条件下制备的改性稻草炭和改性高粱炭研究对三硝基菲的吸附能力。

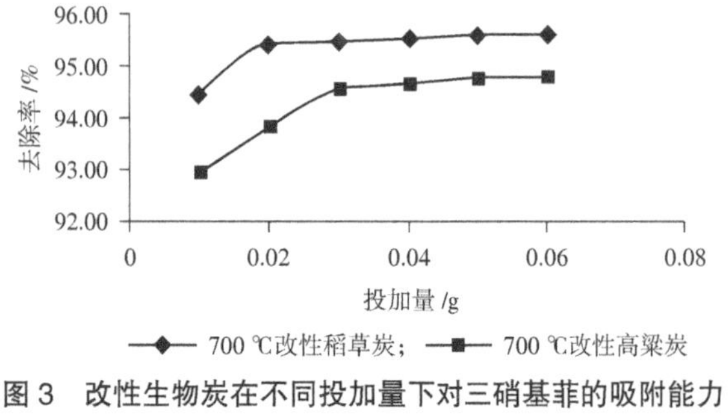

图 3　改性生物炭在不同投加量下对三硝基菲的吸附能力

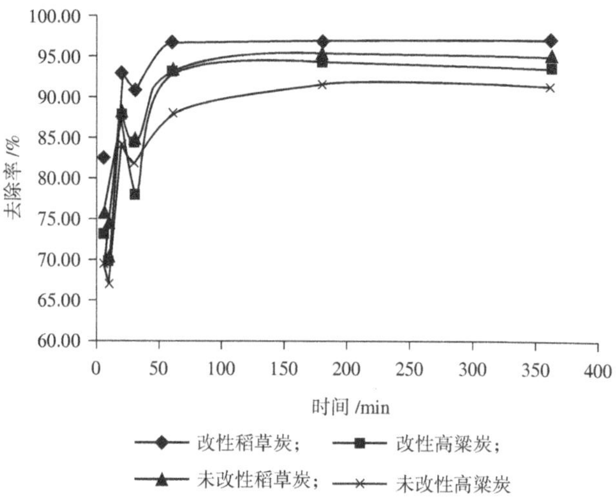

图 4　4 种生物炭对三硝基菲吸附动力学曲线

为了进一步分析生物炭对三硝基菲的吸附动力学特征，根据程文远[16]、刘总堂[20]、薛禄[21]、卢灵慧[22]等的研究结果，选用准二级动力学方程对生物炭吸附三硝基菲的过程进行拟合（见表 1）。

表 1　生物炭吸附三硝基菲动力学模型拟合参数

改性生物炭类型	k/[g/（μg · min）]	q_e/（μg/g）	R^2
改性稻草炭	0.066	9.709	0.999 9
改性高粱炭	0.045	9.461	0.999 7
未改性稻草炭	0.044	9.597	0.998 9
未改性高粱炭	0.035	9.354	0.999 1

可知，准二级方程的回归决定系数 R^2 均高于 0.99，并且计算与实验得到的 q_e 值比较接近，表明准二级方程能很好地描述 4 种生物炭对三硝基菲的吸附动力学过程，且整个吸附过程化学吸附占主导过程[21-22]。此外，两种改性生物炭对三硝基菲的吸附容量均高于其未改性生物炭，这主要是因为化学吸附与

生物炭表面的化学性质（有机质、有机碳、芳香性）有关，静电吸附、π-π 共轭作用、疏水性作用等是导致生物炭对三硝基菲的吸附容量产生差异的主要原因[14]。

2.5　改性生物炭吸附三硝基菲的吸附等温线

最佳温度 700 ℃时制备的改性生物炭对三硝基菲的吸附量随平衡浓度的增加而增加，表现出一定程度的非线性吸附，其中，改性生物稻草炭对三硝基菲的吸附量随三硝基菲的平衡浓度增加的快（见图 5），和现有研究结果一致[1, 3, 16, 21]。

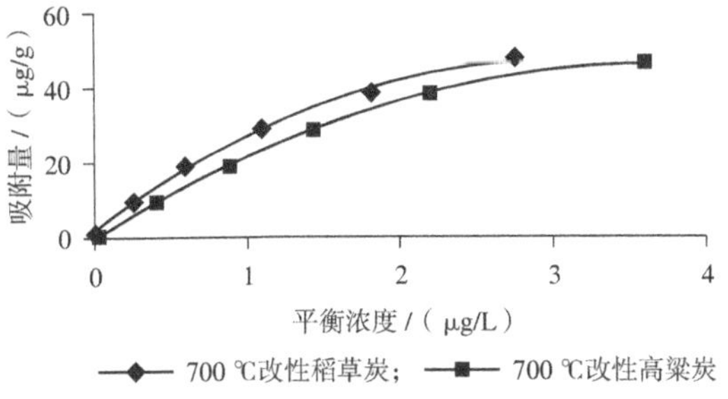

图 5　改性生物炭对三硝基菲的吸附等温线

用 Langmuir 和 Freundlich 模型拟合改性生物炭对三硝基菲的等温吸附过程，方程分别为：

Langmuir 模型：$$\frac{C_e}{q_e}=\frac{1}{bq_m}+\frac{C_e}{q_m} \tag{1}$$

Freundlich 模型：$$q_e=kC_e^{\frac{1}{n}} \tag{2}$$

式中，q_e——吸附平衡容量，μg/g；

C_e——吸附达到平衡时吸附质的浓度，μg/L；

q_m——吸附剂的最大吸附容量，μg/g；

b——Langmuir 模型常数，用于表征吸附材料表面的吸附电位对三硝基菲的亲和力大小；

k、n——Freundlich 模型常数。

一般认为 n 值的大小与改性生物炭的吸附能力有关，n 值越大，代表改性生物炭的吸附能力越强，当 n 值为 1 ~ 2 时表明吸附过程容易进行，当 $n < 0.5$ 时表明吸附过程难以进行。改性稻草炭和改性高粱炭对三硝基菲吸附的 n 值分别为 1.31 和 1.41，表明改性生物炭对三硝基菲的吸附过程较易进行。

比较 2 种模型拟合的相关性系数 R^2 可知，Langmuir 等温吸附方程的拟合程度更好（见表 2）。Langmuir 吸附方程是指假定固体表面由大量的吸附活性中心组成，当表面吸附活性中心全部被占满时，吸附量达到饱和值，吸附质在吸附剂表面呈单分子层分布[21,23]。通过计算，改性稻草炭、改性高粱炭对三硝基菲的最大吸附量分别为 90.09 μg/g、77.52 μg/g。此外，Freundlich 方程的相关系数> 0.90，拟合效果也较好[1]。因此不能简单地将改性生物炭对三硝基菲的吸附过程归结为单分子层物理吸附，吸附过程还可能包括三硝基菲与生物炭表面的化学反应，如 π-π 电子供体受体相互作用、氢键作用，以及三硝基菲与生物炭表面的持久性自由基之间的氧化还原反应等[16, 21]。

表 2　改性生物炭对三硝基菲吸附等温线模型参数

材料	Langmuir 等温线			Freundlich 等温线		
	q_m/（μg/g）	b	R^2	k	n	R^2
改性稻草炭	90.090 1	0.023 4	0.997 7	5.427 5	1.303 7	0.989 7
改性高粱炭	77.519 4	0.035 9	0.981 9	4.616 2	1.408 4	0.981 6

3　结语

选择稻草、高粱为原材料制备生物炭，用 $FeCl_3$ 改性得铁改性生物炭，研究不同生物炭对三硝基菲的吸附效果，并通过其吸附动力学和热力学特征，探究生物炭对三硝基菲的吸附机制，得出如下结论：

（1）700 ℃时制备的改性稻草炭对三硝基菲的吸附能力最强，去除率达 95.45%。

（2）改性稻草炭和改性高粱炭在 10 mL、20 μg/L 三硝基菲溶液中的最佳投加量为 0.02 g，去除率均> 90%。

（3）4 种生物炭对三硝基菲的吸附在 1 h 左右达到平衡，且去除率改性稻草生物炭>改性高粱生物炭>稻草生物炭>高粱生物炭，准二级动力学方程可较好拟合此吸附过程。

（4）两种改性生物炭的等温吸附均符合 Langmuir 和 Freundlich 2 种方程模型，但 Langmuir 等温吸附方程的拟合程度更好。改性稻草炭、改性高粱炭对三硝基菲的最大吸附量分别为 90.09 μg/g、77.52 μg/g。

4 参考文献

[1] 翟如康，李文文，李研宁，等. 改性生物炭对水中菲和芘的吸附研究[J]. 山东农业大学学报（自然科学版），2024，55（2）：169–176.

[2] MA T, KONG J, LI W, et al. Inventory, source and health riskassessment of nitrated and parent PAHs in agricultural soils over a rural river in Southeast China[J]. Chemosphere, 2023，329：138688.

[3] 路倩影，刘月涵，孟庆宇，等. 蘑菇菌渣生物炭对高环PAHs的吸附特征研究[J]. 河北农业大学学报，2023，46（5）：25–32.

[4] 迟杰，邢海文，张海彤，等. 不同粒径生物炭和微塑料共存对菲吸附的影响[J]. 农业环境科学学报，2022，41（3）：616–621.

[5] 常芳娟，张贵云，张丽萍，等. 生物炭对西瓜连作土壤真菌群落结构和功能类群的影响[J]. 环境科学，2024，45（6）：3553–3561.

[6] 周咏春，吴柳林，李丹阳，等. 生物炭添加对土壤温室气体排放影响的长短期效应研究进展[J]. 环境科学，2023，44（8）：4742–4750.

[7] 王新华. 生物炭对废水中重金属的吸附效果和吸附机理研究[D]. 北京：北京化工大学，2019.

[8] 杨如意，董艳红，肖鑫，等. 生物炭负载氨氮对土壤碳排放、酶活性及微生物群落的影响[J]. 环境科学，2024，45（6）：3533–3542.

[9] 陈壮，梁媛，赵奔，等. 改性生物炭对Cr（Ⅵ）的吸附特性研究[J]. 复旦学报（自然科学版），2021，60（6）：779–788.

[10] 吴卫蔚，毛磊，胡慧兰，等. 不同铁改性剂对磁性麦秆生物炭吸附Cr（Ⅵ）的影响[J]. 有色金属（冶炼部分），2022（2）：90–98.

[11] YAKOUT S M. Monitoring the changes of chemical properties of rice straw–derived biochars modified by different oxidizing agents and their adsorptive performance for organics[J]. Bioremediation journal, 2015, 19（2）：171–182.

[12] 张璐，贾丽，陆文龙，等. 不同碳化温度下玉米秸秆生物炭的结构性质及其对氮磷的吸附特性[J]. 吉林大学学报，2015，53（4）：802–808.

[13] 刘伟鹏. 不同热解温度生物炭对多环芳烃的吸附 – 解吸特性研究[D]. 沈阳：辽宁大学，2018.

[14] 张晓亚. 污泥 / 磷尾矿生物炭对多环芳烃吸附性能研究[D]. 贵阳：贵州师范大学，2022.

[15] 孙璇，李恋卿，潘根兴，等. 不同作物原料生物质炭对溶液芘的吸附特性[J]. 农业环境科学学报，2014，33（8）：1637–1643.

[16] 程文远，李发云，吕建华，等. 碱改性向日葵秸秆生物炭对多环芳烃菲吸附特性研究[J]. 生态环境学报，2022，31（4）：824–834.

[17] 高兴，霍守亮. 球磨法制备铁改性生物炭吸附水溶液中磷酸盐研究[J]. 环境科学学报，2024，44（5）：37–47.

[18] 周尊隆，卢媛，孙红文，等. 菲在不同性质黑炭上的吸附动力学和等温线研究[J]. 农业环境科学学报，2010，29（3）：476–480.

[19] 李高帆，徐文卓，卫昊明，等. 三维多孔生物炭吸附剂的制备及其对菲的吸附行为[J]. 生态环境学报，2024，33（2）：261–271.

[20] 刘总堂，孙玉凤，费正皓，等. 氢氧化钾改性玉米秸秆生物炭对水中土霉素的吸附特性及机制[J]. 环境科学，2024，45（1）：594–605.

[21] 薛禄，钟豪杰，张建，等. 聚二甲基硅氧烷修饰生物炭吸附水体中多环芳烃的效能与机制[J]. 应用化工，2024，53（4）：802–807，813.

[22] 卢灵慧，王费，张喆倩，等. 铁改性秸秆生物炭对废水中Cr^{6+}的吸附特性研究[J]. 广州化工，2023，51（5）：153–156.

[23] 安增莉，侯艳伟，蔡超，等. 水稻秸秆生物炭对Pb（Ⅱ）的吸附特性[J]. 环境化学，2011，30（11）：1851–1857.

责任编辑　于佳雪（收到修改稿日期：2024-10-29）

www.ingramcontent.com/pod-product-compliance
Lightning Source LLC
LaVergne TN
LVHW071507061026
849580LV00017B/2470
* 9 7 8 7 5 4 7 8 7 0 6 7 9 *